现代移动通信技术研究

贾雪松　王海玲　王　建　著

中国纺织出版社有限公司

内 容 提 要

本书主要阐述了现代移动通信中的关键技术和当前广泛应用的典型移动通信系统,较充分地介绍了当代移动通信发展的新技术。本书主要内容包括移动通信概述、无线电波传播与移动无线信道、调制技术与正交频分复用、数据交换技术、GSM 和 GPRS 系统技术、CDMA 移动通信技术、第四代移动通信技术、第五代移动通信技术、新一代移动通信的关键技术。

图书在版编目(CIP)数据

现代移动通信技术研究 / 贾雪松,王海玲,王建著
. --北京:中国纺织出版社有限公司,2022.12
ISBN 978-7-5229-0138-1

Ⅰ.①现… Ⅱ.①贾… ②王… ③王… Ⅲ.①移动通信-通信技术 Ⅳ.①TN929.5

中国版本图书馆 CIP 数据核字(2022)第 248470 号

责任编辑:茹怡珊 责任校对:高 涵 责任印制:储志伟

中国纺织出版社有限公司出版发行
地址:北京市朝阳区百子湾东里 A407 号楼 邮政编码:100124
销售电话:010—67004422 传真:010—87155801
http://www.c-textilep.com
中国纺织出版社天猫旗舰店
官方微博 http://weibo.com/2119887771
三河市宏盛印务有限公司印刷 各地新华书店经销
2022 年 12 月第 1 版第 1 次印刷
开本:787×1092 1/16 印张:15.75
字数:327 千字 定价:98.00 元

前　　言

　　全球经济一体化促使信息产业高速发展，使当今世界及人类生活产生了巨大的变化，通信技术则在这场变革中起着至关重要的作用。通信技术的应用和普及大大缩短了信息传递的时间，提高了信息传播的效率，特别是移动通信技术的不断突破，极大地提高了信息交换的简洁化和便利化程度，扩大了信息传播的范围。通信技术发展迅速，其代表是数字技术的出现，它可以在一套系统中出现多种类型的业务，而且它们之间可以进行交换和传输；尤其是全球互联网技术的飞速发展，以及基于互联网技术的业务和即时通信业务的大规模发展，彻底颠覆了传统通信产业的内涵，为全世界经济社会带来了全新的环境与挑战。因此，我们国家及通信领域的企业必须打破和调整以往的模式，以建立新的技术模式，促进通信技术的发展。

　　移动通信网络在过去几十年中，取得了飞速的发展，从最初的模拟制式到数字制式，从 2G 的 GSM 网络到 3G 的 WCDMA、CD-MA2000、TD-SCDMA，再到 4G LTE 网络，改变了人们的生活方式，并促进了社会进步。5G 相对于 4G 既是演进的又是革命性的，它是 LTE 持续演进的结果，它既能满足人们对日益增长的信息需求，又能不断提升通信网络效率，减少通信产业的能耗，以降低信息通信产业总体碳排放量。

　　为了适应信息时代发展的需要，人们有必要了解和掌握现代通信技术的基础知识和发展动向。本书主要阐述了现代移动通信中的关键技术和当前广泛应用的典型移动通信系统，较充分地介绍了当代移动通信发展的新技术。本书主要内容包括移动通信概述、无线电波传播与移动无线信道、调制技术与正交频分复用、数据交换技术、GSM 和 GPRS 系统技术、CDMA 移动通信技术、第四代移动通信技术、第五代移动通信技术、新一代移动通信的关键技术。本书论述严谨，结构合理，条理清晰，内容丰富新颖，是一本值得学习和研究的著作。

　　在撰写本书的过程中，著者查阅了大量的文献资料，在此对相关文献的作者表示感谢。另外，由于著者的时间和精力有限，书中难免存在不足之处，恳请广大读者和专家批评指正。

贾雪松

2022 年 8 月

目　　录

▶ 第一章

移动通信概述

第一节 移动通信发展过程及趋势

移动通信指通信双方至少有一方在移动中(或者临时停留在某一非预定位置)进行信息传输和交换,它包括移动体和移动体之间的通信,以及移动体和固定点之间的通信,车辆、船舶、飞机、行人等都可以是移动通信终端的载体。移动通信系统即由移动通信技术和设备组成的通信系统。严格来说,移动通信属于无线通信的范畴,无线通信与移动通信虽然都是靠无线电波进行通信的,却是两个概念。无线通信包含移动通信;而无线通信侧重无线性,移动通信侧重移动性。

一、移动通信的出现

世界通信在近40年的发展过程中,发生了巨大的变化,移动通信特别是蜂窝组网技术的迅速发展,使用户彻底摆脱了终端设备的束缚,实现了完整的个人移动性,也提供了可靠的传输手段和接续方式。进入21世纪之后,移动通信已逐渐成为社会发展和进步必不可少的工具。

人类历史上最早使用的通信手段如烽火台、击鼓、旗语等,都可在短时间内将负载的消息内容传递出去,要完成消息的远距离传递,都需要经过中继站的接续传递。发展到现代,移动通信依旧需要中继站,只是由于无线电波的传播速度较快,人们几乎察觉不到中继站的存在。可以说,人类的移动通信史就是伴随人类对电的认识的发展而发展起来的。

18世纪50年代,《苏格兰人》杂志发表了一封署名为C. M. 的书信。在这封书信中,作者提出了用电流进行通信的大胆设想。虽然这在当时还不十分成熟,而且缺乏应用和推广的经济环境,却让人们看到了电信时代的一缕曙光。19世纪20年代,丹麦物理学家奥斯特发现,当金属导线中有电流通过时,放在它附近的磁针会发生偏转。英国物理学家法拉第明确提出"电能生磁",并发现导线在磁场中运动时会有电流产生,即"电磁感应"现象。麦克斯韦进一步用数学公式表达了法拉第等人的研究成果,并把电磁感应理论推广到空间。19世纪60年代,麦克斯韦发表了电磁场理论,成为人类历史上预言电磁波存在的第一人。

19世纪80年代,亨利希-鲁道夫-赫兹通过实验得出电磁能量可以越过空间进行传播的结论。这一发现轰动了科学界,成为近代科学技术史的一座里程碑。为了纪念这位杰出的科学家,电磁波的单位被命名为"赫兹"(Hz)。电磁波的发现具有划时代的意义,它不但证明了麦克斯韦理论的正确性,更重要的是推动了无线电的诞生,开辟了电子技术的新纪元,标志着从"有线电通信"向"无线电通信"的跨越,也是整个移动通信的发源点。应该说,从这时开始,人类便进入了无线通信的新领域。

19世纪90年代,意大利人伽利尔摩·马可尼在一个固定站和一艘拖船之间完成了一项无线电通信实验,由此揭开了移动通信辉煌发展的序幕。这一年被认为是人类移动通信元年。

移动通信的出现,为人们带来了无线电通信的更大自由和便捷。移动通信已经成为现代社会中不可或缺的通信手段,在各个领域中都发挥着不可替代的作用。真正意义上的现代移动通信系统则起源于20世纪20年代,距今已有近百年的历史。按照技术的创新和发展,可将现代移动通信系统分为4个发展阶段。

第一阶段:从20世纪20年代至40年代。在此期间,初步进行了一些传播特性的测试,并且在短波几个频段上开发出专用移动通信系统,其代表是美国底特律市警察使用的车载无线电系统。该系统工作频率为2MHz,到20世纪40年代提高到30~40MHz。这个阶段可以认为是现代移动通信的起步阶段。其特点是专用系统开发,工作频率较低,工作方式为单工或半双工。

第二阶段:从20世纪40年代中期至60年代初期。在此期间,公用移动通信业务问世。

20世纪40年代,根据美国联邦通信委员会(FCC)的计划,贝尔系统在圣路易斯城建立了世界上第一个公用汽车电话网,被称为"城市系统"。当时使用3个频道,间隔为120kHz,通信方式为单工。随后,联邦德国、法国、英国等国家相继研制出了公用移动电话系统,美国贝尔实验室完成了人工交换系统的接续。这一阶段的特点是从专用移动网向公用移动网过渡,接续方式为人工,网络的容量较小。

第三阶段:从20世纪60年代中期至70年代中期。在此期间,美国推出了改进型移动电话系统(IMTS),使用150MHz和450MHz频段,采用大区制、中小容量,实现了无线频道自动选择,并能够自动接续到公用电话网,联邦德国也推出了具有相同技术水平的B

网。可以说，这一阶段是移动通信系统改进与完善的阶段。其特点是采用大区制、中小容量，使用450MHz频段，实现了自动选频与自动接续。

第四阶段：从20世纪70年代中后期至今。在此期间，随着蜂窝理论的应用，频率复用的概念得以实用化。蜂窝移动通信系统是基于带宽或干扰受限，它通过分割小区，有效地控制干扰，在相隔一定距离的基站，重复使用相同的频率，从而实现频率复用，大大提高了频谱的利用率，有效地提高了系统容量。同时，随着微电子技术、计算机技术、通信网络技术，以及通信调制编码技术的发展，移动通信在交换、信令网络体制和无线调制编码技术等方面也有了长足的发展，这一阶段是移动通信蓬勃发展的时期。其特点是通信容量迅速增加，新业务不断出现，系统性能不断完善，技术发展速度呈加快趋势。

二、蜂窝移动通信系统的发展

随着移动通信技术的发展及应用范围的扩大，移动通信的类型越来越多，目前主要有蜂窝移动通信系统、无绳电话系统、集群移动通信系统、卫星移动通信系统等类型。蜂窝移动通信系统又可以划分为5个发展阶段：

(1)模拟频分多址(FDMA)系统，即第一代移动通信系统(1G)。

(2)使用电路交换的数字时分多址(TDMA)或码分多址(CDMA)系统，即第二代移动通信系统(2G)。

(3)使用分组/电路交换的CDMA系统，即第三代移动通信系统(3G)。

(4)使用不同的高级接入技术并采用互联网协议网络结构的系统，即第四代移动通信系统(4G)。

(5)具有高速率、低时延和大连接特点的新一代宽带移动通信技术，即第五代移动通信技术(5G)。例如，按照系统的典型技术来划分，则模拟系统是1G，数字话音系统是2G，数字话音/数据系统是超二代移动通信系统(B2G)，宽带数字系统是3G，而极高速数据速率系统则是4G、5G。

三、移动通信的发展趋势

自20世纪80年代以来，移动通信成为现代通信网络中发展速度最快的通信方式，近年来更是呈加速发展的趋势。随着其应用领域的扩大和对性能要求的提高，移动通信在技术和理论上也朝更高的水平发展，通常每10年将发展并更新一代移动通信系统。

从市场需求来看，移动互联网和物联网是下一代移动通信系统发展的两大主要驱动力，其中移动互联网颠覆了传统移动通信业务模式，而物联网则扩展了移动通信的服务范围。与现有的4G系统相比，5G系统的性能将在以下3个方面提高1000倍：一是传输速度将提高1000倍，平均传输速率将达到100Mb/s~1Gb/s；二是总的数据流量将提高1000

倍；三是频谱效率和能耗效率将提高至少 3 倍。总体来看，下一代移动通信技术的发展将呈现以下 5 个特点。

第一，5G 研究在推进技术变革的同时将更加注重用户体验，网络平均吞吐速率、传输时延，以及对虚拟现实、3D（三维）体验、交互式游戏等新兴移动业务的支撑能力等，将成为衡量 5G 系统性能的关键指标。

第二，与传统的移动通信系统理念不同，5G 系统研究将不仅仅把点到点的物理层传输与信道编译码等经典技术作为核心目标，而且将以更为广泛的多点、多用户、多天线、多小区协作组网作为突破的重点，力求在体系构架上寻求系统性能的大幅度提高。

第三，室内移动通信业务已占据应用的主导地位，5G 室内无线覆盖性能及业务支撑能力将作为系统优先设计目标，从而改变传统移动通信系统"以大范围覆盖为主、兼顾室内"的设计理念。

第四，高频段频谱资源将更多地应用于 5G 移动通信系统，但由于受到高频段无线电波穿透能力的限制，无线与有线的融合、光载无线组网等技术将被普遍应用。

第五，可"软"配置的 5G 无线网络将成为未来的重要研究方向，运营商可根据业务流量的动态变化实时调整网络资源，有效地降低网络运营的成本和能源的消耗。

下一代移动通信系统的无线关键技术方向包括以下 5 点。

第一，新型信号处理技术，如更先进的干扰消除信号处理技术、新型多载波技术、增强调制分集等。

第二，超密集网络和协同无线通信技术，如小基站的优化、分布式天线的协作传输、分层网络的异构协同、蜂窝/WLAN（无线局域网）/传感器等不同接入技术的协同通信等。

第三，新型多天线技术，如有源天线阵列、三维波束赋型、大规模天线等。

第四，新的频谱使用方式，如 TDD/FDD 的融合使用、实现频谱共享的认知无线电技术等。

第五，高频段的使用，如 6GHz 以上高频段通信技术等。

总体来说，未来移动通信系统将朝着新业务不断推出、接入技术多样化、网络高度融合的方向发展，而其主要技术突破点仍然是新频段、无线传输技术和蜂窝组网技术。

第二节　移动通信典型系统介绍

在信息时代，信息在经济发展、社会进步乃至人民生活等方面起着日益重要的作用。人们对于信息的丰富性、及时性和便捷性的要求也越来越高，能够随时随地、方便而及时地获取所需要的信息，是人们一直追求的梦想。

现代移动通信技术是一门复杂的高新科学技术，它不仅集中了无线通信和有线通信的最新技术成就，而且集中了电子技术、计算机技术和通信技术的许多成果。它不但可以传递语音信息，而且能像公用交换电话网那样具有数据终端功能，使用户能够随时随地、快速而可靠地进行多种信息的交换，因此是一种理想的通信形式。目前移动通信早已从模拟移动通信阶段发展到数字移动通信阶段，并且正朝着个人通信这一更高阶段发展。

移动通信的出现，为人们带来了无线电通信的更大自由和便捷。移动通信已经成为现代社会中不可或缺的通信手段，在各个领域中都发挥着不可替代的作用。随着移动通信技术的发展及应用范围的扩大，移动通信的类型也越来越多，目前主要有蜂窝移动通信系统、无绳电话系统、专用业务移动通信技术的演变、卫星移动通信系统等类型。下面分别对它们进行介绍。

一、蜂窝移动通信系统

陆地蜂窝移动通信是当今移动通信发展的主流和热点，而蜂窝组网理论的提出和应用要追溯到 20 世纪 70 年代中期。随着民用移动通信用户数量的增加和业务范围的扩大，有限的频谱供给与可用频道数要求递增之间的矛盾日益突出。为了更加有效地利用有限的频谱资源，美国贝尔实验室提出了在移动通信发展史上具有里程碑意义的小区制、蜂窝组网理论，它为移动通信系统在全球的广泛应用开辟了道路。蜂窝组网理论中的几个重要部分是移动通信发展的基础，具体表现为以下 3 个方面：第一，频率复用。有限的频率资源可以在一定的范围内被重复使用。第二，小区分裂。当容量不够时，可以缩小蜂窝的范围，划分出更多的蜂窝，进一步提高频率的利用效率。第三，多信道共用和越区切换。多信道共用是为了保证大量用户共同使用时仍能满足服务质量，越区切换是为了保证通信的连续性。

（一）第一代蜂窝移动通信系统

蜂窝移动通信的飞速发展是超乎寻常的，它是 20 世纪人类最伟大的科技成果之一。20 世纪 40 年代，美国电话电报公司（AT&T）作为先驱者，第一个推出了移动电话，为通信领域开辟了一个崭新的发展空间。然而，移动通信真正走向广泛的商用，为普通大众所使用，还应该从蜂窝移动通信的推出算起。20 世纪 70 年代，美国贝尔实验室提出了蜂窝小区和频率复用的概念，现代移动通信开始发展起来。20 世纪 70 年代末，美国贝尔实验室开发了先进的高级移动电话系统（AMPS），这是第一种真正意义上可以随时随地通信的大容量的蜂窝移动通信系统。其他工业化国家也相继开发出蜂窝式公用移动通信网。

随后日本推出 800MHz 汽车电话系统，在东京、大阪、神户等地投入商用。瑞典等北欧四国于 20 世纪 80 年代开发出北欧移动电话（NMT）通信网，并投入使用，频段为450MHz。联邦德国随后完成 C-450 网，频段为 450MHz。英国也开发出全接入通信系统

（TAGS），首先在伦敦投入使用，随后覆盖了全英国，频段为 900MHz。法国在 20 世纪 80 年代开发出 Radiocom 2000 系统，工作在 450MHz 和 900MHz 频段。

这些系统都是双工的基于频分多址（FDMA）的模拟制式系统，其传输的无线信号为模拟量，因此，人们称此时的移动通信系统为模拟通信系统，也称为第一代蜂窝移动通信系统（1G）。第一代系统利用蜂窝组网技术以提高频率资源利用率，采用蜂窝网络结构，解决了容量密度低、活动范围受限的问题。

但是它也存在很多缺点：频谱利用率低；通信容量有限；通话质量一般，保密性差；制式太多，标准不统一，互不兼容；不能提供非话音数据业务，不能提供自动漫游等。

随着移动通信市场的快速发展，人们对移动通信技术提出了更高的要求。由于第一代蜂窝移动通信系统存在上述缺陷，导致模拟系统无法满足人们的需求。因此，基于数字通信的移动通信系统，即所谓数字蜂窝移动通信系统，在 20 世纪 90 年代初期应运而生，这就是第二代蜂窝移动通信系统（2G）。

（二）第二代蜂窝移动通信系统

2G 是蜂窝数字移动通信系统，它具有数字传输的种种优点，并克服了模拟系统的很多缺陷，话音质量、保密性能都获得很大提高，而且可以进行省内、省际自动漫游。因此，2G 一经推出就备受人们关注，得到了迅猛的发展，短短十几年就成为世界范围内最大的移动通信网，几乎取代了模拟移动通信系统。

第一个数字蜂窝标准 GSM 基于时分多址（TDMA）方式，于 20 世纪 90 年代由欧洲提出。美国提出两个数字标准，分别为基于 TDMA 的 IS-54 和基于窄带直接序列码分多址（DS-CDMA）的 IS-95。日本第一个数字蜂窝系统是个人数字蜂窝（PDC）系统，并投入运行。在这些数字移动通信系统中，应用最广泛、影响最大、最具代表性的是 GSM 系统和 IS-95 系统。目前，这两大系统在世界第二代蜂窝数字移动通信市场中占据主要份额。

GSM 系统的空中接口采用的是 TDMA 的接入方式，到目前为止 GSM 还是全世界最大的移动网，占移动通信市场的大部分份额。GSM 是为了改变欧洲第一代蜂窝系统四分五裂的状态而发展起来的。在 GSM 之前，欧洲各国在整个欧洲大陆采用不同的蜂窝标准，对于用户来讲，他们则不能使用一种制式的移动台在整个欧洲进行通信。另外，由于模拟网本身的弱点，它的容量也受到限制。为此，欧洲邮电委员会的移动通信特别小组从 20 世纪 80 年代开始进行 GSM 系统标准的开发，如今，GSM 移动通信系统已经遍及全世界。

IS-95 系统采用的是码分多址（CDMA）的接入方式。CDMA 技术最早是由美国的高通公司提出的，20 世纪 90 年代正式的 CDMA 标准即 IS-95 登上了移动通信的舞台。CDMA 技术向人们展示的是它独特的无线接入技术：系统区分地址时在频率、时间和空间上是重叠的，它使用相互准正交的地址码来完成对用户的识别。从当前人们对无线接入方式的认识角度来讲，码分多址技术有其独特的优越性，因而得到迅速的发展。

但是随着人们对数据通信业务的需求日益提高，人们已不再满足以话音业务为主的移动通信网所提供的业务了，特别是 Internet 的发展大大推动了人们对数据业务的需求。从近年来的统计可以看出，固定数据通信网的用户需求和业务使用量一直呈增长趋势。因此，必须开发研究适用于数据通信的移动通信系统。人们首先着手开发的是基于 2G 的数据系统，在不大量改变 2G 系统的条件下，适当增加一些模块和一些适合数据业务的协议，可使系统以较高的效率来完成数据业务的传送，这就是通常所说的 2.5G 系统。

目前的 GPRS/EDGE 就是这样的系统，现在已在我国组网并投入商用。另外，CDMA2000 lx 也属于这一范畴。

尽管 2.5G 系统可以方便地传输数据业务，但是其系统带宽有限，限制了数据业务的发展，也无法实现移动的多媒体业务，同时无法从根本上解决无线信道传输速率低的问题。而且由于各国标准不统一，第二代系统无法实现全球漫游。因此，2.5G 系统只是一种过渡产品。在市场和技术的双重驱动下，推行第三代蜂窝移动通信系统势在必行。

（三）第三代蜂窝移动通信系统

第三代蜂窝移动通信系统是第二代的演进和发展，而不是重新建设一个移动网。在 2G 的基础上，3G 增加了强大的多媒体功能，不仅能接收和发送话音、数据信息，而且能接收和发送静态、动态图像及其他数据业务；克服了多径、时延扩展、多址干扰、远近效应、体制问题等技术难题，具有较高的频谱利用率，解决了全世界存在的系统容量问题；其系统设备价低，业务服务高质、低价，可满足个人通信化要求。

3G 的目标主要有以下 4 个方面：

（1）以低成本的多模手机来实现全球漫游。全球具有公用频段，用户不再局限于一个地区和一个网络，而能在整个系统和全球漫游，但不要求各系统的无线传输设备及网络内部技术完全一致，而是要求在网络接口、互通及业务能力方面统一或协调；在设计上具有高度的通用性，拥有足够的系统容量和强大的多种用户管理能力，能提供全球漫游；它是覆盖全球的、具有高度智能和个人服务特色的移动通信系统。

（2）能提供高质量的多媒体业务，包括高质量的话音、可变速率的数据、高分辨率的图像等多种业务，实现多种信息一体化。

（3）适应多种环境，采用多层小区结构，即微微蜂窝、微蜂窝、宏蜂窝，将地面移动通信系统和卫星移动通信系统结合在一起，与不同网络互通，提供无缝漫游和业务一致性，网络终端具有多样性，并与第二代蜂窝移动通信系统共存和互通，具有开放结构，易于引入新技术。

（4）具有足够的系统容量、强大的多种用户管理能力、高保密性能和服务质量。用户可用唯一的个人电信号码在任何终端上获取所需要的电信业务，这就超越了传统的终端移动性，真正实现了个人移动性。

要实现上述目标，无线传输技术需满足以下 5 条要求：

(1)高速传输以支持多媒体业务。室内环境至少 2Mb/s，室外步行环境至少 384kb/s，室外车辆环境至少 144kb/s。

(2)传输速率按需分配。

(3)上下行链路能适应不对称业务的需求。

(4)简单的小区结构和易于管理的信道结构。

(5)灵活的频率和无线资源的管理、系统配置和服务设施。

第三代蜂窝移动通信标准通常指无线接口的无线传输技术标准。截至 20 世纪 90 年代末，提交到国际电信联盟(ITU)的陆地第三代蜂窝移动通信无线传输技术标准共有 10 种。ITU 在 21 世纪初召开的全球无线电大会(WRC)上正式批准了关于第三代蜂窝移动通信系统(IMT-2000)无线接口技术规范的建议，此规范建议了 5 种技术标准，如表 1-1 所示。

表 1-1 IMT-2000 无线接口的 5 种技术标准

多址接入技术	正式名称	习惯称呼
CDMA	IMT-2000 CDMA-DS	WCDMA
	IMT-2000 CDMA-MC	CDMA2000
	IMT-2000 CDMA-TDD	TD-SCDMA/UTRA-TDD
TDMA	IMT-2000 TDMA-SC	UWC-136
	IMT-2000 TDMA-MC	EP-DECT

最终只有 3 种 CDMA 技术实际成为第三代蜂窝移动通信系统标准。这 3 种 CDMA 技术分别受到两个国际标准化组织 3GPP 和 3GPP2 的支持：3GPP 负责 CDMA-DS 和 CDMA-TDD 的标准化工作，分别称为 3GPP 频分双工(FDD)和 3GPP 时分双工(TDD)；3GPP2 负责 CDMA-MC，即 CDMA2000 的标准化工作。由此，形成了世界公认的第三代蜂窝移动通信的 3 个国际标准及其商用的系统，即 WCDMA、CDMA2000 和 TD-SCDMA。在中国，这 3 个标准的系统分别由中国联通(WCDMA)、中国电信(CDMA2000)和中国移动(TD-SCDMA)建设和运行。

但是，随着 3G 逐渐走向商用，以及信息社会对无线 Internet 业务需求的日益增长，第三代蜂窝移动通信系统 2Mb/s 的峰值传输速率已远远不能满足人们的需求。因此，第三代蜂窝移动通信系统正在采用各种速率增强技术，以期提高实际的传输速率。CDMA2000 1x 系统增强数据速率的下一个发展阶段称为 CDMA2000 1xEV，其中 EV 是 Evolution 的缩写，意指在 CDMA2000 1x 基础上的演进系统。新的系统不仅要和原有系统保持后向兼容，而且要能提供更大的容量、更佳的性能，满足高速分组数据业务和语音业务的需求。CDMA2000 1xEV 又分为两个阶段：CDMA2000 1xEV DO 和 CDMA2000 1xEV DV。WCDMA 和 TD-SCDMA 系统增强数据速率技术为 HSPA，HSPA+是在 HSPA 基础上的演进。3G 无线系统高速解决方案要求数据传输具有非对称性、激活时间短、峰值速率高等特点，能够更加有效地利用无线频谱资源，增加系统的数据吞吐量。

另外，于 21 世纪初加入 3G 标准的 WiMAX 技术的崛起打破了 WCDMA、CDMA2000 和 TD-SCDMA 三足鼎立的局面，使竞争进一步升级，并加快了技术演进的步伐。为了保证 3G 的持续竞争力，移动通信业界提出了新的市场需求，要求进一步加强 3G 技术，提供更强大的数据业务能力，向用户提供更优质的服务，同时具有与其他技术进行竞争的实力。因此，3GPP 和 3GPP2 分别启动了 3G 技术长期演进（LTE）和空中接口演进（AIE）。

按照 ITU 的定义：IMT-2000 技术和 IMT-Advanced 技术拥有一个共同的前缀"IMT"，它表示移动通信；当前的 WCDMA、CDMA2000、TD-SCDMA 及其增强型技术统称为 IMT-2000 技术；未来新的接口技术，叫作 IMT-Advanced 技术。ITU 在 2008 年初公开征集下一代通信技术 IMT-Advanced 标准，并开始对候选技术和系统做出评估，最终选定相关技术作为 4G 标准。

为满足移动宽带数据业务对传输速率和网络性能的要求，研究开发速率更高、性能更先进的新一代移动通信技术正成为世界各国和相关机构关注的重点。LTE 和移动 WiMAX 技术性能相对 3G 技术大幅提高，已经可以满足 B3G 系统高速移动场景的需求，当系统载波带宽扩展到 100MHz 时，应该可以满足游牧和固定场景的需求。

（四）第四代蜂窝移动通信系统

通信技术日新月异，给人们带来极大的便利，大约每 10 年就有一项技术更新。因此，对于移动通信服务业者、系统设备供货商和其他相关产业来说，必须随时注意移动通信技术的变化，以适应市场需求。随着数据通信与多媒体业务需求的发展，适应移动数据、移动计算及移动多媒体运作需要的第四代蜂窝移动通信开始兴起。

4G 是 3G 的进一步演化，能在传统通信网络和技术的基础上不断提高无线通信的网络效率和功能。同时，它包含的不仅仅是一项技术，而是多种技术的融合。它不仅包括传统移动通信领域的技术，还包括宽带无线接入领域的新技术及广播电视领域的技术。因此对于 4G 中使用的核心技术，业界并没有太大的分歧。总结起来有正交频分复用（OFDM）技术、软件无线电技术、智能天线技术、多输入多输出（MIMO）技术、基于 IP 的核心网等。

根据 ITU 网站公布的消息，ITU 在 2012 年 1 月 18 日举行的 WRC 全体会议上，正式审核通过了 4G 国际标准，WCDMA 的后续演进标准 FDD-LTE 和我国主导的 TD-LTE 入选。WiMAX 的后续研究标准，即基于 IEEE 802.16m 的技术也获得通过。4G 国际标准的确定工作历时 3 年，在当时 ITU 共征集到 6 项候选技术，这 6 项技术基本上可以分为两大类：一类是基于 3GPP 的 LTE 的技术，我国提交的 TD-LTE-Advanced 是其中的 TDD 部分；另一类是基于 IEEE 802.16m 的技术。

从字面上看，LTE-Advanced 就是 LTE 技术的升级版，LTE-Advanced 的正式名称为 Further Advancements for E-UTRA，它满足 ITU-R 的 IMT-Advanced 技术征集的需求，是

3GPP 形成欧洲 IMT-Advanced 技术提案的一个重要来源。LTE-Advanced 为后向兼容技术，完全兼容 LTE，是演进而不是革命，与 HSPA 和 WCDMA 的关系类似。LTE-Advanced 的相关特性：带宽 100MHz；峰值速率为下行 1Gb/s，上行 500Mb/s；峰值频谱效率为下行 30b/(s·Hz)，上行 15b/(s·Hz)；针对室内环境进行优化；有效支持新频段和大带宽应用；峰值速率大幅提高，频谱效率改进有限。

严格地讲，将 LTE 作为 3.9G 移动互联网技术，那么 LTE-Advanced 作为 4G 标准更加确切一些。LTE-Advanced 的入围，包含 TDD 和 FDD 两种制式。其中，TD-SCDMA 将能够进化到 TDD 制式，而 WCDMA 将能够进化到 FDD 制式。802.16 系列标准在 IEEE 正式称为 Wireless MAN，而 Wireless MAN-Advanced 即 IEEE802.16m。802.16m 最高可以提供 1Gb/s 的无线传输速率，还将兼容未来的 4G 无线网络。802.16m 可在"漫游"模式或高效率/强信号模式下，提供 1Gb/s 的下行速率。其优势为：扩大网络覆盖，改建链路预算；提高频谱效率；提高数据和 VoIP 容量；低时延和 QoS 增强；节省功耗。

目前的 Wireless MAN-Advanced 有 5 种网络数据规格，其中极低速率为 16kb/s，低速率数据及低速多媒体为 144kb/s，中速多媒体为 2Mb/s，高速多媒体为 30Mb/s，超高速多媒体则达到了 30Mb/s~1Gb/s。

在全球各大网络运营商都在筹划下一代网络时，北欧 Telia Sonera 则率先完成了 LTE 网络的建设，并宣布开始在瑞典首都斯德哥尔摩、挪威首都奥斯陆提供 LTE 服务，这也是全球正式商用的第一个 LTE 网络。而我国也于 21 世纪初在广州、上海、杭州、南京、深圳、厦门 6 个城市进行了 TD-LTE 规模技术试验，并在北京启动了 TD-LTE 规模技术试验演示网络建设。

(五)第五代蜂窝移动通信系统

2013 年欧盟启动大型科研项目 METIS，以研发 5G 技术，这代表着 5G 技术的开端。随后各国在 5G 标准领域的争夺战日益激烈地展开。我国工业和信息化部、发展改革委、科技部共同支持成立 IMT-2020(5G)推进组，作为 5G 推进工作的平台，推进组旨在组织国内各方力量、积极开展国际合作，共同推动 5G 国际标准发展。目前，我国已建成 5G 基站三百万余个，成为全球首个基于独立组网模式规模建设 5G 网络的国家。

二、无绳电话系统

无绳电话系统是市话系统的延伸，主要由无绳电话机(手机)、基站和网络管理中心组成，信号是通过无线电波传输，所以在无绳电话的话机和基站内都装有一台收发信机。因为现在使用的电话机、手持机和座机间的连接缆绳长度是有限的，所以人们只能在座机周围打电话；而无绳电话采用无线信道来代替这根缆绳，这给用户带来了很大方便。来自无绳电话机的语音先经过无线通信到达基站，经变换后再进入市话系统，用户拿着无绳电话就可以在基站周围的一定范围内进行移动通信。由于无绳电话与基站的无线辐射功率都很小，因而无绳电话机可活动的范围不大。无绳电话系统采用的是微蜂窝或微微蜂窝的无线传输技术。

可见，无绳电话是移动电话的又一种形式，无绳电话系统经历了从模拟到数字、从室内到室外、从专用到公用的发展历程，最终形成了以公用交换电话网（PSTN）为依托的多种网络结构。早期的无绳电话是单信道单移动终端，采用模拟调制。20世纪70年代出现的无绳电话系统称为第一代模拟无绳电话系统（CT-1），也称子母机系统，仅供室内使用，用无线信道代替有线电话机中连接送、受话机的电缆，不受电缆限制，用户可以在座机周围100~200m内方便地使用手提机通话。由于采用模拟技术，一般通话质量不太理想，保密性也较差。

在蜂窝移动通信系统走向数字化的同时，无绳电话也在向数字化发展。20世纪90年代中期出现的第二代数字无绳电话系统，具有容量大、覆盖面广、支持数据通信业务、应用灵活、成本低廉等优点。其典型的代表有英国的CT-2、泛欧数字无绳电话系统（DECT）、日本的个人手持电话系统（PHS）和美国的个人接入通信系统（PACS）等。这些系统均具有双向呼叫和越区切换的功能，适用于无线PBX和无线LAN场合。

三、专用业务移动通信技术的演变

专用业务移动通信系统是在给定业务范围内，为部门、行业、集团服务的专用移动通信系统（简称"专用移动通信系统"），典型的如生产调度系统。集群移动通信系统是专用移动通信系统高层次发展的形式，它与公众移动通信系统的比较如表1-2所示。

表1-2　集群移动通信系统与公众移动通信系统的比较

比较项目 用途	集群移动通信系统 专用网	蜂窝移动通信系统 公用网
目标用户群	以团体为单位，团体中的个体用户往往在工作中具有一定的联系，并分为不同的优先等级	以个体用户为单位，通话对象具有随机性，系统内部用户之间是平等的，不区分优先等级
业务特征	"一呼百应"的群组呼叫，通信作业一般以群组为单位，以调度台管理为特征	"一对一"的通信，个体用户之间是平等的，被叫用户有权拒绝主叫用户的呼叫请求
组网模式	需要根据用户的工作区域进行组网，而不是根据业务量的大小决定组网的先后顺序	通过事先预测和事后统计观察，根据业务量和用户地理分布进行网络组织
系统性能要求	在系统安全性、可靠性、通信接续时间、通信延时等方面都有更高的要求，适合于承载大量频繁的通信接续需要	适合于次数不多但接续时间较长的通信要求

比较项目 用途	集群移动通信系统 专用网	蜂窝移动通信系统 公用网
系统功能	基本功能包括组呼、全呼、广播呼、私密呼，以及电话互联呼叫等，补充功能包括调度区域选择、多优先级等，对于特殊用户还需要提供双向鉴权、空中加密、端到端加密等功能	公众移动通信系统功能没有特殊要求
终端要求	除功能、性能的一般性要求外，外观上，还要适应现场恶劣工作环境的需要，往往很难做到外观小巧、漂亮；类型上，除手持终端外，还要求有车载和固定终端	除一般的功能、性能要求外，主要追求外观的精美、小巧等，而且主要是手持终端
运营管理	具备用户(指团体用户)自行管理的能力	由运营商统一进行网络建设、运营维护和日常用户管理
计费方式	与用户团体的终端用户数量、服务质量要求、业务区域范围、业务功能种类等因素有关	按照统一的资费政策，基于个体用户的业务使用情况进行计费

集群通信是移动通信中不可缺少的一个分支，它是实现移动中指挥调度通信最有效的手段之一，也是指挥调度最重要的通信方式之一，因此它从"诞生"起，就受到了人们的关注。下面对集群通信尤其是数字集群通信做简要介绍。

(一)集群通信

所谓集群通信系统，就是指系统具有的可用信道可由系统的全体用户共用，具有自动选择信道功能。它是共享频率资源、共担建设费用、共用信道及服务的多用途、高效率的无线调度通信系统，是专用通信系统的高级发展阶段。集群移动通信网主要面向各专业部门，如公安、铁道、水利、市政、交通、建筑、抢险、救灾、军队等，以各专业部门用户作为服务对象，用户之间存在一定的服务关系和呼叫级别。资费标准较公网灵活且便宜；呼叫接续速度高，接续时间最短可达300ms。集群网的主要业务为调度业务，兼有互联电话和数据业务。

集群移动通信系统有以下5种分类方式。

1. 按控制方式分

按控制方式可分为集中控制式和分散控制式。集中控制式是指由一个智能控制终端统一管理系统内话务信道的方式。分散控制式是指每一信道都有单独的智能控制终端的管理方式。

2. 按信令方式分

按信令方式可分为共路信令和随路信令方式。共路信令是设定一个专门控制信道传信令，这种方式的优点是信令速度高，电路容易实现。随路信令是在一个信道中同时传话音和信令，不单独占用信道，优点是节约信道；缺点是接续速度慢。

3. 按通话占用信道分

按通话占用信道可分为信息集群系统和传输集群系统。信息集群系统中，用户通话占用一次信道完成整个通话过程。而传输集群系统中，一个完整的通话要分几次在不同的信道上完成。信息集群在有些资料中也称消息集群。其优点是通话完整性好；缺点是讲话停顿期间仍占用信道，信道利用率不高。传输集群又分为纯传输集群和准传输集群，也可两者兼用。这种方式的优点是信道利用率高，通信保密性好；缺点是通话完整性较差。

4. 按呼叫处理方式分

按呼叫处理方式可分为损失制系统和等待制系统。在损失制系统中，当话音信道被占满时，呼叫显示忙，若要通话需重新呼叫，信道利用率低。在等待制系统中，当信道被占满时，对新申请者采用排队方式处理，不必重新申请，信道利用率高。

5. 按信令占用信道方式分

按信令占用信道方式可分为固定式和搜索式。在固定式中，起呼占用固定信道。在搜索式中，起呼占用信道随机变化，需要不断搜索信令信道(忙时信令信道可作为话音信道，新空出的话音信道接替控制信道)。前者实施简单，后者实施复杂。

集群移动通信系统最早是以单区单基站网络形式出现的，这种网络结构最为简单，在开始一段时间内大部分用户都建立这种网络。但随着国民经济的发展，各部门的工作业务面扩大了，相互联系增多了，有许多工作还需要跨部门、跨地区进行；加上一些大城市的地域在不断扩大，高楼大厦越建越高、越建越多，原来的单一基站网不能满足覆盖要求，即单区单基站的模拟集群通信网已不够用了，于是单区多基站及多区多基站的集群通信系统就发展起来了。

集群通信共网是新发展起来的一种运营模式。国际移动通信协会对集群通信的发展曾提出"商用集群无线通信"这一术语，它实际上是一种集群通信共网，也可称作专用网的公网。这样的网络通常由一个运营公司来运营，主要由投资集团来投资，在某个区域构成一个由几万或十几万用户组成的大网。这个网的用户是集团用户，他们可像使用蜂窝手机那样到运营公司去购买用户终端，缴纳入网费和通信费等。在这个大网中，不同的部门和行业又可各自组成一个群(组)进行各自的调度指挥，而群之间相互不会干扰。这样，集群通信共网实际上是在体现社会效益的基础上以体现经济效益为主的。它的用户面很广，可以包括各个部门的用户；而在这个大网中各个部门又可各自组成一个组(群)，运行各自的指挥调度。因此，这些要建网的部门就不必为频率、中继线、资金的筹划而费力，也不必为设计、建网而花费时间。集群通信共网与集群通信专网的区别如表1-3所示。

表1-3　集群通信共网与集群通信专网的区别

比较项目	集群通信共网	集群通信专网
性质	它是一个商业性实体，由运营公司来运营，向用户提供服务	仅供部门使用
目的	在体现社会效益的基础上以体现经济效益为主	主要是为满足本部门工作需要而建立的，体现社会效益
用户	用户面很广，用户是集团用户	用户只限本部门
频率利用率	集中使用频率，使这些频率为更多的用户所共有，提高了频率利用率	频率利用率不高

　　集群移动通信系统是由集群通信专网发展起来的，而集群通信共网也是随着集群通信的发展而形成的。集群通信专网在一定的时间内还将发挥其作用，不能完全由集群通信共网代替。所以，这两种系统都要发展而不能偏废。

（二）数字集群系统

　　当前，各种通信系统的全数字化已是大势所趋，集群通信也不例外。国际电联制定的数字集群报告（ITU-R Documents 8/12-E），提出了为陆地调度的集群专网与共用集群共网数字陆地移动系统的总目标。该报告同时提出数字集群系统的基本业务可分为以下3类。

　　1. 用户终端业务

　　用户终端业务集群和非集群能力，允许直接移动对移动用户任选的成组语音呼叫功能，允许选择并保密呼叫。提供电话、传真和某些扩展业务，如交互视传、用户电报等。

　　2. 承载业务

　　电路方式数据功能，允许非保护数据最小为7.2kb/s、保护数据最小为4.8kb/s。分组面向连接数据功能和无连接数据功能。

　　3. 补充业务

　　专用集群移动分类：接入优先、抢占优先、优先呼叫，内部呼叫、控制转移、迟入网，由调度员授权的呼叫，环境监听、缜密监听，地区选择，短码寻址，通话方识别，动态组数目指配等。

　　电话类：呼叫转移——无条件/遇忙/用户不应答/用户不可及，呼叫禁止——呼入/呼出，呼叫报告，呼叫等待，呼叫/被连接线路身份表示，呼叫/被连接线路识别限制，对于忙用户/对不回答呼叫接通等。

四、卫星移动通信系统

　　自20世纪80年代以来，随着数字蜂窝网的发展，地面移动通信得到了飞速的发展，但受到地形和人口分布等客观因素的限制，地面固定通信网和移动通信网不可能实现全球各地全覆盖，如海洋、高山、沙漠和草原等成为地面网盲区。这一问题现在无法解决，而且在将来的几年甚至几十年也很难得到解决。这不是由于技术上不能实现，而是由于在这些地方建立地面通信网络耗资巨大。相比较而言，卫星通信具有良好的地域覆盖特性，可以快捷、经济地解决这些地方的通信问题，正好是对地面移动通信的补充。

卫星移动通信系统是指利用人造地球卫星作为空间链路的一部分进行移动业务的通信系统。移动卫星通信不受地理条件的限制，覆盖面广，信道频带宽，通信容量大，电波传输稳定，通信质量好。但卫星通信系统造价昂贵，运行费用高。

由于卫星具有一定高度，卫星系统能建立全球覆盖。采用卫星建立公众通信最早是在20世纪60年代，在AT&T公司贝尔实验室成功地实施了Echo和Telstar实验后，Comsat通信有限公司成立，它的早期工作是基于美国国家航空航天局(NASA)的应用技术卫星规划。卫星系统可提供无线移动通信，卫星在地球上实际的覆盖区域面积取决于地球上方的卫星轨道，可分为以下3种。

(一)对地静止地球轨道(GEO)卫星

GEO卫星处在地球上方35 786千米的轨道上，沿轨道的运行速度和地球自转速度相同。因此，从地球上看，GEO卫星停留在某一点上。GEO卫星具有将近13 000千米的视场(FOV)直径，它可以覆盖一个国家的大部分区域。GEO卫星是区域性卫星，它具有多波束并能通过小波束进行频率复用。GEO卫星的优点是能和节点保持连续状态；缺点是信号的往返路径延迟大约为250ms，当用户打电话或使用实时视频时，可能会感觉到这种延迟。

(二)中等地球轨道(MEO)卫星

MEO卫星处在地球上方大约10 000千米的轨道上，而其FOV直径大约为7000千米。为了使卫星覆盖区涵盖全世界的重要区域，要使用一组MEO卫星，MEO卫星每12小时绕地球一圈，如全球定位系统(GPS)卫星。GPS系统中共有24颗GPS卫星，其中，18颗处于活跃状态，6颗备用。GPS覆盖了整个地球，在任何时间、在地球上的任何一点至少能"看见"处于地球上方的4颗GPS卫星，从而能对该点定位。GPS卫星发射的信号有P码和C/A码，其中P码供美国军方及特许用户使用，C/A码供民用。自从2003年以来，已将GPS导航系统安装在很多汽车和蜂窝电话中，它的定位精确度在3米以内。

Odyssey系统也是一个MEO卫星系统，它只有16颗卫星并覆盖了全世界。这个系统的造价不是很昂贵，卫星使用寿命可达10年或更长。国际海事卫星组织的中圆轨道(ICO)也是一个MEO系统，它有8颗卫星，只提供数据传输业务。

(三)低地球轨道(LEO)卫星

LEO卫星是一种低轨道卫星，处于地球上方大约800千米的轨道上。它的FOV直径为 800 千米左右，每个 LEO 卫星的 FOV 绕地球一圈需要 2 小时左右。使用 LEO 卫星部署蜂窝通信系统的概念不同于陆地蜂窝系统。"小区是移动的"，而地面移动台(终端)只能"看见"卫星几分钟。在 LEO 系统中，覆盖区域的短时变化引起频率上的切换。切换可引起系统容量的低效，并可降低连接稳定性。从 LEO 卫星到地球往返传输产生的延迟时间只有 5ms；而从 GEO 卫星到地球往返传输产生的延迟时间为 250ms。

1. LEO 卫星系统的优点

(1)延迟时间短。

(2)由于视线条件，可取得较小的路径损耗，这样地球上的天线可更小更轻。

(3)比陆地系统提供更宽的覆盖，也像陆地系统一样提供频率复用。

(4)需要的基站(即卫星)较少。

(5)能覆盖海洋、陆地和空中。

2. LEO 卫星系统的缺点

(1)信号太弱，以至于不能穿透建筑物的墙壁，但有线和无线 LAN 可帮助将卫星的覆盖扩展到室内。

(2)由于 LEO 卫星系统工作在 10GHz 的频率上，所以信号上的雨衰效应是另一个大的隐患。LEO 卫星系统包括摩托罗拉公司的钛系统、Loral 公司和 Qualcomm 公司的全球星(Globa Star)系统，以及 Teledesic 公司的 Teledesic 系统。

随着 21 世纪的到来，卫星通信将进入个人通信时代。这个时代的最大特点就是卫星通信终端达到手持化，个人通信实现全球化。所谓个人通信，是移动通信的进一步发展，是面向个人的通信，国际电联称为通用个人通信，在北美则称为个人通信业务，其实质是任何人在任何时间、任何地点都可与其他任何人实现任何方式的通信。只有利用卫星通信覆盖全球的特点，通过卫星通信系统与地面通信系统(光纤、无线等)的结合，才能实现名副其实的全球个人通信。

当前，小卫星技术的发展，为实现非同步的中、低轨道卫星通信系统提供了条件。中、低轨道具有传播时延短、路径损耗低、能更有效地频率复用、卫星研制周期短、能多星发射、卫星互为备份、抗毁能力强、多星组网可实现真正意义上的全球覆盖等特点。同时，利用小卫星组成卫星通信系统，具有降低小卫星本身的成本和相应的发射费用、缩短卫星计划酝酿和制订时间、卫星能及时采用最新的技术等优点。这些特点和优点对于实现终端手持化具有同步卫星不可比拟的优势，从而使卫星移动通信系统成为个人通信、信息高速公路积极发展的通信手段之一。

五、无线数据网络

无线数据网络可根据其覆盖的区域来划分。无线个域网(WPAN)是最小覆盖区所对应的网络，覆盖区域一般在半径为 10 米的范围，用于实现同一地点终端与终端间的连接，如连接手机和蓝牙耳机等，必须运行于许可的无线频段。无线局域网（WLAN）用于在建筑物特定楼层范围内连接用户。团体局域网服务于工业园区或大学校园，在这些地方，网络能漫游遍及整个园区，使用相当便利。无线城域网（WMAN）主要用于解决城域网的接入问题，覆盖范围为几千米到几十千米。覆盖范围最大的网络是无线广域网（WWAN），它实现了整个国家范围内的连接。

（一）无线个域网（WPAN）

在过去的几十年里，无线技术产生了革命性的飞跃。近年来，电子制造商们意识到，用户对于"将有线变为无线"有着巨大的需求。利用隐形、低功耗、小范围的无线连接取代笨重的线缆，可极大地提高组网的灵活性，从而使人们的生活更加方便、快捷。并且无线连接可以使人们方便地移动设备，也能够在个人之间、设备之间和其生活环境之间实现协作通信。因此，WPAN 应运而生。

WPAN 是一种采用无线连接的个人局域网，它被用于诸如计算机、电话、各种附属设备以及小区域（半径一般不超过 10 米）内的数字助理设备之间的通信。WPAN 是为了实现活动半径小、业务类型丰富、面向特定群体、无线无缝连接而提出的新兴无线通信网络技术，它能够有效地解决"最后几米电缆"的问题，进而将无线联网进行到底。

支持 WPAN 的技术有很多，每一项技术只有被用于特定的用途或领域才能发挥最大的作用。此外，虽然在某些方面，有些技术被认为是在无线个人局域网空间中相互竞争的，但它们又常常是互补的。主要包括蓝牙、ZigBee、超宽带（UWB）、IrDA、HomeRF等，其中蓝牙技术在无线个人局域网中使用最广泛。"蓝牙"这个名称源自北欧国家中的一个海盗国王。爱立信公司在 20 世纪 70 年代发展了蓝牙技术，用无线代替了短线，实现了10 米内的短距离通信。其信道带宽为 200kHz，使用 QAM 调制，数据速率可达 1Mb/s。现在大多数蜂窝电话都配备了蓝牙。在美国，ZigBee 是依据 IEEE 802.15 标准发展起来的，它的有效接入距离可达 30 米，但数据速率仅为 144kb/s 左右，它可用于视频网络等应用。

从 20 世纪 80 年代开始，随着频带资源的紧张及对于高速通信的需求，超宽带技术开始被应用于无线通信领域。21 世纪初，美国联邦通信委员会发布了超宽带无线通信的初步规范，正式解除了超宽带技术在民用领域的限制。脉冲超宽带是超宽带通信最经典的实现方式，通信时利用宽度在纳秒或亚纳秒级别的、具有极低占空比的基带窄脉冲序列携带信息。发射信号是由单脉冲信号组成的时域脉冲序列，无须经过频谱搬移就可以直接辐射。脉冲超宽带具有潜在的支持高数据速率或系统容量的能力，可共享频谱资源，定位精度高，探测能力强，穿透能力强，而且具有低截获、抗干扰、保密性好、低成本、低功耗等特点。可见，脉冲超宽带技术满足低速率 WPAN 对物理层基本的业务要求。在 IEEE 802.15.4a 标准中，明确提出使用脉冲超宽带技术作为物理层标准也正是基于上述原因。

（二）无线局域网（WLAN）

WLAN 是利用无线通信技术在一定的局部范围内建立的网络，是计算机网络与无线通信技术相结合的产物。它以无线多址信道作为传输媒介，提供传统有线局域网（LAN）的功能，能够使用户真正实现随时、随地、随意的宽带网络接入。

WLAN 起初是作为有线局域网的延伸而存在的，广泛用于构建办公网络。但随着应用的进一步发展，WLAN 正逐渐从传统的局域网技术发展成为"公共无线局域网"，并成为国际互联网宽带接入手段。WLAN 具有易安装、易扩展、易管理、易维护、高移动性、保密性强、抗干扰等特点。

WLAN 中的标准化行动是扩展其应用的关键，而且大多数是针对非授权频带的。可以通过两个主要途径来管制非授权频带：一个是所有设备间的共同操作所遵循的规则；另一个是频谱格式，也就是能够由不同的供应商制造 WLAN 设备，以公平地分享无线资源。由于 WLAN 是基于计算机网络与无线通信技术的，在计算机网络结构中，逻辑链路控制（LLC）层及其之上的应用层，对不同的物理层的要求可以是相同的，也可以是不同的，因此，WLAN 标准主要是针对物理层和媒质访问控制（MAC）层的，涉及所使用的无线频率范围、空中接口通信协议等技术规范与技术标准。

（三）无线城域网（WMAN）

WMAN 标准的开发主要由两大组织机构负责：一是 IEEE 的 802.16 工作组，开发的主要是 IEEE 802.16 系列标准；二是欧洲的 ETSI，开发的主要是 Hiper Access。因此 IEEE 802.16 和 Hiper Access 构成了 WMAN 的接入标准。

20 世纪末，IEEE 802 委员会成立了 802.16 工作组，为宽带无线接入的无线接口及其相关功能制订标准。它由 3 个小工作组组成，每个小工作组分别负责不同的方面：IEEE 802.16.1 负责制订频率为 10~60GHz 的无线接口标准，IEEE 802.16.2 负责制订宽带无线接入系统共存方面的标准，IEEE 802.16.3 负责制订在 2~10GHz 频率范围获得频率使用许可的无线接口标准。

虽然 802.16 系列标准在 IEEE 被正式称为 Wireless MAN，但它已被商业化名义下的 WiMAX 产业联盟称为 WiMAX 论坛。而且 IEEE 802.16（也被称为 WiMAX2）与 LTE - Advanced 都已经成为 4G 的标准之一。WiMAX 是一项新兴的宽带无线接入技术，能提供面向互联网的高速连接，数据传输距离最大可达 50 千米。WiMAX 还具有 QoS 保障、传输速率高、业务丰富多样等优点，WiMAX 的技术起点较高，采用了代表未来通信技术发展方向的 OFDM、MIMO 等先进技术。随着技术标准的发展，WiMAX 逐步实现宽带业务的移动化，而 3G 则实现移动业务的宽带化，两种网络的融合程度也越来越高。

WiMAX 能掀起大风大浪，其自身必然有许多优势，而各厂商也正是看到了 WiMAX 的优势可能带来的强大市场需求才对其抱有浓厚的兴趣。

（四）无线广域网（WWAN）

WWAN 主要用于全球及大范围的覆盖和接入，具有移动、漫游、切换等特征，业务能力主要以移动性为主，包括 IEEE 802.20 技术及 3G、B3G 和 4G。

IEEE 802.20 移动宽带无线接入标准也被称为 Mobile-Fi，是 WWAN 的重要标准。IEEE 802.20 的目的是实现高速移动环境下的高速率数据传输，以弥补 IEEE 802.1X 协议族在移动性上的劣势。IEEE 802.20 技术可以有效解决移动性与传输速率相互矛盾的问题，是一种适用于高速移动环境下的宽带无线接入系统空中接口规范。

IEEE 802.20 标准在物理层技术上，以 OFDM 和 MIMO 为核心，充分挖掘时域、频域和空间域的资源，大大提高了系统的频谱效率。在设计理念上，IEEE 802.20 是真正意义上基于 IP 的蜂窝移动通信系统，并采用移动 IP 技术来进行移动性管理。对移动用户的移动性管理及认证授权等功能，通常由 IP 基站本身或者由 IP 基站通过移动核心 IP 网络访问核心网络中相关服务器来完成。这种基于分组数据的纯 IP 架构适应突发性数据业务的性能优于 3G 技术，与 3.5G(HSDPA、EV-DO)性能相当；在实现和部署成本上也具有较大的优势。

IEEE 802.20 技术标准的特点包括：全面支持实时和非实时业务；始终在线连接；广泛的频率复用；支持在各种不同技术间漫游和切换，如从 MBWA 切换到 WLAN；小区之间、扇区之间的无缝切换；支持空中接口的 QoS 与端到端核心网 QoS 一致；支持基于策略的 QoS 保证；支持多个 MAC 协议状态，以及状态之间的快速转移；对上行链路和下行链路的快速资源分配；用户数据速率管理；支持与 RF 环境相适应的自动选择最佳用户数据速率；空中接口提供消息方式用于相互认证；允许与现有蜂窝系统的混合部署；空中接口的任何网络实体之间都为开放接口，从而允许服务提供商和设备制造商分别实现这些功能实体。

从以上特点可以看出，IEEE 802.20 能够满足无线通信市场高移动性和高吞吐量的需求，具有性能好、效率高、成本低和部署灵活等优点。IEEE 802.20 的移动性优于 IEEE 802.11，其设计理念符合下一代无线通信技术的发展方向，因而是一种非常有前景的无线技术。

第三节　移动通信的基本技术

一、多址连接

在通信系统中，通常是多用户同时通信并发送信号。而在蜂窝系统中，以信道区分和分选这种同时通信中的不同用户，一个信道只容纳一个用户通信，也就是说，不同信道上的信号必须具有各自独立的物理特征，以便于相互区分，避免互相干扰，解决这一问题的技术即称为多址技术。从本质上讲，多址技术是研究如何将有限的通信资源在多个用户之间进行有效的切割与分配，在保证多用户之间通信质量的同时，尽可能地降低系统的复杂度并获得较高系统容量的一门技术。其中对通信资源的切割与分配也就是对多维无线信号空间的划分，在不同的维上进行不同的划分就对应着不同的多址技术。移动通信中常用的多址技术有 3 类，即 FDMA、TDMA、CDMA，实际中也常用到这 3 种基本多址方式的混合多址方式。

多址技术一直以来都是移动通信的关键技术之一，甚至是移动通信系统换代的一个重要标志。早期的第一代模拟蜂窝系统采用 FDMA 技术，配合频率复用技术初步解决了利用有限频率资源扩展系统容量的问题；TDMA 技术是伴随着第二代蜂窝移动通信系统中的数字技术出现的，实际采用的是 TDMA/FDMA 的混合多址方式，每载波中又划分时隙来增加系统可用信道数；CDMA 技术以码元来区分信道。当然，蜂窝系统也是采用 CDMA/FDMA 的混合多址方式，系统容量不再受频率和时隙的限制，通常来说，TDMA 系统的容量是 FDMA 系统的 4 倍，而 CDMA 系统的容量是 FDMA 系统的 20 倍。为进一步扩展容量，也辅助使用 SDMA(空分多址)技术，当然需要智能天线技术的支持。在蜂窝系统中，随着数据业务需求日益增长，另一类随机多址方式，如 ALOHA(随机接入多址)和 CSMA(载波侦听多址)等也得到了广泛应用。在很多系统中使用了 OFDMA(正交频分多址)接入技术，未来移动通信系统中还可能用到 BDMA(射束分割多址)、FBMC(基于滤波器组的多载波)、KMC-CDMA(多载波码分多址)和 LAS-CDMA(大区域同步码分多址)等高级多址接入方式。

二、组网技术

组网技术是移动通信系统的基本技术，所涉及的方面比较多，大致可分为网络结构、网络接口以及网络的控制与管理等方面。组网技术要解决的问题是如何构建一个实用网络，以便完成对整个服务区的有效覆盖，并满足业务种类、容量要求、运行环境与有效管理等系统需求。

蜂窝网采用基站小区(如有必要增加扇区)、位置区和服务区的分级结构，并以小区为基本蜂窝结构的方式来组网。网络中具体的网元或者说功能实体对于不同系统是不相同的，而最基本的数字蜂窝网的网络结构如图 1-1 所示，系统由移动台、基站子系统和网络子系统 3 部分组成，网络中的功能实体有移动交换中心、基站控制器(BSC)、基站收发信机(BTS)、移动台、归属位置寄存器、访问位置寄存器、设备标识寄存器(EIR)、认证中心(AUC)和操作维护中心(OMC)。

系统在进行网络部署时，为了相互之间交换信息，有关功能实体之间都要用接口进行连接。同一通信网络的接口必须符合统一的接口规范，而这种接口规范由一个或多个协议标准来确定。图 1-2 是基本数字蜂窝系统所用接口，共 10 类，如果网络中的功能实体增加，则要用到更多的接口。

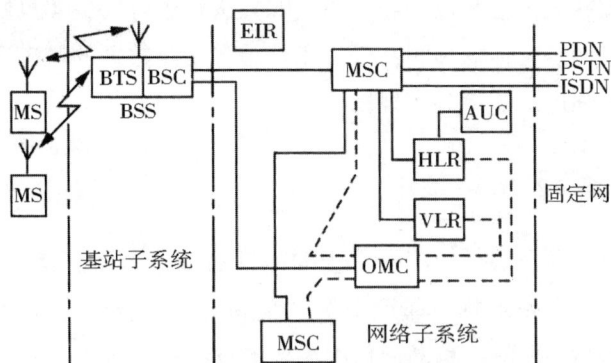

图 1-1　数字蜂窝通信系统的网络结构

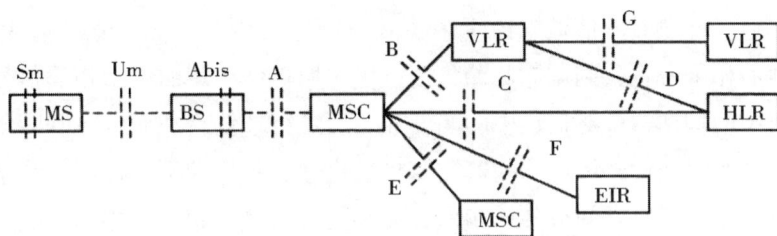

图 1-2　基本数字蜂窝系统所用接口

在诸多接口中，"无线接口 Um"（也称 MS-BS 空中接口）是最受关注的接口之一，因为移动通信网是靠它来完成移动台与基站之间的无线传输的，它对移动环境中的通信质量和可靠性具有重要的影响。Sm 接口是用户与移动设备间的接口，也称为人机接口；而 Abis 是基站控制器和基站收发信台之间的接口，根据实际配置情况，有可能是一个封闭的接口。

三、信道建模技术

移动信道的传播特性对移动通信技术的研究、规划和设计十分重要，因此它是人们十分关注的课题。由于移动通信双方可能处于运动状态，再加上地形、地物等各种因素的影响，因此电波在信道中的传播非常复杂，信号衰落包括多径传播带来的多径衰落和扩散损耗等带来的慢衰落，而移动信道也是一个时变的随参信道。对移动信道传播特性进行研究的目的，就是要找出电波在移动信道中的传播规律及对信号传输产生的不良影响，并由此找出相应的对策来消除不良影响。

通常采用对移动信道建模的方法来进行传播预测，以便为系统的设计与规划提供依据。已建立的移动信道模型有几何模型、经验模型和概率模型 3 类，几何建模的方法是在电子地图的基础上，根据直射、折射、反射、散射与绕射波动现象，用电磁波理论计算电波传播的路径损耗及有关信道参数；经验建模的方法在进行大量实测数据的基础上总结出经验公式或图表，以便进行传播预测；概率建模是在实测数据的基础上，用理论和统计的方法分析出传播信号强度的概率分布规律。

四、抗干扰措施

移动通信中，由于存在多径效应而带来的深度衰落，因此需要有适当的抗衰落技术。同样，移动信道中存在同频干扰、邻近干扰、交调干扰与自然干扰等各种干扰因素，因此，采用抗干扰技术是必要的。移动通信中主要的抗衰落、抗干扰技术有均衡、分集和信道编码 3 种技术，另外也采用交织、跳频、扩频、功率控制、多用户检测、话音激活与间断传输等技术。

均衡技术可以补偿时分信道中由于多径效应产生的码间干扰（ISI），如果调制信号带宽超过了信道的相干带宽，则调制脉冲将会产生时域扩展，从而进入相邻信号，产生码间干扰，接收机中的均衡器可对信道中的幅度和延迟进行补偿，从而消除码间干扰。由于移动信道的未知性和时变性，因此均衡器需要自适应。分集技术是一种用来补偿信道衰落的技术，通常的分集方式有空间分集、频率分集和时间分集，也可以在接收机中采用 RAKE 接收，这样一种多径接收的方式，以提高链路性能。信道编码技术是通过在发送信息中加入冗余数据位，在一定程度上提高其纠错检错能力。移动通信中常用的信道编码有分组码、卷积码和 Turbo 码。信道编码通常被认为独立于所使用的调制类型，不过随着网格编码调制方案、OFDM、新的空时处理技术的使用，这种情况有所改变，因为这些技术把信道编码、分集和调制结合起来，不需要增加带宽就可以获得巨大的编码增益。

以上技术均可以改进无线链路性能，但每种技术在实现方法、所需费用和实现效率等方面有很大的不同，因此实际系统要认真选择所需采用的抗衰落、抗干扰技术。

五、调制与解调

调制是指将需传输的低频信息加载到高频载波上的过程。而调制技术的作用就是将传输信息转化为适合于无线信道传输的信号，以便于从信号中恢复信息。移动通信系统中采用的调制方案要求具有良好的抗衰落、抗干扰能力，还要具有良好的带宽效率和功率效率，对应的解调技术中有简单高效的非相干解调方式。

通常线性调制技术可获得较高频谱利用率，而恒定包络（连续相位）调制技术具有相对窄的功率谱和对放大设备没有纯属性要求，所以这两类数字调制技术在数字蜂窝系统中使用最多。

六、语音编码技术

语音信号是模拟信号，而数字通信传输的是数字信号，因此在数字通信系统中需要在发送端将语音信号转换成数字信号，在接收端再将数字信号还原成模拟信号，这样一个模—数、数—模转换的过程就叫作语音编解码(简称"语音编码")。语音编码技术起源于信源编码，却在数字通信系统中得到了很好的应用。它是数字蜂窝系统中的关键技术，并且对它有特殊的要求，因为数字蜂窝网的带宽是有限的，需要压缩语音，采用低编码速率，使系统容纳最多的用户。

综合其他因素，数字蜂窝系统对语音编码技术的要求有：

(1)编码的速率适合在移动信道内传输，纯编码速率应低于 16kb/s。

(2)在一定编码速率下，语音质量应尽可能高，即译码后恢复语音的保真度要尽量高，一般要求到达长话质量，MOS 评分(平均主观评分)不低于 3.5。

(3)编译码时延要小，总时延不超过 65ms。

(4)算法复杂度要适中，便于大规模集成电路实现。

(5)要能适应移动衰落信道的传输，即抗误码性能要好，以保持较好的语音质量。

语音编码技术通常分为 3 类，即波形编码、参量编码和混合编码。其中，混合编码是将波形编码与参量编码结合起来，吸收两者的优点，克服两者的不足，它能在 4~16kb/s 的编码速率上得到高质量的合成语音，因而适用于移动通信。

第四节　移动通信标准化组织

一、国际标准化组织

与移动通信相关的国际标准化组织有 ITU 和 IEEE-SA(电气和电子工程师协会标准化协会)，有些组织不是标准化组织，但会促进其标准化，并影响标准化组织。

(一)ITU

ITU 是国际上电信业最权威的标准制定结构，它的成员是各国政府的电信主管部门。ITU 成立于 19 世纪 60 年代，它的总部设在瑞士的日内瓦，是联合国的一个下属机构。ITU 每年召开 1 次理事会，每 4 年召开 1 次全权代表大会、世界电信标准大会和世界电信发展大会，每 2 年召开 1 次世界无线电通信大会。

（二）IEEE-SA

IEEE-SA 在广泛的产业范围内负责全球产业标准的制定，它负责的部分就是关于电信产业的。IEEE 802 是其关于局域网和城域网的计划，其中与局域网和城域网有关的有如下工作组。

1. 802.11——无线局域网工作组

Wi-Fi 联盟是成立于 20 世纪末的非营利性的国际性协会，它的任务是验证基于 IEEE 802.11a/b/g 技术规范的无线局域网产品的互用性，IEEE 802.11n 在拥有 130Mb/s 高速数据速率的固定无线网络上工作。

2. 802.15——无线个人局域网(WPAN)工作组

它们之中共有 8 个工作组，其中 6 个是任务组(TG)。802.15.1 是一个蓝牙标准；802.15.3a 是一个用于超宽带(UWB)的高速率(20Mb/s 或以上)备用 WPAN 标准；802.15.4 研究使用长久寿命电池和简单设备的低速率解决方案；ZigBee 设备是基于802.15.4 的制造业产品，也将蓝牙、UWB 和 ZigBee 称为有线替代设备。

3. 802.16——宽带无线接入工作组

WiMax 是产业导向、非营利社团组织，它的成立是为了促进和验证基于 802.16d 和802.16e 的宽带无线产品的兼容性和互用性。

4. 802.20——移动宽带无线接入(MBWA)工作组

这个组的目标是能在全世界范围内部署可消费得起、普遍存在、永远在线和能共用的多供应商的移动宽带无线接入网，它将工作在 3.5GHz 以下的授权频带，在运行速度高达250km/h 的情况下，用户数据速率为 1Mb/s。Flarion 公司的 Flash-OFDMA 系统是候选系统之一。

对于 4G、5G 的标准化制定，ITU 和 IEEE-SA 都着手这方面的工作，并取得了成效，IEEE-SA 制定的 802.16e 和 802.16m 分别被 ITU 吸收为 3G 和 4G 标准。另外，自 2002 年OMA(开放移动联盟)成立以来发展迅猛，也试图参与 4G 和 5G 标准的制定。

二、中国的标准化组织

中国的标准化管理体制与国外不同，国外的标准化组织是非官方的，而我国大部分标准化管理机构是官方的。对应国外的非官方标准化机构，我国的最大标准组织是中国标准化协会。由原信息产业部(MII)主导的最初的标准化组织叫作中国无线电信标准组织(CWTS)。后来，中国通信标准化协会(CCSA)成立，该协会管理着几百个标准化专业技术委员和分技术委员会，它统一了所有标准化组织，并从 MII 中独立出来，其组织结构由会员大会、理事会、专家咨询委员会、技术管理委员会、若干技术工作委员会和分会、秘书处构成。技术工作委员会下设若干工作组，工作组下设若干子工作组/项目组；技术工作委员会下属的无线通信技术工作委员会保留和 CWTS 相同的功能。CCSA 的工作网站为 www. ccsa. org. cn，CCSA 的主要任务是开展通信标准研究工作，把通信运营企业、制造企业、研究单位、大学等关心标准的企事业单位组织起来，按照公平、公正、公开的原则，进行标准的协调、把关，把高技术、高水平、高质量的标准推荐给政府，把具有我国自主知识产权的标准推向世界，支撑我国的通信产业，为世界通信做出贡献。

▶第二章

无线电波传播与移动无线信道

移动通信系统的性能主要由移动无线信道环境决定。移动无线信道是指基站天线、移动台天线和收发天线之间的传播路径，其无线通信是利用无线电波的传播特性实现的。与有线信道静态和可预测的典型特点相反，移动无线信道是动态且不可预测的。利用这类复杂的移动无线信道进行通信，首先必须分析和掌握移动无线信道的基本特点和实质，才能针对具体问题给出相应的解决方法。因此研究和熟悉无线电波的传播方式和特点，是我们理解移动通信技术的基础。

第一节　无线电波的传播特性

一、无线电频段划分

电磁波是人类进行无线实时信息传输的主要载体。电磁波的频率范围很广，按照不同的属性和传播特性，将电磁波频谱划分为不同的频段，不同频段的电磁波具有不同的特性。频率在3000GHz以下的电磁波称为无线电波（简称"电波"）。

《中华人民共和国无线电频率划分规定》把3000GHz以下的无线电波按10倍方式划分为14个频段，其频段序号、频段名称、频率范围，以及波段名称、波长范围如表2-1所列。陆地移动通信系统主要工作在VHF和UHF这2个频段（30~3000MHz）。

表 2-1　无线电波的频段划分与命名

序号	频段名称	频率范围	波段名称	波长范围
-1	至低频（TLF）	0.03~0.3Hz	千米波	$10^4~10^3$ Mm
0	至低频（TLF）	0.3~3Hz	百兆米波	$10^3~10^2$ Mm
1	极低频（ELF）	3~30Hz	极长波	$10^2~10$ Mm
2	超低频（SLF）	30~300Hz	超长波	10~1Mm
3	特低频（ULF）	300~3000Hz	特长波	$10^3~10^2$ km
4	甚低频（VLF）	3~30kHz	甚长波	$10^2~10$ km
5	低频（LF）	30~300kHz	长波	10~1km
6	中频（MF）	300~3000kHz	中波	$10^3~10^2$ m
7	高频（HF）	3~30MHz	短波	$10^2~10$ m
8	甚高频（VHF）	30~300MHz	米波（超短波）	10~1m
9	特高频（UHF）	300~3000MHz	分米波（微波）	10~1dm
10	超高频（SHF）	3~30GHz	厘米波（微波）	10~1cm
11	极高频（EHF）	30~300GHz	毫米波（微波）	10~1mm
12	至高频（THF）	300~3000GHz	亚毫米波（微波）	1~0.1mm

不同波段的无线电波的传播特点不一样，发射、接收所用的设备和技术也不尽相同，因此各有不同的用途。主要波段传播介绍如下。

（一）长波（LF，VLF）

长波的传播距离在 300 千米以内时，主要表现为地表波；当传播距离在 2000 千米以上时，主要表现为天波。地表波是在地球表面附近空间传播的无线电波，波长越长，无线电波绕过地面上障碍物的能力越强。天波是依靠电离层反射传播的无线电波，波长越短，电离层对它吸收得越少而反射得越多。电离层白天受阳光照射电离程度高，吸收电波能力增强，晚间则吸收能力减弱而反射能力增强。利用长波通信时，接收点的场强稳定，但地表波衰减较慢，对其他收信台干扰较大。长波的传播距离较远，但发射长波的设备庞大，造价太高，一般很少使用。

（二）中波（MF）

中波主要表现为地表波和天波，白天主要靠地表波传播，传播距离相对较近。晚间天波参加传播，传播距离较远。主要应用于船舶和导航通信及中波广播。

（三）短波（HF）

短波有地表波也有天波。但短波的频率较高，地表波衰减较快，传播距离只有几十千米。短波的天波在电离层中可被大量反射回地面，但由于电离层不稳定，其通信质量不佳。短波常用于广播和业余电台通信。

（四）超短波（VHF，UHF）

通常情况下，无线电波的频率越高，损耗越大，反射能力越强，绕射能力越低。由于超短波频率很高，地表波随频率的提高衰减很快，而电波穿入电离层很深，电离层吸收能量很多，所以不能利用地表波和天波的传播方式，主要利用视距内通信和空间波的方式（直射波、反射波等）传播。超短波主要应用于调频广播、电视、雷达、导航、中继及移动通信等。

（五）微波（SHF，EHF）

微波主要利用空间直接传播，实现视距内无线通信。主要应用于声音和视频广播、移动通信、个人通信、卫星通信等。

二、移动无线电波主要传播方式

一般认为，在移动通信系统中无线电波的主要传播方式有 3 种：反射、绕射和散射。

（一）反射

无线电波在传播过程中遇到比其波长大得多的物体时会产生反射现象，致使信号能量不能完全沿着去往接收端的路径传播。反射常发生于地球表面、建筑物和墙壁表面。反射是产生多径效应的主要因素。

（二）绕射

绕射是指接收机和发射机之间的无线路径被尖锐、不规则的物体表面或小的缺口阻挡而发生的现象，电波在这些障碍物周围发生了弯曲或穿过小孔后继续扩散，通过绕射产生的二次波散布于空间，甚至障碍物的背面。因此即使将接收机移动到障碍物的阴影区，绕射场也依然存在，并且常常具有一定的强度。

（三）散射

当电波穿行的介质中存在小于波长的物体，并且单位体积内障碍物的个数非常多时，容易发生散射现象。引起散射的障碍物，如植物、路标、灯柱等，称为散射体。因为沿无线路径传播时散射了能量，使无线电波沿发散路径前进。

三、移动无线信道衰落特征

无线信道的一个典型特征是"衰落"现象，即信号幅度在时间和频率上有波动。衰落在无线信道中引起非加性信号扰动,是造成无线信号不良的主要原因。根据引起衰落的原因,分为路径传播损耗、多径衰落和阴影衰落。根据不同距离内信号强度变化的快慢,分为小尺度衰落和大尺度衰落。

(一)根据引起衰落的原因划分

1. 路径传播损耗

随信号传播距离变化而导致的传播损耗称为路径传播损耗(或路径损耗),反映了传播在空间距离上接收信号电平平均值的变化趋势,主要由传播环境决定。一般路径损耗表示为距离的函数。移动用户和基站之间的距离为 d,路径损耗为 $\overline{PL}(d) \propto \left(\dfrac{d}{d_0}\right)^n$,用分贝可表示为 $\overline{PL}(\text{dB}) = \overline{PL}(d_0) + 10n\lg\left(\dfrac{d}{d_0}\right)$,$d_0$ 为参考距离,n 为路径损耗指数。在宏蜂窝系统中,通常使用 1 千米的参考距离。n 一般取值为 2~6。其中,$n = 2$ 对应于自由空间的情况,当障碍物很多时会增大。

2. 多径衰落

无线电波在传播路径上受到周围环境中地形、地物的作用而产生反射、绕射和散射,使其到达接收机时是从多条路径传来的多个信号的叠加,这种现象称为多径效应。多径效应使接收端信号的幅度、相位和到达时间产生随机变化,从而导致严重的衰落,称为多径衰落。多径衰落使信号电平起伏不定,严重时将影响通话质量。

3. 阴影衰落

由于电波传播环境中的地形起伏、建筑物及其他障碍物的阻挡,在阴影区电场强度减弱的现象称为阴影效应。由阴影效应导致的衰落称为阴影衰落。阴影衰落服从零平均和标准偏差为 σdB 的对数正态分布。实验数据表明,标准差 $\sigma = 8$dB 是合理的。

(二)根据不同距离内信号强度变化的快慢划分

1. 小尺度衰落

小尺度衰落主要用于描述发射机和接收机之间短距离(或短时间)内信号强度的变化。在短距离内移动时,由多条路径的相消或相长干涉引起接收信号场强的瞬时值呈现快速变化特征,这主要是由多径衰落引起的。在数十米波长范围内对信号求平均值,可得到短区间中心值。

2. 大尺度衰落

大尺度衰落主要用于描述发射机和接收机之间长距离(或长时间)内信号强度的变化,表明了接收信号在一定时间内的均值(短区间中心值)随传播距离和环境的变化而呈现的缓慢变化。它是由信号的路径损耗和大的障碍物形成的阴影引起的。换言之,大尺度衰落由平均路径损耗和阴影衰落来描述。在较大区间内对短区间中心值求平均，可获得长区间中心值。长区间中心值反映了路径的传输损耗。

另外，根据信号与信道变化快慢程度的比较，可分为慢衰落和快衰落。信道传播环境在符号周期内变化很快，导致信号强度出现快速波动，称为快衰落。反之，当信道传播环境变化比符号周期低很多时，则可认为是慢衰落。

移动无线信道是大尺度衰落和小尺度衰落共同作用的信道，其衰落特性可用下式描述：

$$r(t) = m(t) \times r_0(t) \tag{2-1}$$

式中：$r(t)$——信道的衰落因子；

$m(t)$——大尺度衰落；

$r_0(t)$——小尺度衰落。

第二节 自由空间的电波传播

一、自由空间传播损耗

无线电波在真空中的传播称为自由空间传播。在自由空间中，介质是理想的、均匀的、各向同性的，电波沿直线传播（直射波），不会发生反射、折射、绕射、散射和吸收现象。但是，当电波经过一段距离的传播后，能量仍会衰减，这是由信号能量的扩散引起的传播损耗，称为自由空间传播损耗。

电波在自由空间中的传播模型如图2-1所示。

假设在 O 点有一个各向同性发射机，d 为接收机和发射机间的距离。设发射功率为 P_t，以球面波辐射，距离波源为 d 处的功率谱密度为

$$s = \frac{P_t}{4\pi d^2} \tag{2-2}$$

设接收功率为 P_r，则

$$P_r = sA_r = \frac{\lambda^2}{4\pi}\frac{P_t}{4\pi d^2} = \left(\frac{\lambda}{4\pi d}\right)^2 P_t \tag{2-3}$$

式中：λ——工作波长；

$A_r = \frac{\lambda^2}{4\pi}$——接收天线的有效面积。

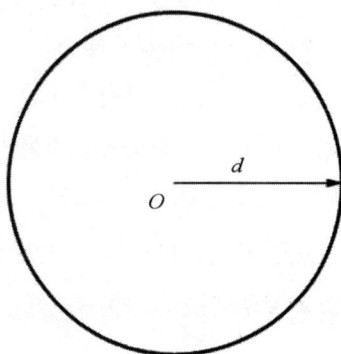

图 2-1 电波在自由空间中的传播模型

若 G_t，G_r 分别表示发射天线和接收天线的增益（采用方向性天线），则

$$P_r = sA_r = \left(\frac{\lambda}{4\pi d}\right)^2 P_t G_t G_r \qquad (2-4)$$

自由空间的传播损耗定义为

$$L = \frac{P_t}{P_r} \qquad (2-5)$$

当 $G_t = G_r = 1$ 时，自由空间的传播损耗可写为

$$L = \left(\frac{4\pi d}{\lambda}\right)^2 \qquad (2-6)$$

若以分贝（dB）表示，则有

$$[L]_{dB} = 32.45 + 20\lg f + 20\lg d \qquad (2-7)$$

式中：f——工作频率（MHz）；

$\quad d$——收发天线间的距离（km）。

通常，在移动通信系统中接收信号电平动态变化范围很大，常用 dBm 和 dBW 为单位来表示接收电平，即

$$\begin{cases} [P_r](\text{dBm}) = 10\lg P_r(\text{mW}) \\ [P_r](\text{dBW}) = 10\lg P_r(\text{W}) \end{cases} \qquad (2-8)$$

则接收功率可表示为

$$[P_r] = [P_t] - [L] + [G_t] + [G_r] \qquad (2-9)$$

二、视距传播

在地球表面的大气环境中，视线所能到达的最远距离称为视线距离。视距传播的极限距离 d_0 可根据图 2-2 计算。

设发射天线与接收天线位于地球表面上两点，天线高度分别为 h_t 和 h_r，两个天线顶点连线 AC 与地球表面相切于 B 点，如图 2-2 所示，$d_0 = d_1 + d_2$。设地球半径为 R_0，由于 $R_0 \gg h_t$，h_r，不难证明，$d_1 = AB \approx \sqrt{2R_0 h_t}$，$d_2 = AB \approx \sqrt{2R_0 h_r}$，可得

$$d_0 = d_1 + d_2 = \sqrt{2R_0}(\sqrt{h_t} + \sqrt{h_r}) \qquad (2-10)$$

图 2-2 视距传播极限距离

将 $R_0 = 6370$km 代入式（2-10），得

$$d_0 = 3.57(\sqrt{h_t} + \sqrt{h_r})(\text{km}) \qquad (2-11)$$

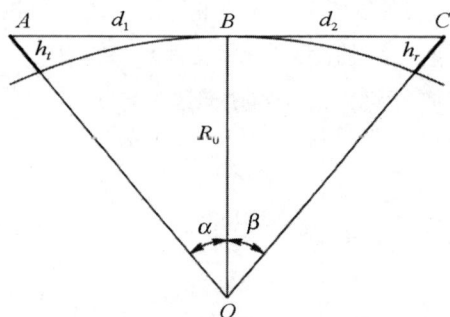

式中：h_t 和 h_r 的单位是 m。

实际上，考虑到大气的不均匀性对无线电波传播轨迹的影响，如大气对电波的折射会导致电波传播方向发生弯曲，直射波所能到达的视线距离和上式确定的数值有所区别。在标准大气折射情况下，地球等效半径 $Re = 8500km$。因此，式（2-11）可修正为

$$d_0 = 4.12(\sqrt{h_t} + \sqrt{h_r})(\mathrm{km}) \qquad (2-12)$$

所以，大气折射有利于超视距的传播。而且视线距离取决于收发天线架设的高度，天线架设得越高，视线距离越远。所以，在实际通信中应尽量利用地形、地物把天线适当架高。

通常根据接收点离发射天线的距离 d，将通信区域分为以下 3 种情况：

（1）亮区：$d < 0.7d_0$ 的区域。

（2）半阴影区：$0.7d_0 < d < (1.2 \sim 1.4)d_0$ 的区域。

（3）阴影区：$d > (1.2 \sim 1.4)d_0$ 的区域。

通信工程设计时要尽量保证工作在亮区范围内。海上和空中移动通信，有可能进入半阴影区和阴影区，这时可用绕射和散射公式计算接收信号场强。

第三节　电波的基本传播机制

一、反射

（一）反射基本原理

电磁波入射到不同介质的交界处时，一部分会被反射，另一部分会被折射。然而，如果平面电磁波入射到理想介质的表面，即假设反射平面是光滑的，且新介质又是理想导体，当入射角度超过一定性界角时，电磁波不发生折射，所有能量都将返回到原介质且没有能量损失，这种现象叫作全反射现象。图 2-3 为电磁波的反射原理示意图。

反射系数 R 定义为入射波与反射波的比值，即

$$R = \frac{\sin\theta - z}{\sin\theta + z} \qquad (2-13)$$

由式（2-13）可见，反射系数 R 与入射角 θ、电磁波的极化方向，以及反射介质的特性有关。在理想导体的理想平滑表面，电磁波发生全反射，反射角等于入射角，即 $\theta_2 = \theta_1 = \theta$，$z$ 是与电磁场极化方向有关的量，则

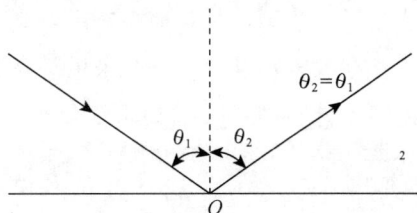

图 2-3　电磁波的反射原理示意图

$$\begin{cases} z = \dfrac{\sqrt{\varepsilon_0 - \cos^2\theta}}{\varepsilon_0}, \ 垂直极化 \\[4mm] z = \sqrt{\varepsilon_0 - \cos^2\theta}, \ 水平极化 \end{cases} \qquad (2-14)$$

式中：$\varepsilon_0 = \varepsilon - \cos^2\theta$ ——反射介质的复介电常数；

$\qquad \varepsilon$ ——介电常数；

$\qquad \sigma$ ——电导率；

$\qquad \lambda$ ——电波波长。

（二）两径传播模型

为简化分析，首先考虑简单的两径传播情况。如图 2-4 所示，有一条直射波路径和一条反射波路径的两径传播模型。

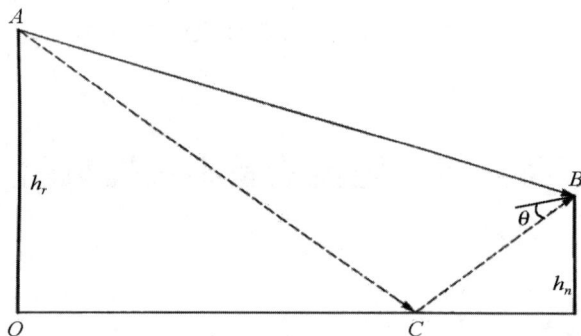

图 2-4 两径传播模型

图 2-4 中，A、B 分别表示发射天线和接收天线的顶点，AB 表示直射波路径，ACB 表示反射波路径，接收信号的功率可表示为

$$P_r = P_t \left(\frac{\lambda}{4\pi d}\right)^2 G_t G_r \left| 1 + R e^{j\Delta\Phi} + (1 - R) A e^{j\Delta\Phi} + \cdots \right|^2 \qquad (2-15)$$

式中：在绝对值符号内，第一项代表直射波，第二项代表反射波，第三项代表地表面波，省略号代表感应场和地面二次效应。

在大多数场合，对于采用甚高频和超高频进行通信的移动通信，地表面波的影响可以忽略不计，则式(2-15)可简化为

$$P_r = P_t \left(\frac{\lambda}{4\pi d}\right)^2 G_t G_r \left| 1 + R e^{j\Delta\Phi} \right|^2 \qquad (2-16)$$

其中，

$$\begin{cases} \Delta\Phi = 2\pi\Delta d/\lambda \\ \Delta d = (AC + CB) - AB \end{cases} \qquad (2-17)$$

式中：P_t，P_r——发射功率和接收功率；

$\quad\quad G_t$，G_r——发射天线和接收天线的天线增益；

$\quad\quad R$——反射系数；

$\quad\quad d$——收发天线之间的距离；

$\quad\quad \lambda$——波长；

$\quad\quad \Delta\Phi$——两条路径的相位差。

（三）多径传播模型

移动传播环境是复杂的，实际上，由于众多反射波的存在，在接收机处是大量多径信号的叠加。把式（2-16）推广到多径的情况，接收信号功率可表示为

$$P_r = P_t \left(\frac{\lambda}{4\pi d}\right)^2 G_t G_r \left| 1 + \sum_{i=1}^{N-1} R_i \exp(\mathrm{j}\Delta\Phi_i) \right|^2 \qquad (2-18)$$

当多径数目很大时，已无法用公式准确计算出接收信号的功率，必须用统计方法来计算。

二、绕射

（一）绕射基本原理

绕射使无线电波能够穿越障碍物，在障碍物后方形成场强。绕射现象可由惠更斯-菲涅耳原理解释，如图 2-5 所示。在无线电波传播过程中，行进中的波前（面）上每一点，都可作为产生次级波的点源，这些次级波组合起来形成传播方向上新的波前（面）。绕射由次级波的传播进入阴影区而形成，阴影区绕射波的场强是围绕阻挡物所有次级波的矢量和。

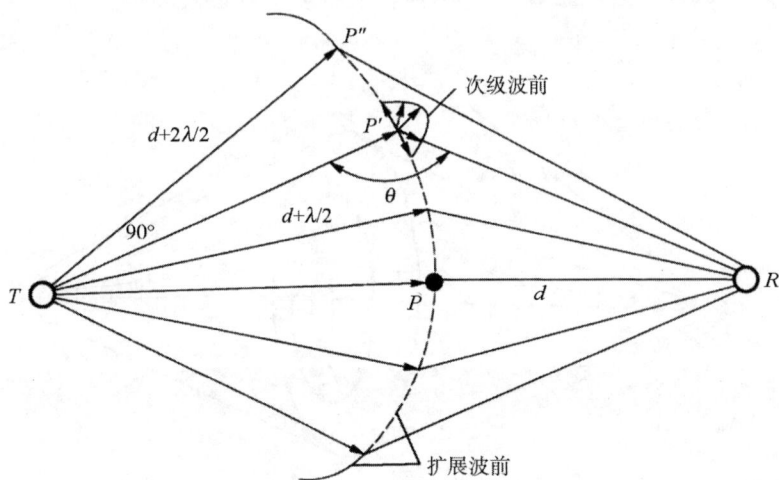

图 2-5　绕射原理示意图

由图 2-5 可以看出，任意一个 P' 点，只有夹角为 $\theta(\angle TP'R)$ 的次级波前能到达接收点 R。在 P 点，$\theta = 180°$。对于次级波前上的每一点，$\theta = 0° \sim 180°$，这种变化决定了到达接收点辐射能量的大小。显然，在 P'' 点处的二级辐射波对接收信号电平的贡献要小于 P' 点处的贡献。

将绕射路径与直射路径的差称为附加路径长度。若经过 P' 点的附加路径长度 Δd 为 $\frac{\lambda}{2}$，则引起的相位差为 $\Delta \Phi = \frac{2\pi}{\lambda}\Delta d = \pi$。也就是说，若经过 P' 点的间接路径比经过 P 点的直接路径长 $\frac{\lambda}{2}$，则这两路信号到达接收点 R 时，由于相位差为 $180°$ 而互相抵消。如果间接路径长度再增加半个波长，则通过这条间接路径到达接收点的信号与直接路径信号是同向叠加的。随着间接路径的不断变化，经过这条路径的信号就会在接收点 R 处交替抵消和叠加。

（二）菲涅耳区

菲涅耳区，定义为从发射点到接收点次级波路径长度比直接路径长度大 $n\frac{\lambda}{2}$ 的一片连续区域，如图 2-6 所示。n 阶菲涅耳区同心半径为

$$x_n = \sqrt{\frac{n\lambda d_1 d_2}{d_1 + d_2}} \qquad (2-19)$$

当 $n = 1$ 时，得到第一菲涅耳区半径。通常认为，接收点处第一菲涅耳区的场强是全部场强的 $\frac{1}{2}$。如果发射机和接收机的距离略大于第一菲涅耳区，则大部分能量可以到达接收机。若在这个区域内存在障碍物，电磁波传播将会受到很大影响。

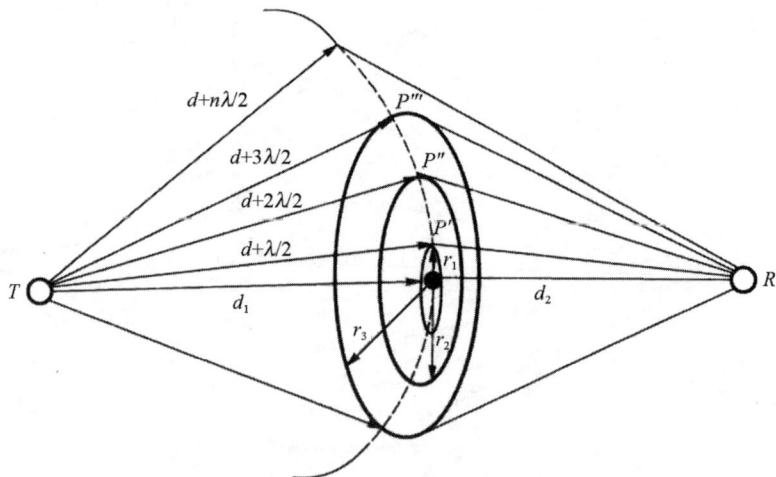

图 2-6　菲涅耳区

从波前点到空间任何一点的场强，用基尔霍夫公式表示为

$$E_R = \frac{-1}{4\pi} \int_S \left[E_S \frac{\partial}{\partial n} \left(\frac{\mathrm{e}^{-jkr}}{r} \right) - \frac{\mathrm{e}^{-jkr}}{r} \frac{\partial E_S}{\partial n} \right] \mathrm{d}s \tag{2-20}$$

（三）刃形绕射模型

在实际中，精确计算绕射损耗是不可能的。人们常常利用一些典型的绕射模型估计绕射损耗，如刃形绕射模型。同一障碍物（如山脊）对长波长的绕射损耗小于对短波长的绕射损耗。在预测路径损耗时，一般把这些障碍物看作尖形阻挡物，称为"刃形"。

刃形障碍物对电波传播的影响有两种形式，如图 2-7 所示。

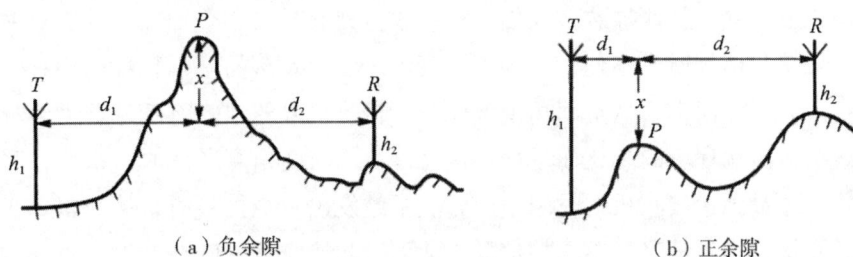

（a）负余隙　　　　　　　　　　　（b）正余隙

图 2-7　菲涅耳余隙

x 表示障碍物顶点 P 到发射机和接收机直射线 TR 的距离，称为菲涅耳余隙。一般规定，有阻挡时为负余隙，如图 2-7(a)所示；无阻挡时为正余隙，如图 2-7(b)所示。

在很多情况下，尤其在山区，传播路径上不止一个障碍物，这种情况下就不能简单地利用上述单个刃形障碍物的绕射模型。需要使用多个障碍物产生的多重刃形绕射模型进行分析。

三、散射

在实际移动通信环境中，由于散射波的大量存在，给接收机提供了额外的能量，使接收信号比单独反射和绕射模型预测的要强。散射常发生在粗糙不平的物体表面。

定义物体表面平滑度的参考高度 h_c，即

$$h_c = \frac{\lambda}{8\sin\theta_i} \tag{2-21}$$

式中：θ_i ——入射角。

如果平面上最大的凸起高度 $h < h_c$，认为该表面是平滑的，反之则是粗糙的。计算粗糙表面的反射时需要乘以散射损耗系数 ρ_s，以表示减弱的反射场强。Ament 提出表面高度 h 是具有局部平均值的高斯分布的随机变量，则

$$\rho_s = \exp\left[-8 \left(\frac{\pi\sigma\sin\theta_i}{\lambda} \right)^2 \right] \tag{2-22}$$

式中：σ ——表面高度与平均表面高度的标准偏差。

当 $h > h_c$ 时，可以用粗糙表面的修正反射系数 R_{rough} 来表示反射场强，即

$$R_{\text{rough}} = \rho_s R \qquad\qquad (2-23)$$

第四节　移动无线信道建模

移动无线信道的主要特征是多径效应，电波经过各个路径的距离不同，到达接收机的时间、相位也就不同，从而导致多径信号在接收机处有时同相叠加而增强，有时反相叠加而减弱，造成接收信号质量不佳，此为多径衰落。多径衰落的基本特性表现在信号幅度衰落和时延扩展。具体而言，从空间角度考虑时，接收信号的幅度将随着移动台移动距离的变动或无线信道传输环境的变化而呈现快速衰落。从时间角度考虑时，由于信号的多径传播，多个信号分量到达接收机的时间不同，当基站发出一个信号时，接收机不仅可接收到该信号，还将接收到大量时延不同的信号，从而引起接收信号脉冲宽度展宽，这种现象称为时延扩展。一般来说，模拟移动通信系统主要考虑接收信号幅度衰落，而数字移动通信系统主要考虑接收信号时延扩展。

冲激响应是信道的一个重要特征，用来表示不同的传输信道，并用于比较不同通信系统的性能。移动无线信道与多径信道的冲激响应直接相关，可建模为一个具有时变冲激响应特性的线性滤波器，信号的滤波特性以任一时刻到达的多径波为基础，其幅度与时延之和影响移动无线信道的滤波特性。

想要建立一个在某种特定环境下准确的信道模型，必须充分掌握有关反射体的特点，包括它们的位置和运动，以及特定时间内反射信号的强度。实际上，这样完全的特性描述是不可能实现的，只可能表示出特定环境下典型的或平均的信道情况。

一、多普勒效应

多普勒效应是为纪念奥地利科学家 Christian Doppler 而命名的，他于 1842 年首先提出了这一理论。当波源和观察者相对于介质都处于静止状态时，波的频率和波源的频率相同，观察者接收到波的频率和波源的频率也相同。如果波源或观察者相对于介质是运动的，则观察者接收到波的频率和波源的频率也不相同，这种现象称为多普勒效应。

移动通信中的多普勒效应主要表现在：当移动台在运动中通信时，接收信号频率会发生变化。

通常将相对运动引起的接收频率 f 与发射频率 f_c 之间的频率差称为多普勒频移，用 f_d 表示，f_d 的定义为

$$f_d = f - f_c = \frac{v}{\lambda}\cos\alpha \qquad (2-24)$$

式中：v ——移动台运动速度；

λ ——工作电波的波长；

α ——移动台运动方向与入射波的夹角。

当移动台运动方向与入射波一致时，最大多普勒频移为

$$f_m = \frac{v}{\lambda} \qquad (2-25)$$

由式(2-25)可见，多普勒频移与无线电波波长、移动台的运动速度和方向，以及与无线电波入射方向之间的夹角有关。若移动台朝入射波正方向运动，则多普勒频移为正，接收信号频率上升；若移动台朝入射波反方向运动，则多普勒频移为负，接收信号频率下降。因此信号经过不同方向传播，其多径分量造成接收机信号的多普勒扩散，因而增加了信号带宽。

二、多径信道的信道模型

设发射机发射信号为

$$x(t) = Re\{s(t)\exp(j2\pi f_c t)\} \qquad (2-26)$$

式中：f_c ——工作载波频率。

当此信号通过无线信道时，会产生多径效应而造成多径衰落。假设第 i 径的路径长度为 x_i，衰落系数为 a_i，则只考虑多径效应的影响时，接收信号 $y(t)$ 可表示为

$$
\begin{aligned}
y(t) &= \sum_i a_i x\left(t - \frac{x_i}{c}\right) \\
&= \sum_i a_i Re\left\{s\left(t - \frac{x_i}{c}\right)\exp\left[j2\pi f_c\left(t - \frac{x_i}{c}\right)\right]\right\} \\
&= Re\left\{\sum_i a_i s\left(t - \frac{x_i}{c}\right)\exp\left[j2\pi\left(f_c t - \frac{x_i}{\lambda}\right)\right]\right\} \qquad (2-27)
\end{aligned}
$$

式中：c ——光速；

$\lambda = c/f_c$ ——波长。

由于只考虑多径效应的影响，假设接收信号频率不变，则接收信号 $y(t)$ 还可以表示为

$$y(t) = Re\{r(t)\exp(j2\pi f_t t)\} \qquad (2-28)$$

经过简单推导，可以得到接收中频信号为

$$r(t) = \sum_i a_i \exp\left(-j2\pi\frac{x_i}{\lambda}\right)s\left(t - \frac{x_i}{c}\right)$$

$$= \sum_i a_i \exp(-j2\pi f_c \tau_i) s(t - \tau_i) \tag{2-29}$$

式中：$r(t)$ 实质上为接收信号的复包络模型，是衰落、相移和时延都不同的各个路径的总和；$\tau_i = \dfrac{x_i}{c}$ 为第 i 径时延。

以下再考虑多普勒效应的影响。假设路径的到达方向和移动台运动方向之间的夹角为 θ_i，则路径的变化量为 $\Delta x_i = -vt\cos\theta_i$。这时接收信号的复包络将变为

$$r(t) = \sum_i a_i \exp\left(-j2\pi \frac{x_i + \Delta x_i}{\lambda}\right) s\left(t - \frac{x_i + \Delta x_i}{c}\right)$$

$$= \sum_i a_i \exp\left(-j2\pi \frac{x_i}{\lambda}\right) \exp\left(j2\pi \frac{vt\cos\theta_i}{\lambda}\right) s\left(t - \frac{x_i}{c} + \frac{vt\cos\theta_i}{c}\right) \tag{2-30}$$

因为 $\dfrac{vt\cos\theta_i}{c}$ 的数量级比 $\dfrac{x_i}{c}$ 小得多，可忽略信号的时延变化量 $\dfrac{vt\cos\theta_i}{c}$ 在 $s\left(t - \dfrac{x_i}{c} + \dfrac{vt\cos\theta_i}{c}\right)$ 中的影响，但在相位中不能忽略。式(2-30)可进行如下简化：

$$r(t) = \sum_i a_i \exp\left(-j2\pi\left[\frac{v}{\lambda}t\cos\theta_i - \frac{x_i}{\lambda}\right]\right) s\left(t - \frac{x_i}{c}\right)$$

$$= \sum_i a_i \exp\left(-j2\pi\left[f_m t\cos\theta_i - \frac{x_i}{\lambda}\right]\right) s(t - \tau_i)$$

$$= \sum_i a_i \exp\left[j(2\pi f_m t\cos\theta_i - 2\pi f_c \tau_i)\right] s(t - \tau_i)$$

$$= \sum_i a_i s(t - \tau_i) \exp\left[-j(2\pi f_c \tau_i - 2\pi f_m t\cos\theta_i)\right] \tag{2-31}$$

式中：f_m——最大多普勒频移。

式(2-31)表明了多径效应和多普勒效应对基带传输信号 $s(t)$ 的影响。令

$$\Psi_i(t, \tau_i) = 2\pi f_c \tau_i - 2\pi f_m t\cos\theta_i = \omega_c \tau_i - \omega_d t \tag{2-32}$$

式中：$\omega_c \tau_i$——多径延迟的影响；

$\omega_d t$——多普勒效应的影响。

设 $h(t, \tau)$ 表示多径信道的冲激响应，移动无线信道等效的冲激响应模型公式为

$$r(t) = \sum_i a_i s(t - \tau_i) e^{-j\psi_i(t)} = s(t) * h(t, \tau) \tag{2-33}$$

因此，移动无线信道的冲激响应模型公式为

$$h(t, \tau) = \sum_i a_i e^{-j\psi_i(t, \tau_i)} = \delta(\tau - \tau_i) \tag{2-34}$$

式中：$\delta(\cdot)$——单位冲激函数。

如果假设信道冲激响应至少在一小段时间间隔或距离具有不变性，则信道冲击响应可以简化为

$$h(\tau) = \sum_i a_i e^{-j\psi_i(\tau_i)} \delta(\tau - \tau_i) \qquad (2-35)$$

此冲激响应模型完全描述了移动无线信道特征。研究表明，相位 $\Psi_i(t)$ 服从 $[0, 2\pi]$ 的均匀分布。对于多径信号的个数、每个多径信号的幅度(或功率)及时延都需要进行测试，找出其统计规律。此冲激响应信道模型在工程上可用抽头延迟线来实现。

第五节　电波传播损耗预测模型

研究建立电波传播损耗预测模型的目的是，掌握基站周围所有地点接收信号的平均强度及变化特点，以便在无线网络规划和工程设计中，根据系统所处的无线传播环境和地形地物等特征，应用相应的传播预测模型，较准确地预测无线路径传播损耗或接收信号强度。可用于估算频谱、覆盖效率和功率效率等关键问题，为网络覆盖的研究和整个网络设计提供基础。在系统建成后，还要根据实际情况进行场强实测，对系统进行精确调整和修正，使其在最佳状态下工作。

建立电波传播损耗预测模型通常有两种方法，即理论分析方法和现场测试方法。理论分析方法是应用电磁传播理论，分析电波在移动环境中的传播特性来建立预测模型，如射线跟踪法。现场测试方法是在不同的传播环境中做电波测试实验，通过对测试数据进行统计分析来建立预测模型，如冲激响应法。人们通常采用现场测试方法，根据测试数据分析归纳出不同环境下的经验模型，在此基础上对模型进行校正，使其更加接近实际情况。

在陆地移动通信中，移动台常常工作在城市建筑群和其他地形地物较为复杂的环境中，不同的地形和无线传播环境决定了电波传播的损耗不同。一般通过对地形和地物特征等传播环境分类进行电波传播的估算。因此需要先了解地形、地物的分类和特征，在此基础上，分别介绍典型的室外和室内传播预测模型。

一、地形和地物

(一)地形

一般将地形分为两类，即"准平滑地形"和"不规则地形"。准平滑地形即中等起伏地形，是指在传播路径的地形剖面图上，其地面起伏高度不超过 20 米，且起伏缓慢(峰点与谷点之间的距离必须大于波动幅度)，在以千米计的距离内，其平均地面高度变化也在 20 米之内。其中，地面起伏高度是指沿通信方向，距接收地点 10 千米范围内，10%高度线和 90%高度线的高度差。10%高度线是指在地形剖面图上，有 10%的地段高度超过此线的一条水平线。90%高度线是指在地形剖面图上，有90%的地段高度超过此线的一条水平线。平滑(或平坦)地形的起伏高度一般在5~10米，准平滑地形的起伏高度一般在10~20米，起伏地形的起伏高度一般在20~40米，丘陵地形的起伏高度一般在40~80米，山区地形的起伏高度一般大于80米。地面起伏高度在平均意义上描述了电波传播路径中地形变化的程度。

不规则地形是指其他除准平滑地形以外的地形，如丘陵、孤立山岳、斜坡和水陆混合等地形。丘陵地形是指有规则起伏的地形，山岳重叠的地形也包括在内。孤立山岳地形是指传输路径中有单独的山岳，该山岳以外的地形对接收点无影响。斜坡地形是指至少在延伸5千米以上范围内有起伏的地形。水陆混合地形是包括海面和湖面的地形。上述的分类应该取某一距离范围或区域进行判断。

(二)地物

一般根据地物的密集程度，将传播环境分为4类。

1. 城区

在此区域内有较密集的建筑物，如大城市的高楼群等。

2. 郊区

在移动台附近有些障碍物但不稠密的地区，如房屋、树木稀少的农村或市郊公路网等。

3. 开阔地

在电波传播方向上没有高大的树木或建筑物等的开阔地带，或者在电波传播方向300~400米以内没有任何阻挡的小片场地，如农田、广场等。

4. 隧道区

地下铁道、地下停车场、人防工事、海底隧道等。

上述4类地区之间都有过渡区，但在了解以上地区的传播情况之后，对过渡区的传播情况就可以大致地进行估计。此外，天气状况、自然和人为的电磁噪声状况、系统的工作频率和移动台运动等因素，也会影响无线电波的传播。

(三)天线有效高度

由于发射天线总是架设在某地形地物上，有必要定义一个"天线有效高度"。移动台一般为手持机或车载台，其天线有效高度 h_m 定义为在地面以上的高度，包括人或车体高度，通常为1.5~3米。但是由于基站天线架设在高度不同的地形上，天线的有效高度是不一样的，例如把20米的天线架设在地面上和架设在几十层的高楼顶上，通信效果自然不同。因此必须合理规定基站天线的有效高度。

设基站天线顶点的海拔高度为 h_{ts}，从天线设置地点开始，沿着电波传播方向 $3\sim15$ 千米之内的地面平均海拔高度为 h_{ga}，则定义基站天线的有效高度为 $h_b = h_{ts} - h_{ga}$。

二、室外传播预测模型

（一）Okumura 模型

Okumura 模型是对东京城市进行大量无线电波传播损耗的测量，利用得到的一系列经验曲线得出的模型。Okumura 模型完全基于测试数据，以准平滑市区传播损耗的中值作为基准，对于不同的传播环境和地形等影响用校正因子加以修正。Okumura 模型主要适用于 $100\sim1920\text{MHz}$（可扩展至 3000MHz），小区半径为 $1\sim100$ 千米的宏蜂窝，天线高度为 $30\sim1000$ 米的移动通信系统，是预测城区信号时使用最广泛的模型。Okumura 模型的路径损耗可表示为

$$L = L_{bs} + A_{mu}(f,\ d) - G_{\text{T}}(h_{te}) - G_{\text{R}}(h_{re}) - G_{\text{AREA}} \qquad (2-36)$$

式中：L ——路径传播损耗中值；

L_{bs} ——自由空间传播损耗；

A_{mu} ——准平滑地形市区基本损耗中值；

$G_{\text{T}}(h_{te})$ ——发射天线有效高度的增益因子；

$G_{\text{R}}(h_{re})$ ——接收天线有效高度的增益因子；

G_{AREA} ——与地形有关的增益因子。以上单位均为 dB。

例如，基本损耗中值 90，在 Okumura 模型给出的准平滑地形市区基本损耗中值预测曲线，它表示准平滑地区城市街道对自由空间场强中值的修正值。也就是说，由曲线上查到的基本损耗中值加上自由空间的传播损耗，才是实际的路径损耗。

与基站天线高度有效高度（h_{te}）相比，当移动台天线高度 $h_{re} > 5$ 米时，移动台天线高度增益因子 $G_{\text{R}}(h_{re})$ 不仅与天线高度 h_{re} 和工作频率 f 有关，还与地形等环境条件有关。

若传播环境是郊区或开阔地等地形情况，则要以准平滑市区传播损耗为基准，利用不同的地形地物修正因子进行修正，如郊区修正因子 K_{mr}、开阔地修正因子 Q_o、准开阔地修正因子 Q_r、丘陵地区修正因子 K_h、孤立山岳修正因子 K_{js}、斜坡地形修正因子 K_{sp}、水陆混合地形修正因子 K_s 等。

因此任意地形地区的传播损耗修正因子可表示为

$$G_{\text{AREA}} = K_{mr} + Q_o + Q_r + K_h + K_{js} + K_{sp} + K_s \qquad (2-37)$$

根据实际的地形地物情况，修正因子 G_{AREA} 可以为其中的某几项之和，其余为零。

郊区、开阔地等环境电波传播条件明显好于市区，路径损耗中值必然要低于市区路径损耗中值。

（二）Okumura-Hata 模型

在实际工作中，有时会感到使用查曲线图的方法不太方便且不太准确，因此又分析归纳出一个更加实用且计算方便的经验公式，即 Okumura-Hata 模型公式：

$$L_p(\text{dB}) = 69.55 + 26.16 \lg f_c - 13.82 \lg h_{te} - \alpha(h_{re}) +$$
$$(44.9 - 6.55 \lg h_{te}) \lg d + C_{\text{cell}} + C_{\text{terrain}} \tag{2-38}$$

式中：f_c ——工作频率（MHz）；

h_{te} ——基站天线有效高度（m）；

h_{re} ——移动台天线有效高度（m）；

d ——基站天线和移动台天线之间的水平距离（km）；

$\alpha(h_{re})$ ——移动台有效天线修正因子，是覆盖区大小的函数。

$$\alpha(h_{re}) = \begin{cases} (1.11 \lg f_c - 07)h_{re} - (1.56 \lg f_c - 0.8)，中小城市 \\ \begin{cases} 8.29(\lg 1.54 h_{re})^2 - 1.1，f_c \leqslant 300\text{MHz} \\ 3.20(\lg 11.75 h_{re})^2 - 4.97，f_c \geqslant 300\text{MHz} \end{cases}，大城市／郊区城市 \end{cases}$$

$$\tag{2-39}$$

C_{cell} 为小区类型校正因子，可由下式计算：

$$C_{\text{cell}} = \begin{cases} 0 \\ -2[\lg(f_c/28)]^2 - 5.4 \\ -4.78(\lg(f_c))^2 + 18.33 \lg f_c - 40.98 \end{cases} \tag{2-40}$$

C_{terrain} 地形校正因子，反映一些重要的地形环境因素对路径损耗的影响。

Okumura-Hata 模型适用于频率范围为 150~1500MHz、小区半径大于 1 千米的宏蜂窝系统的路径损耗预测，其分析思路与 Okumura 模型一致，都是以市区的传播损耗中值作为基准，其他地形、地物的情况在此基础上进行修正。

（三）COST-231 Hata 模型

COST-231 Hata 模型是欧洲科技合作委员会（COST）开发的 Hata 模型的扩展版本，其应用频率扩展到 1500~2000MHz，其他适用条件与 Okumura-Hata 模型相同。因此也可认为 COST-231 Hata 模型是 Okumura-Hata 模型在 2GHz 频段的扩展。

COST-231 Hata 模型路径损耗技术的经验公式为

$$L_{50}(\text{dB}) = 46.3 + 33.9 \lg f_c - 13.82 \lg h_{te} - \alpha(h_{re}) +$$
$$(44.9 - 6.55 \lg h_{te}) \lg d + C_{\text{cell}} + C_{\text{terrain}} + C_M \tag{2-41}$$

不难看出，两种 Hata 模型的主要区别在于频率衰减因子不同，Okumura-Hata 模型的频率衰减因子为 26.16，而 COST-231 Hata 模型的频率衰减因子为 33.9。另外，COST-231 Hata 模型增加了大城市中心衰减，对于大城市中心地区的路径损耗增加 3dB。

三、室内传播预测模型

室内信道对应于建筑物内的小范围覆盖区域，如办公室和商场。室内电磁波传播受影响的因素很多，如建筑物的布置、材料结构和建筑物类型等因素。因此室内无线信道相对于室外无线信道，具有两个显著的特点：第一，室内覆盖面积小；第二，收发机间的传播环境变化很大。实验研究表明，建筑物的穿透损耗与无线电波频段、楼层高度，以及建筑物材料等都有关系。一般来说，波长越短，穿透能力越强，损耗相对较小；楼层越高，损耗越小，损耗值随楼层的增高而近似线性下降；砖石和土木结构的穿透损耗较小，钢筋混凝土的穿透损耗较大，钢架结构的穿透损耗最大。因此室内无线传播不同于室外无线传播，需要研究和使用针对性更强的预测模型。下面介绍4种常用的室内传播预测模型。

(一)ITU-R 室内传播模型

根据 ITU-RP. 1238 建议，无线电波室内基本传播损耗为

$$L(\text{dB}) = 20\lg f + 10n\lg d + L_{\text{floor}} - 28 \qquad (2-42)$$

式中：n 为室内传播系数，与建筑物的性质有关；L_{floor} 为无线电波穿透地板的损耗，与频率、直达波穿透的地板数（$m \geq 1$）以及建筑物的性质有关。

表2-2 给出了 n 的部分取值。表2-3 给出了 L_{floor} 的取值。

表2-2　ITU-R 室内传播模型中 n 的取值

室内传播系数 n	频率 f 范围/（GHz）	建筑物性质
3.3	0.9	住宅和办公楼
2.0	0.9	商住楼
3.2	1.2~1.3	住宅和办公楼
2.2	1.2~1.3	商住楼
3.0	1.8~2.0	办公楼
2.8	1.8~2.0	住宅楼
2.2	1.8~2.0	商住楼

表2-3　ITU-R 室内传播模型中 L_{floor} 的取值

穿透地板的损耗 L_{floor}	频率 f 范围/（GHz）	建筑物性质	穿透地板数 m
9	0.9	住宅、办公和商住楼	1
19	0.9	住宅、办公和商住楼	2
24	0.9	住宅、办公和商住楼	3
$4m$	1.8~2.0	住宅楼	
$15+4(m-1)$	1.8~2.0	办公楼	
$6+3(m-1)$	1.8~2.0	商住楼	

（二）Keenan-Motley 模型

Keenan-Motley 模型是在自由空间传播的基础上，考虑穿透室内墙壁的损耗和穿透地板的附加损耗。Keenan-Motley 模型路径传播损耗为

$$L = L_f + m \times F + n \times W \tag{2-43}$$

式中：L_f——自由空间的基本传播损耗；

　　$m \times F$——电波在传播过程中所穿透的楼层数 m 的总衰减，$F = 19$（1 层）或 $F = 20$（2 层以上）为每层楼衰减因子；

　　$n \times W$——电波传播过程中所穿透的墙壁数 n 的总衰减；

　　W——每墙壁衰减因子，即

$$W = \begin{cases} 4，木板墙 \\ 7，具有非金属窗户的水泥墙 \\ 10 \sim 20，无窗户的水泥墙 \end{cases} \tag{2-44}$$

（三）对数路径损耗模型

理论和测试结果表明，室内信道平均接收信号功率随距离的对数衰减，一般遵从以下公式：

$$PL_{[dB]} = PL(d_0) + 10\gamma \cdot \lg\left(\frac{d}{d_0}\right) + X_{\sigma[dB]} \tag{2-45}$$

式中：d——收发信机之间的距离；

　　d_0——参考距离，室内环境中使用较小的参考距离；

　　$PL(d_0)$——基准距离为 d_0 处的功率，为在街心或室外空阔地面处的路径损耗中值；

　　γ——路径损耗指数；表示路径损耗随距离增长的速率，取决于周围环境和建筑物类型，如在建筑物内视距传播情况下，路径损耗指数为 1.6~1.8，被建筑物阻挡的情况下为 4~6；

　　X_σ——标准偏差为 σ 的正态随机变量。

（四）衰减因子模型

衰减因子模型适用于建筑物内的传播预测，包含建筑物类型影响以及阻挡物引起的变化，灵活性强，路径预测损耗与测量值的标准偏差约为 4dB，而对数路径模型的偏差可达 13dB。衰减因子模型公式为

$$\overline{PL}(d) = \overline{PL}(d_0) + 10\gamma_{SF} \cdot \lg\left(\frac{d}{d_0}\right) + FAF_{[dB]} \tag{2-46}$$

式中：γ_{SF}——同层测试的指数值(同层指同一建筑楼层)。

不同楼层路径损耗可通过附加楼层衰减因子(FAF)获得。

如果 FAF 用考虑多层楼层影响的指数代替，衰减因子模型也可表示为

$$\overline{PL}(d) = \overline{PL}(d_0) + 10\gamma_{MF} \cdot \lg\left(\frac{d}{d_0}\right) \tag{2-47}$$

式中：γ_{MF}——基于测试的多楼层路径损耗指数。

第六节　无线信道的噪声和干扰

在无线通信中，除了大尺度衰落和小尺度衰落外，噪声和干扰的程度也直接影响无线通信的质量，噪声一般是指与信号无关的一些破坏性元素，如各种工业噪声、大气噪声等。干扰一般是指与信号有关的一些破坏性元素，如同频干扰、邻频干扰等。噪声可能会影响通信质量，而干扰则可能直接造成通信中断。因此在进行无线信道设计时，必须认真研究噪声和干扰的来源和特征，采取有效措施以减小它们对无线通信的影响。

一、噪声

(一)内部噪声

内部噪声主要是指各种热噪声，如电阻类的导体中由于电子的热运动引起的热噪声、真空管中电子的起伏性发射和半导体中载流子的起伏变化所引起的散弹噪声、电源噪声等。电源噪声及由于接触不良等产生的噪声是可以避免的，但热噪声和散弹噪声一般无法避免。

(二)外部噪声

外部噪声包括各种自然噪声和人为噪声。自然噪声包括大气噪声、太阳噪声和银河系噪声，后两者又统称为宇宙噪声。人为噪声主要是指各种电器设备中电流或电压急剧变化形成的电磁辐射。这种噪声除直接辐射外，还可以沿供电线路传播并通过供电线路和接收机之间的电容性耦合而进入接收机，形成接收机内部的噪声。

除接收机的内部噪声外，发射机内部产生的噪声和寄生辐射也会直接影响通信质量。发射机噪声主要由振荡器、倍频器、调制器及电源脉冲等造成。发射机工作时，会存在以载频为中心、频率分布范围相当宽的噪声，这种噪声会在几兆赫频带内产生影响。目前使

用的移动台，为获得较高的频率稳定度，一般采用晶体振荡器，通过多级倍频器倍频到所需要的载频。如果各级倍频器的滤波特性不理想，在发射机的输出端就会产生寄生辐射，会影响正好工作在寄生频率附近的接收机。为减少发射机的噪声和寄生辐射，应尽量减小倍频次数，各级倍频器输出应具有良好的滤波，抑制不必要的频率成分。

在城市中，各种噪声源比较集中，因此城市的人为噪声比郊区大。而且随着城市中汽车数量的日益增多，汽车点火系统噪声已成为城市噪声的重要来源。

在无线信道中，外部噪声对通信质量的影响较大。各种外部噪声的功率和频率的关系如图 2-8 所示。

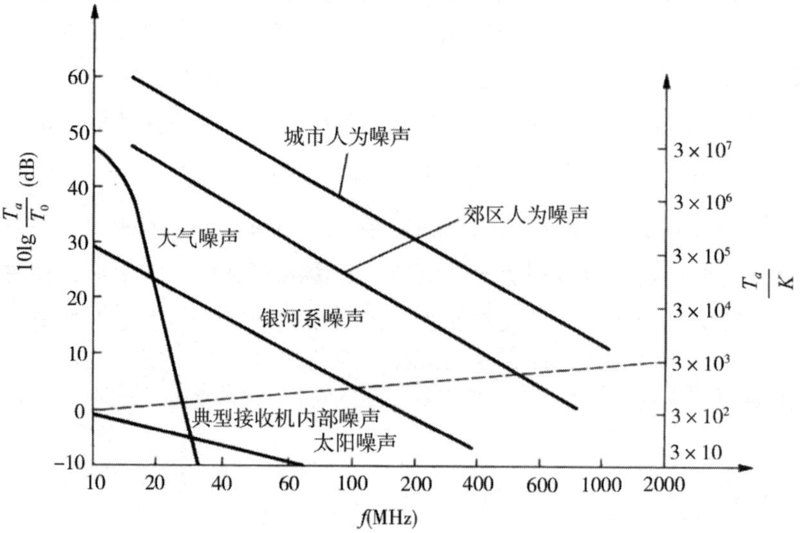

图 2-8　各种外部噪声的功率

图 2-8 中，纵坐标为等效噪声系数 $\left(10\lg\dfrac{T_a}{T_0}\right)$ 和环境噪声温度 $\left(\dfrac{T_a}{K}\right)$。$T_a$ 为噪声温度；K 为玻尔兹曼常数，$K = 1.38 \times 10^{-23}\text{J/K}$；$T_0 = 290\text{K}$ 为绝对温度。

可见，当工作频率在 100MHz 以上时，大气噪声和宇宙噪声都比人为噪声小，基本上可忽略不计。在 30~1000MHz 频段，人为噪声较大，尤其是城市噪声较大，是移动通信系统设计时应重点考虑的问题。

二、同频干扰

同频干扰也称为共道干扰，是指使用相同工作频率的发射台之间的干扰。在多个发射台以相同的频率发射不同的信号时，相同频率的无用信号对同频有用信号接收机会产生干扰。

同频干扰是蜂窝移动通信系统组网中经常出现的一种干扰。为提高频谱利用率，蜂窝移动通信系统中采用了频率复用技术，在相隔一定距离的其他小区中，可以使用相同的频道。显然，同频小区的距离越远，同频干扰越小，但频谱利用率也越低。因此在进行蜂窝小区频率规划时，要兼顾两者，在满足一定通信质量要求的前提下，确定相同频率可重复使用的最小距离。

另外，也可以通过选择合理的天线安装位置、调整天线角度、降低发射功率水平、使用不连续发射(DTX)技术等减小同频干扰的影响。

三、邻频干扰

邻频干扰是指相邻频率之间的干扰，使所使用信号频率受到相邻频率信号的干扰，也称为邻道干扰。邻频干扰主要是由于发射机的调制边带扩展和边带噪声辐射，以及接收机滤波特性不理想，导致邻频信号落入接收机通带内，造成对接收信号的干扰。

为减小发射机的调制边带扩展，必须严格限制移动台的发射机频偏。同时，要尽量减小发射机倍频次数，降低振荡器的噪声等，减小发射机本身的边带辐射。还可通过设计精确的接收机滤波器和适当的信道分配减小邻频干扰的影响。由于每个蜂窝小区只分配系统信道的一部分，如果给小区分配的信道在频率上不相邻，且信道间的频率间隔尽可能大，就可以有效地减少邻频干扰。

一般情况下，产生干扰的移动台离基站越近，邻道干扰越严重。但是，基站发射机对移动台接收机的邻道干扰并不严重，这是由于移动台接收机有较为理想的信道滤波器，且移动台接收有用信号功率远大于邻道干扰功率。

四、互调干扰

互调干扰是指两个或多个不同频率信号作用在通信设备的非线性器件上，将互相调制产生新的频率信号，如果新频率信号正好落在接收机的信道通带内，则会形成对该接收机的干扰。

(一)互调干扰的原因

互调干扰是由于器件的非线性造成的。在移动通信系统中，造成互调干扰主要有三个方面。

1. 发射机互调

发射机互调干扰是基站使用多部不同频率的发射机所产生的特殊干扰。由于多部发射机设置在同一个地点时，无论它们分别使用各自的天线还是共用一副天线，它们的信号都可能通过电磁耦合或其他途径窜入其他发射机中。发射机末端功率放大器通常工作在非线性状态，经天线或其他途径耦合进来的无用信号与发射信号相互调制，就产生了发射机互调干扰。

减小发射机互调干扰的措施主要有：加大发射天线之间的空间距离，在各发射机之间采用单向隔离器件，采用高 Q 值谐振腔等。

2. 接收机互调

接收机前端射频通带一般较宽，若有两个或多个干扰信号同时进入高频放大器或混频器，由于非线性作用，这些干扰信号相互调制产生新的频率信号，可能会对接收机造成互调干扰。

一般对接收机的互调指标有严格要求，以保证互调干扰在环境噪声电平之下。如提高接收机的射频互调阻抗比，则一般要求高于 70dB。

3. 外部效应引起的互调

在天线、馈线、双工器等处，由于接触不良或不同金属的接触，也会产生非线性作用，由此出现互调现象。这种现象只要采取适当措施便可以避免。

（二）互调干扰分析

假设非线性器件输出电流与输入电压的关系为

$$i_c = a_0 + a_1 u + a_2 u^2 + \cdots + a_n u^n \qquad (2-48)$$

式中：a_0、a_1、$\cdots$、a_n ——非线性器件的特征参数，一般 n 越大，参数越小。

假设有两个信号同时作用于非线性器件，即

$$u = A\cos\omega_A t + B\cos\omega_B t \qquad (2-49)$$

则失真项为

$$\sum_n a_n (A\cos\omega_A t + B\cos\omega_B t)^n, \ n = 2, \ 3, \ 4, \ \cdots \qquad (2-50)$$

在二阶（$n=2$）失真项中，有 $\omega_A + \omega_B$ 和 $\omega_A - \omega_B$ 两种组合频率，均落在有用信号带外。

在三阶（$n=3$）失真项中，有 $2\omega_A + \omega_B$、$2\omega_B + \omega_A$、$2\omega_A - \omega_B$ 和 $2\omega_B - \omega_A$ 四种组合频率，其中后两项产生的组合频率可能与接收信号频率 ω_0 接近，从而造成对有用信号的干扰。这两项称为三阶互调干扰。

若输入端出现 3 个不同载频信号，即

$$u = A\cos\omega_A t + B\cos\omega_B t + C\cos\omega_C t \qquad (2-51)$$

则最大危害的二阶互调干扰是 $\omega_A + \omega_B - \omega_C$、$\omega_A + \omega_C - \omega_B$、$\omega_B + \omega_C - \omega_A$。

实际中只考虑三阶互调干扰，主要指两个干扰信号产生的三阶互调干扰（称为三阶-Ⅰ型）和 3 个干扰信号产生的三阶互调干扰（称为三阶-Ⅱ型）。

互调分量落入有用信号的频带之内，造成对有用信号的干扰。因此，该频道组中频率的分配不合适。

（三）无三阶互调频道组

设频道组的频率集合为 $\{f_1, f_2, \cdots, f_n\}$，若这些频率产生的三阶互调分量不落入频道组的任一个工作频道中，称该频道组为无三阶互调频道组。

设 f_i，f_j，$f_k \subset \{f_1, f_2, \cdots, f_n\}$，$f_x$ 也是该频道组中的一个频率。若产生三阶互调干扰，则有

$$f_x = f_i + f_j - f_k \qquad (2-52)$$

或

$$f_x = 2f_i - f_j \qquad (2-53)$$

设第一个频道的频率为 f_0，频道的带宽为 B，第 x 个频道的序号为 C_x，则任一频道的载波可以用频道号表示，即

$$f_x = f_0 + BC_x \qquad (2-54)$$

将式(2-54)代入式(2-53)和式(2-52)中，得

$$C_x - C_i = C_i - C_k \qquad (2-55)$$

或

$$C_x - C_i = C_j - C_k \qquad (2-56)$$

因此只要频道组内采用的频道序号差值相等，则该组内就一定存在三阶互调干扰，即如果希望本频道组中不存在三阶互调干扰，选用的频道序号差值应该互不相等。

根据以上原则，在移动通信系统设计时，应该选用的无三阶互调频道组如表2-4所示。

表 2-4　无三阶互调频道组

需要频道数	最小占用频道数	无三阶互调的频道组	频段利用率(%)
3	4	1, 2, 4; 1, 3, 4	75
4	7	1, 2, 5, 7; 1, 3, 6, 7	57
5	12	1, 2, 5, 10, 12; 1, 3, 8, 11, 12	42
6	18	1, 2, 5, 11, 13, 18; 1, 2, 9, 13, 15, 18 1, 2, 5, 11, 16, 18; 1, 2, 9, 12, 14, 18	33
7	26	1, 2, 8, 12, 21, 24, 26; 1, 3, 4, 11, 17, 22, 26 1, 2, 5, 11, 19, 24, 26; 1, 3, 8, 14, 22, 23, 26 1, 2, 12, 17, 20, 24, 26; 1, 4, 5, 13, 19, 24, 26 1, 5, 10, 16, 23, 24, 26	27
8	35	1, 2, 5, 10, 16, 23, 33, 55	23
9	45	1, 2, 6, 13, 26, 28, 36, 42, 45	20
10	56	1, 2, 7, 11, 24, 27, 35, 42, 54, 56	18

五、时隙干扰和码间干扰

(一)时隙干扰

时隙干扰是指使用同一载频不同时隙的呼叫之间的干扰。由于移动台到基站间的距离

有远有近，较远的移动台发出的上行信号在时间上会有延迟，延迟的信号重叠到下一个相邻的时隙上就会造成相互干扰。

在 GSM 系统中可利用时间提前量(TA)来克服时隙干扰。BTS 根据自己脉冲时隙与接收到的 MS 时隙之间的时间偏移测量值，在慢速辅助控制信道(SACCH)上通知 MS 所要求的时间提前量，以补偿传播时延。正常通话中，当 MS 接近基站时，基站就会通知 MS 减小时间提前量；而当 MS 远离小区中心时，基站就会要求 MS 加大时间提前量。

(二)码间干扰

移动通信中的多径传播对接收信号的影响有两个方面，一是会造成接收信号多径衰落现象，二是在时域上会使数字信号传输时产生时延扩展。由于时延扩展，接收信号中一个码元的波形会扩展到其他码元周期中，造成码间干扰(ISI，也称符号间干扰)。造成码间干扰的另一个原因是频率选择性衰落。数字信号在传输过程中，由于频率选择性衰落造成各频率分量的变化不一致时会引起失真，从而造成码间干扰。

在移动通信系统中，一般用自适应均衡器减小码间干扰的影响。均衡器通常用滤波器实现，使用滤波器来补偿失真的脉冲，判决器得到的解调输出样本，是经过均衡器修正过的或者清除了码间干扰之后的样本。自适应均衡器直接从传输的实际数字信号中根据某种算法不断调整增益，因而能适应信道的随机变化，使均衡器总是保持最佳状态，从而具有更好的失真补偿性能。

第三章

调制技术与正交频分复用

第一节 调制技术概述

一、调制的概念

调制就是对消息源信息进行处理，使其变得适合传输形式的过程。调制的目的是使所传送的信息能更好地适应信道特性，以达到最有效和最可靠的传输。从信号空间观点来看，调制实质上是从信道编码后的汉明空间到调制后的欧式空间的映射和变换。移动通信系统的调制技术包括用于第一代移动通信系统的模拟调制技术和用于现今及未来系统的数字调制技术。在过去的几十年中，数字信号处理技术和硬件技术的发展使数字收发器比模拟收发器更廉价、速度更快、效率更高。更为重要的是，数字调制相对模拟调制有许多其他的优势，包括高频谱效率、强纠错能力、抗信道失真、高效的多址接入，以及更高的安全性和保密性等。例如 MQAM 这类多电平数字调制技术的频谱效率比模拟调制高得多；而且均衡和多载波技术可以减少码间干扰(ISI)；扩频技术能消除多径或者对多径进行合并，能抑制干扰，检测出多个用户的传输；数字调制更易于加密，从而使数字通信具有更高的安全性和保密性。正是由于这些原因，目前在建的或者将要建设的无线通信系统都是数字系统。

二、移动通信信道的基本特征

移动通信信道的基本特征主要表现在以下 3 个方面：

（1）带宽有限，它取决于使用的频率资源和信道的传播特性。

（2）干扰和噪声影响大，这主要是由移动通信工作的电磁环境所决定的。

（3）存在着多径衰落与码间干扰。

三、调制方式的选择

针对移动通信信道的特点，调制方式的选择应该综合考虑频谱利用率、功率效率、抗码间干扰、抗衰落的能力和已调信号的恒包络特性等因素。高的频谱利用率是为了容纳更多的用户，要求移动通信网有比较高的频带效率且已调信号所占的带宽小。这意味着已调信号频谱的主瓣要窄，同时副瓣的幅度要低。对于数字调制而言，频谱利用率常用单位频带内能传输的比特率来表征，它的定义为 $\eta_{\mathrm{b}} = \dfrac{R_{\mathrm{b}}}{B}$，其中，$R_{\mathrm{b}}$ 为比特速率，B 为已调无线信号的带宽。

功率效率是指在保持信息精确度的情况下所需的最小信号功率（或者最小信噪比）。对于数字调制信号，功率效率表现为误码率，它是信噪比的函数，在噪声功率一定的条件下，为了达到同样的误码率，要求已调信号功率越低越好。功率越低，效率越高。高的抗干扰和抗衰落性能要求在恶劣的信道环境下，经过调制解调后的输出信噪比（SINR）较大或误码率（BER）较低，它是调制的主要特征，不同调制方式的抗干扰特性不同。具有恒包络特性的信号对放大器的非线性不敏感，如采用恒定包络调制，则可采用限幅器、低成本的非线性高效功率放大器件。如采用非恒定包络调制，则需要采用成本相对较高的线性功率放大器件。此外，还需要考虑调制器和解调器本身的复杂性。

数字调制主要分为两类：幅度/相位调制和频率调制。频率调制用非线性方法产生，其信号包络一般是恒定的，因此称为恒包络调制或非线性调制。幅度/相位调制也称线性调制。线性调制一般比非线性调制有更好的频谱特性，这是因为非线性处理会导致频谱扩展。不过，幅度/相位调制把信息包含在发送信号的幅度或相位中，这使它易受衰落和干扰的影响。幅度/相位调制一般需要用价格昂贵、功率效率差的线性放大器。选择线性调制还是非线性调制，就是在前者的频谱效率和后者的功率效率及抗信道影响能力之间进行选择。选定调制方式后，还必须确定星座的大小。对于相同的带宽，大的星座对应高的传输速率，但大星座的调制易受噪声、衰落、硬件缺陷等的影响。另外，有些解调器需要建立一个与发送端一致的相干载波，做到这一点有一定难度，通常会大大增加接收机的复杂性。因此不要求接收端有相干载波的调制技术更受欢迎。

第二节　信号空间分析

数字调制将若干比特映射为几种可能的发送信号之一。通俗地讲，接收机将收到的信号同各个可能的发送信号做比较，找到"最接近"的信号作为检测结果，这样可以使出错的概率最小。为此我们需要一个度量来反映信号之间的距离。通过将信号投影到一组基函数上，就能将信号波形和向量表示一一对应起来。这样，问题就从无限维的函数空间转为有限维的向量空间，从而可以利用向量空间中距离的概念。下面将证明信号具有类似向量的特征，并且导出信号波形的向量表示法。

一、信号与系统模型

通信系统模型就是系统每隔 7 秒发送 $K = \mathrm{lb}M$ 个信息比特，数据速率 $R = \dfrac{K}{T}(\mathrm{b/s})$。$K$ 个信息比特能组成 2^k 种不同比特序列，每一种 K 比特序列为一个消息 $m_i \in \boldsymbol{m}$，其中 $\boldsymbol{m}$ 是所有消息组成的集合。发送第 i 个消息的概率是 p_i，$\sum\limits_{i=1}^{M} p_i = 1$。

假设在 $[0, T]$ 时间间隔内传输的消息是 m_i。由于信道是模拟的，信息必须加载到适合于信道传输的模拟信号中，因此每个消息 $m_i \in \boldsymbol{m}$ 都被映射到一个特定的模拟信号 $s_i(t) \in s = \{s_1(t), \cdots, s_m(t)\}$。其中 $s_i(t)$ 定义在时间区间 $[0, T)$ 上，其能量为

$$E_{s_i} = \int_0^T s_i^2(t)\,\mathrm{d}t, \; i = 1, \cdots, M \qquad (3-1)$$

每个消息代表一个比特序列，因此每个信号 $s_i(t) \in s$ 也同样代表一个比特序列，接收端检测出发送的 $s_i(t)$ 等价于检测出发送前的比特序列。对于发送消息构成的序列，时间区间 $[kT, (k+1)T]$ 发送的消息 m_i 对应一个模拟信号 $s_i(t-kT)$ 发送端发送的总信号，是各时间区间内相应的模拟信号构成的序列：$s_i(t) = \sum\limits_k s_i(t-kT)$。如图 3-1 所示，图中发送的消息序列是 m_1, m_2, m_1, m_1，其中，消息 m_i 被映射为 $s_i(t)$，发送的总信号为 $s(t) = s_1(t) + s_2(t-T) + s_1(t-2T) + s_1(t-3T)$。

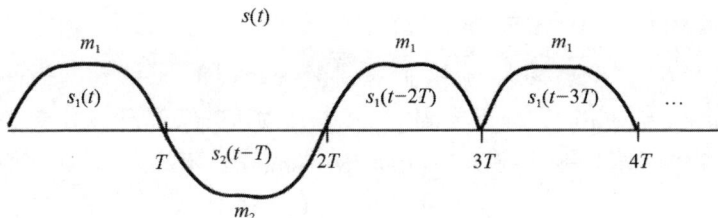

图 3-1　消息序列对应的发送信号

通信系统模型中，信号在通过 AWGN 信道传输时叠加了功率谱密度为 $\frac{N_0}{2}$ 的高斯白噪声，得到的接收信号为 $r(t) = s(t) + n(t)$。接收机将根据所收到的 $r(t)$，确定每个时间间隔 $[kT, (k+1)T]$ 内，最有可能发送的是哪个 $s_i(t) [s_i(t) \in s]$。对 $S_i(t)$ 所做的最佳估计可直接映射为对消息的最佳估计，然后接收机输出最佳估计消息。接收机的设计在消息估计方面的目标就是要使每个码元间隔 $[kT, (k+1)T]$ 内估计的差错概率 P_e 最小化。

$$P_e = \sum_{i=1}^{M} p(\dot{m}_i \neq m_i \mid m_i \text{sent}) p(m_i \text{sent}) \qquad (3-2)$$

把信号用几何方式表示，我们就可以利用最小距离准则得到 AWGN 信道下的最佳接收机设计。

二、向量空间的概念

在 n 维空间中，向量 V 可用其 n 个分量 $[v_1, v_2, \cdots, v_n]$ 表征，也可以表示成单位向量或基向量 $e_i(1 \leq i \leq n)$ 的线性组合，即

$$V = \sum_{i=1}^{n} v_i e_i \qquad (3-3)$$

式中：按照定义，单位向量的长度为 1。v_i 是向量 V 在单位向量 e_i 上的投影。

两个 n 维向量 $V_1 = [v_{11}, v_{12}, \cdots, v_{1n}]$ 和 $V_2 = [v_{21}, v_{22}, \cdots, v_{2n}]$ 的内积定义为

$$V_1 \cdot V_2 = \sum_{i=1}^{n} v_{1i} v_{2i} \qquad (3-4)$$

如果 $V_1 \cdot V_2 = 0$，则向量 V_1 与 V_2 相互正交。更一般的情况，对于一组 m 个向量 $V_k(1 < K < m)$，如果对所有 $1 \leq i, j \leq m$ 且 $i \neq j$，有

$$V_i \cdot V_j = 0 \qquad (3-5)$$

则称这组向量是相互正交的。

向量 V 的范数记为 $\| V \|$，且定义为

$$\| V \| = (V \cdot V)^{1/2} = \sqrt{\sum_{i=1}^{n} v_i^2} \qquad (3-6)$$

这也是它的长度。如果一组 m 个向量相互正交且每个向量具有单位范数，则称这组向量为标准(归一化)正交的。如果一组 m 个向量之中没有一个向量能表示成其余向量的线性组合，则称这组向量是线性独立的。

两个 n 维向量 V_1 和 V_2 满足三角不等式

$$\| V_1 + V_2 \| \leq \| V_1 \| + \| V_2 \| \qquad (3-7)$$

如果 V_1 和 V_2 方向相同，即 $V_1 = \alpha V_2$，其中 α 为正的实标量，则式(3-7)为等式。

由三角不等式可导出柯西-施瓦茨(Cauchy-Schwartz)不等式

$$\| V_1 \cdot V_2 \| \leq \| V_1 \| \| V_2 \| \qquad (3-8)$$

如果 $V_1 = \alpha V_2$，则式(3-8)为等式。

三、信号空间的概念

正如向量的情况，也可用类似的方法处理定义在某区间 $[a, b]$ 上的一组信号。两个一般的复信号 $x_1(t)$ 和 $x_2(t)$ 的内积定义为 $\{x_1(t), x_2(t)\}$

$$x_1(t), x_2(t) = \int_a^b x_1(t)x_2 \times (t)\mathrm{d}t \qquad (3-9)$$

如果它们的内积为零，则两个信号是正交的。信号的范数定义为

$$\|x(t)\| = \left(\int_a^b |x(t)|^2\mathrm{d}t\right)^{1/2} \qquad (3-10)$$

一信号集中的 M 个信号，如果它们是相互正交的且范数均为1，则该信号集是标准正交的。如果没有一个信号能表示成其余信号的线性组合，则该信号集是线性独立的。

两个信号的三角不等式为

$$\|x_1(t) + x_2(t)\| \leqslant \|x_1(t)\| + \|x_2(t)\| \qquad (3-11)$$

四、信号的几何表示

将信号进行几何表示的基础是基的概念。通过施密特正交化，我们可以把任意 M 个定义在 $[0, T)$ 上的有限能量实信号 $S = \{s_1(t), \cdots, s_M(t)\}$ 表示为 $N \leqslant M$ 个实正交基函数 $\{\varphi_1(t), \cdots, \varphi_N(t)\}$ 的线性组合，称这组基函组成了集合 S。每一个 $s_i(t) \in S$ 都可以用这组基函数表示为

$$s_i(t) = \sum_{j=1}^N s_{ij}\varphi_j(t), \ 0 \leqslant t \leqslant T \qquad (3-12)$$

其中，

$$s_{ij} = \int_0^T S_i(t)\mathrm{d}t \qquad (3-13)$$

是将 $s_i(t)$ 投影到基函数 $\varphi_j(t)$ 上得到的实系数。其中，基函数满足

$$\int_0^T \varphi_i(t)\varphi_j(t)\mathrm{d}t = \begin{cases} 1, & i = j \\ 0, & i \neq j \end{cases} \qquad (3-14)$$

如果信号 $\{s_i(t)\}$ 线性无关，则 $N = M$，否则 $N < M$。对于持续时间为 T、带宽为 B 的信号，需要基的个数 N 至少是 $2BT$，即这样的信号 $s_i(t)$ 具有 $2B$ 维。线性带通调制的基函数由正弦和余弦函数组成。

$$\varphi_1(t) = \sqrt{\frac{2}{T}}\cos(2\pi f_c t) \qquad (3-15)$$

$$\varphi_2(t) = \sqrt{\frac{2}{T}}\cos(2\pi f_c t) \qquad (3-16)$$

其中，系数 $\sqrt{\frac{2}{T}}$ 用于归一化，即为了使 $\int_0^T \varphi_i^2\mathrm{d}t = 1$，$i = 1, 2$。实际上这2个函数只是

近似满足式(3-14)，因为

$$\int_0^T \varphi_i^2(t)\,\mathrm{d}t = \frac{2}{T}\int_0^T 0.5[1 + \cos(4\pi f_c t)]\,\mathrm{d}t = 1 + \frac{\sin(4\pi f_c t)}{4\pi f_c t} \tag{3-17}$$

式中第二项的分子项小于 1，故当 $f_c T \gg 1$ 时第二项可以忽略。当 $f_c T \gg 1$ 时同样有

$$\int_0^T \varphi_1(t)\varphi_2(t)\,\mathrm{d}t = \frac{2}{T}\int_0^T 0.5\sin(4\pi f_c t)\,\mathrm{d}t = \frac{-\cos(4\pi f_c t)}{4\pi f_c t} \approx 0 \tag{3-18}$$

对于 $\varphi_1(t) = \sqrt{2/T}\cos(2\pi f_c t)$ 和 $\varphi_2(t) = \sqrt{2/T}\sin(2\pi f_c t)$ 这两个基，式(3-13)对应带通信号的等效基带表示，两个系数对应同相分量和正交分量：

$$s_i(t) = s_{i1}\sqrt{\frac{2}{T}}\cos(2\pi f_c t) + s_{i2}\sqrt{\frac{2}{T}}\sin(2\pi f_c t) \tag{3-19}$$

注意：作为基函数的载波可能会包含一个初始相位 φ_0。基函数也可能包含一个用以改善发送信号频谱特性的脉冲成形滤波器 $g(t)$，即

$$s_i(t) = s_{i1}g(t)\cos(2\pi f_c t) + s_{i2}g(t)\sin(2\pi f_c t) \tag{3-20}$$

此时需要注意脉冲形状 $g(t)$ 必须要保证式(3-15)的正交性，即要求

$$\int_0^T g^2(t)\cos^2(2\pi f_c t)\,\mathrm{d}t = 1 \tag{3-21}$$

$$\int_0^T g^2\cos(2\pi f_c t)\sin(2\pi f_c t)\,\mathrm{d}t = 0 \tag{3-22}$$

由式(3-13)可以从 $s_i(t)$ 得到 s_i。因此，用 s_i 或 $s_i(t)$ 来表示信号是等价的。把信号 $s_i(t)$ 用其星座点 $s_i \in R^N$ 表示，就叫作信号空间表示，包含星座图的向量空间称为信号空间。二维信号空间如图 3-2 所示，$s_i \in R^2$，R^2 的第 i 个坐标轴对应于基函数 $\varphi_i(t)$，$i = 1, 2$。借助这种信号空间表示，分析无穷维函数 $s_i(t)$，就是分析 R^2 上的向量 $\boldsymbol{S}_i$。这将大大简化系统性能的分析及最佳接收机设计的推导，如 MPSK 及 MQAM 等的信号空间表示，这些调制都是二维的，两个维分别对应同相基函数和正交基函数。

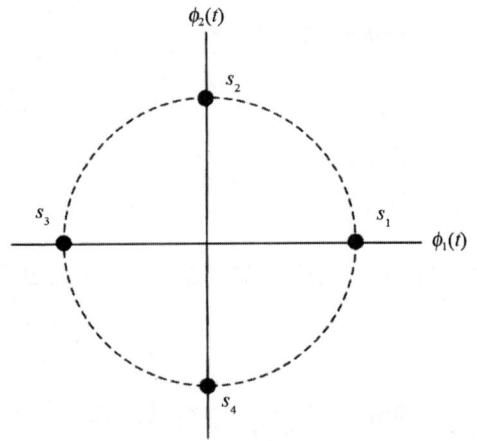

对于给定的接收向量 $\boldsymbol{r}$，最佳接收机所选择的 $\hat{m} = m_i$ 对应的星座点 S_i 满足 $p(s_i\text{sent} \mid r) \geq p(s_j\text{sent} \mid r)$，$j \neq i$。定义判决域 $Z_1, \cdots, Z_M$ 为信号空间 R^N 的子集：

$$Z_i = \{r: p(s_i\text{sent} \mid r) \, p(s_j\text{sent} \mid r), \ \forall j \neq i\} \tag{3-23}$$

$Z_1, \cdots, Z_M$ 显然互不重叠。若不存在这样的点 $r \in R^N$ 使得 $p(s_i\text{sent} \mid r) \geq p(s_j\text{sent} \mid r)$，则这组判决 $Z_1, \cdots, Z_M$ 构成了 R^N 的一个判决域。如果存在这种概率相等的点，可将

图 3-2　二维信号空间

这些点任意划归到 Z_1 或 Z_M，使 Z_1，…，Z_M 仍
然构成一个判决域。信号空间被划分为许多判
决域之后，若接收向量 $r \in Z_i$，则最佳接收机的
判决输出是 $m = m_i$。于是，接收机的工作是由
$r(t)$ 计算接收向量 r，找到 r 所在的判决域 Z_i，
然后对应输出消息 m_i。图 3-3 中，一个二维信
号空间被划分为 4 个判决域 Z_1，…，Z_4，与之
对应的星座点是 S_1，…，S_4。接收向量 r 处在判
决域 Z_1 中，所以接收机输出消息 m_1 作为对接
收机向量 r 的最佳估计。

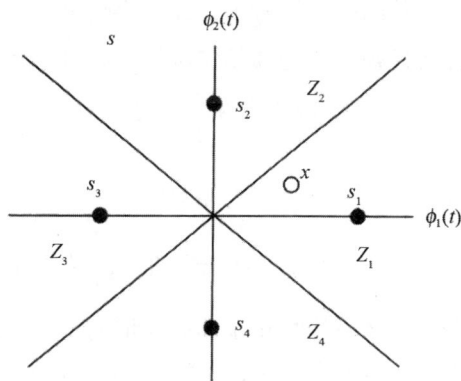

图 3-3　判决域

第三节　数字相位调制技术

一、二进制相移键控调制

BPSK 即二进制相移键控调制，也称绝对相移键控调制。DPSK 则是差分相移键控调
制，也称相对相移键控调制。BPSK 与 DPSK 都是二相制，它们的原理比较简单，即用二
进制数字信号来控制载波的相位。

(一)绝对相移方式

在二进制绝对相移方式中，以载波的不同相位直接表示相应的数字信息，即载波的相
位随二进制基带信号"0"或"1"而改变，当信号为"1"时，载波相位不变，而信号为"0"时，
载波相位反转，即移相 180°(也可以是相反的规定)。BPSK 的波形如图 3-4 所示。

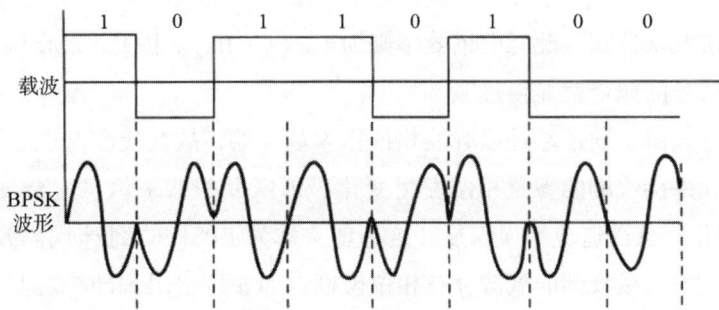

图 3-4　BPSK 的波形

从图中可以看出，在数字信号"1""0"转换时，相移变化180°，相位是不连续的，这种键控称为不连续相位键控。这种波形的频谱可按傅氏变换计算

$$G(f) = \frac{\sin^2 \pi f T_b}{\pi^2 f^2 T_b^2} \qquad (3-24)$$

式中：T_b——信号码元宽度。

BPSK频谱如图3-5所示。从图中可以看出，它的主瓣为$\frac{2}{T_b}$，并有较大和较多的旁瓣，这是不连续相位调制波形的特点。由于在信号"1""0"交替转换处，相位有突变（或称突跳），因此旁瓣大，存在更多的高频分量。

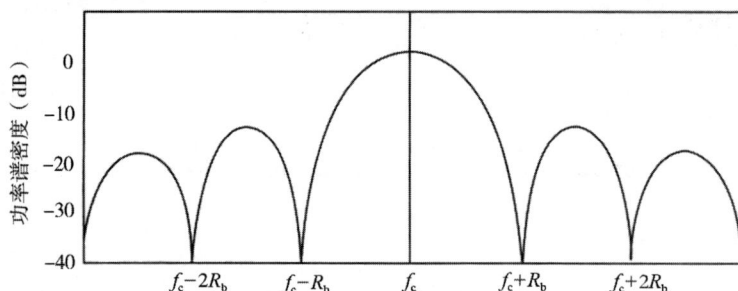

图3-5　BPSK频谱

可以计算这种调制的谱效率或频带利用率，即信号传输速率与所占带宽之比。在BPSK中，信号码元宽度为T_b，故信号传输速率为$f_b = \frac{1}{T_b}$，并以频谱的主瓣宽度为其传输带宽，忽略旁瓣的影响（可以滤去旁瓣），故射频带宽为$\frac{2}{T_b}$，则谱效率为$\frac{信号传输速率}{射频带宽} = $

$\dfrac{\dfrac{1}{T_b}}{\dfrac{2}{T_b}} = 0.5 \text{b}/(\text{s}\cdot\text{Hz})$，即每赫兹带宽每秒传输0.5b。注意：这里是以射频带宽计算的。有

的文献以基带带宽来计算，此时的谱效率则为$1\text{b}/(\text{s}\cdot\text{Hz})$。因此BPSK调制用在某些移动通信系统中，信号的频带就显得过宽。

绝对相移方式由于发送端是以载波相位作为基准的，故在接收端也必须有相同的载波相位做参考。如果接收端的参考相位发生变化，则恢复的数字信息就会发生"0"变"1"或"1"变"0"的变化，从而造成错误恢复。这种现象称为BPSK的倒π现象或反向工作现象。在实际通信系统中，接收端的载波存在相位模糊，即相位会出现随机跳变，有时与发送载波相同，有时与发送载波相反。因此在实际通信系统中一般不采用绝对相移方式，而是采用相对相移方式。

（二）相对相移方式

相对相移方式又称差分相移键控方式，它不是利用载波相位的绝对数值来传送数字信息，而是利用载波的相对相位表示数字信息，即利用前后相邻码元的相对载波相位变化来表示数字信息。

实现 DPSK 信号的常用方法是首先对二进制数字基带信号进行差分编码，将绝对码变换为相对码，再进行绝对调相，从而产生差分相位信号，因此只要在 BPSK 的调制器前加一个差分编码器就可以完成。这个差分编码器符合如下规则：

$$d_k = b_k \oplus d_{k-1} \tag{3-25}$$

式中：d_k——差分编码器输出；

　　　d_{k-1}——差分编码器前一比特的输出；

　　　b_k——调制信号的输入。

在仅考虑白噪声的条件下，BPSK 和 DPSK 调制经相干解调后，其误码率 P_e 和信噪比 $\frac{E_b}{n}$ 有关，据推导可得出如下公式：

BPSK：

$$P_c = \frac{1}{2}\mathrm{erfc}\left(\sqrt{\frac{E_b}{n_0}}\right)$$

DPSK：

$$P_e \approx \mathrm{erfc}\left(\sqrt{\frac{E_b}{n_0}}\right) \tag{3-26}$$

式中：E_b——信号每比特的能量；

　　　n_0——白噪声的功率密度；

　　　$\mathrm{erfc}(x)$——互补误差函数。

DPSK 的误码性能比 BPSK 略差，在 $P_e=10^{-4}$ 时，DPSK 约差 1dB，但因它的电路简单又无相位模糊，故更适合实际应用。

二、QPSK

BPSK 和 DPSK 是调制技术中最基本的方式，具有较好的抗干扰能力。但由于频带利用率较低，其在实际应用中受到一些限制。在信道频带受限时，为了提高频带利用率，通常采用多进制数字相位调制技术。目前在多进制数字相移键控中，QPSK 是数字移动通信中最常用的一种数字调制方式，它具有较高的频谱利用率、较强的抗干扰性能，同时在电路中易于实现。

QPSK 是正交相移键控，又称四相相移键控，其调制器结构如图 3-6(a) 所示。它有 4

种相位状态，对应 4 种数据，即 00、01、10、11。可有 2 种方式，即 $\frac{\pi}{2}$ 调制方式和 $\frac{\pi}{4}$ 调制

方式。图 3-6(b)所示为 $\frac{\pi}{4}$ 调制方式，图 3-6(c)为 $\frac{\pi}{2}$ 调制方式。

  QPSK 是两个相互正交的 BPSK 之和。它的输入码元经串并电路之后分为两个支路：一个支路为奇数码元，另一个支路为偶数码元。这时每个支路的码元宽度为原码元宽度 T_b 的 2 倍。每个支路再按 BPSK 的方法进行调制。不过两支路的载波相位不同，它们互为正交，即相差 90°。一个称为同相支路，即 In-phase 支路(I 支路)；另一个称为正交支路，即 Quadrature 支路(Q 支路)。这两个支路分别调制后，再将调制后的信号合并相加，就得到四相相移键控。QPSK 的四相各相差 90°，它们仍是不连续相位调制，其频谱形状和二相调制相同，仍是 $\left(\frac{\sin x}{x}\right)^2$ 的形式。只是在四相调制中信号经串并变换后，每一个符号的宽度已变为 $2T_b$，所以频谱的第一零点在 $f\mid f_b = 0.5$ 处，而不是像 BPSK 在 $f\mid f_b = 1$ 处 $\left(f_b = \frac{1}{T_b}\right.$ 为信息传输的比特速率$\left.\right)$。因而 QPSK 的频谱占用宽度只是 BPSK 的一半(在 f_b 码速相同的条件下)，所以其谱效率提高一倍，以射频带宽记为 1b/(s·Hz)。

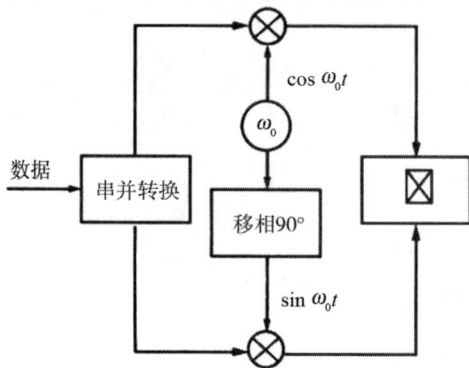

（a）QPSK调制器结构

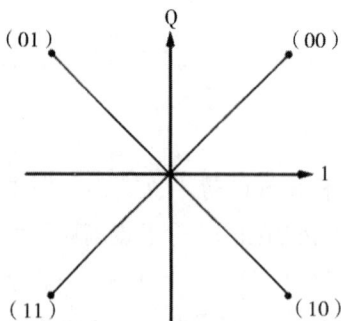

（b）$\frac{\pi}{4}$ 调制方式相位图   （c）$\frac{\pi}{2}$ 调制方式相位图

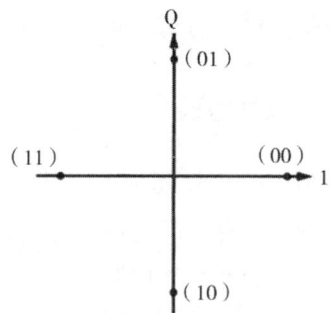

图 3-6   QPSK 调制器及相位

四相调制也有绝对调相和相对调相两种方式。绝对调相的载波起始相位与双比特码之间有一种固定的对应关系。但相对调相的载波起始相位与双比特码之间没有固定的对应关系，它是以前一时刻双比特码对应的相对调相的载波相位为参考而确定的，其关系式为

$$\varphi_c = \varphi_{c-1} + \varphi_n \qquad\qquad (3-27)$$

式中：φ_c，φ_{c-1}——本时刻和前一时刻相对调相已调波起始相位；

　　　　φ_n——本时刻载波被绝对调相的相位。

由于 QPSK 也有相位模糊问题，因而实际上大都采用差分编码 DQPSK。

但 QPSK 在其码元交替处的载波相位往往是突变的，当相邻的两个码元同时转换时，如当 00 变为 11 或 01 变为 10 时，会产生 180° 的相位跃变。这种相位跃变会使调相波的包络上出现零(交)点，引起较大的包络起伏，其信号功率将产生很强的旁瓣分量。这种信号经过一个频带受限的信道时，由于旁瓣分量的滤除可产生包络上的起伏。当它再经过硬限幅或非线性功率放大器放大时，这种包络起伏虽可减弱，却使非线性放大后的信号频谱旁瓣重新再生，导致频谱扩散，其旁瓣将会干扰邻近频道的信号，这是非常有害的。从另一个角度来看，相位跃变所引起的相位对时间的变化率(角频率)很大，这样就会使信号功率谱扩展，旁瓣增大。为了使信号功率谱尽可能集中于主瓣之内，主瓣之外的功率谱衰减速度快，则信号的相位就不能突变，相位与时间的关系曲线应该是平滑的。目前已经提出了许多新的调制方式，其核心就是抑制已调波相位变化路径特性，使码元转换时刻已调波相位连续匀滑变化，不产生大的跃变，从而使已调波的功率谱降快、旁瓣小。下面介绍几种新的调制技术。

三、OQPSK

OQPSK 是 Offset QPSK 的缩写，称为交错正交相移键控，即它的 I、Q 两支路在时间上错开一比特的持续时间 T_b 进行调制，因而两支路码元不可能同时转换，它最多只能有 ±90° 相位的跳变。由于 OQPSK 的相位跳变变小，所以其频谱特性比 QPSK 好，即旁瓣的幅度要小一些。其他特性均与 QPSK 差不多。OQPSK 和 QPSK 在时间关系上的不同如图 3-7 所示。

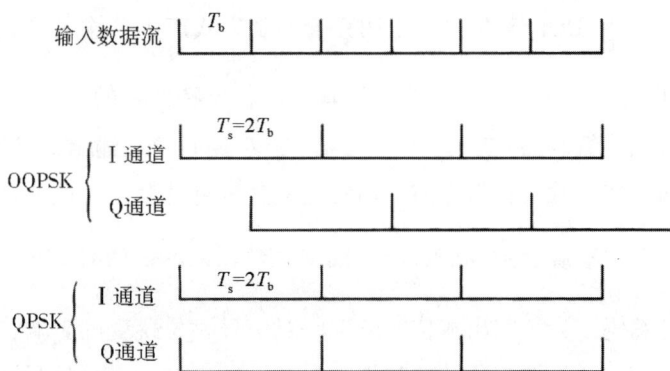

图 3-7　OQPSK 和 QPSK 在时间关系上的不同

OQPSK 信号由于同相和正交支路码流在时间上相差半个周期，使得相邻码元间相位变化只能是 0° 或 90°，不会是 180°，克服了 QPSK 信号

180°跃变的缺陷。OQPSK 的包络变化幅度要比 QPSK 小许多且没有包络零点。由于两个支路符号的错开并不影响它们的功率谱，所以 OQPSK 和 QPSK 有相同的频谱效率。

四、$\frac{\pi}{4}$-QPSK

$\frac{\pi}{4}$-QPSK 是在移动通信中获得较多应用的另一种调制方式，它是在 QPSK 和 OQPSK 基础上发展起来的一种恒包络调制方式，也是限制码元转换时刻相位跃变量的另一种调制方式。$\frac{\pi}{4}$-QPSK 是一种相位跃变介于 QPSK 和 OQPSK 之间的 QPSK 改进方案，它的最大相位跳变是 135°，同时其对非线性放大器的适应性也介于两者之间。因此，带限 $\frac{\pi}{4}$-QPSK 信号比带限 QPSK 有更好的恒包络性质，但是不如 OQPSFC。$\frac{\pi}{4}$-QPSK 具有能够非相干解调的优点，并且在多径衰落信道中比 OQPSK 性能更好，因此也是适用于数字移动通信系统的调制方式之一，并已被选为美国第二代数字蜂窝系统 IS-54 和日本第二代数字蜂窝系统 PDC 的标准调制技术。

$\frac{\pi}{4}$-QPSK 常常采用差分编码，以便在恢复的载波中出现相位模糊时采用差分译码或相干解调。将采用差分编码的 $\frac{\pi}{4}$-QPSK 称为 $\frac{\pi}{4}$-DQPSK。下面以 $\frac{\pi}{4}$-DQPSK 为例，详细介绍其调制和解调的过程。

(一) 信号产生

$\frac{\pi}{4}$-DQPSK 信号可采用正交调制方式产生，输入的数据经串并变换后分为两路数据 S_I 和 S_Q，它们的符号速率等于输入串行比特速率的一半。这两路数据经过一个变换电路(差分相位编码器)在 $kT_s \leqslant t \leqslant (k+1)T_s$ 期间分别输出信号 U_k 和 V_k。为了抑制已调信号的副瓣，在与载波相乘之前，通常还经过具有升余弦特性的低通滤波器进行成形，然后分别和一对正交载波相乘后合并，即得到 $\frac{\pi}{4}$-DQPSK 信号。由于该信号的相位跳变取决于相位差分编码，为了突出相位差分编码对信号相位跳变的影响，下面的讨论先不考虑滤波器的存在，即认为调制载波的基带信号是脉冲方波(NRZ)信号，于是有

$$S_{\frac{\pi}{4}\text{-DQPSK}}(t) = U_k\cos\omega_c t - V_k\sin\omega_c t = \cos(\omega_c t - \theta_k), \quad kT_s \leqslant t \leqslant (k+1)T_s \quad (3-28)$$

式中：θ_k ——当前码元的相位，即

$$\theta_k = \theta_{k-1} + \Delta\theta_k = \arctan\left(\frac{V_k}{U_k}\right)$$

$$U_k = \cos\theta_k, \quad V_k = \sin\theta_k \tag{3-29}$$

其中，θ_{k-1} 为前一个码元结束时的相位；θ_0 是当前码元的相位增量。所谓相位差分编码，就是输入的双比特 S_I 和 S_Q 的 4 个状态用 4 个值来表示。

式(3-29)表明，当前码元的相位 θ_k 可以通过累加的方法求得。若已知 S_I 和 S_Q，设初相位 $\theta_0 = 0$，根据编码表可以计算得到信号每个码元相位的跳变，并通过累加的方法确定 θ_k，从而求得 U_k 和 V_k 的值。相位差分编码举例如表 3-1 所示。

表 3-1 相位差分编码举例

k	0	1	2	3	4	5
数据 S_I 和 S_Q		+1+1	-1+1	+1-1	-1+1	-1-1
$\frac{S}{P}$ $\quad S_Q$		+1	+1	-1	+1	-1
$\quad\quad S_I$		+1	-1	+1	-1	-1
$\Delta\theta = \arctan\left(\frac{S_Q}{S_I}\right)$		$\frac{\pi}{4}$	$3\frac{\pi}{4}$	$-\frac{\pi}{4}$	$3\frac{\pi}{4}$	$-3\frac{\pi}{4}$
$\theta_k = \theta_{k-1} + \Delta\theta_k$	0	$\frac{\pi}{4}$	π	$3\frac{\pi}{4}$	$3\frac{\pi}{2}$	$3\frac{\pi}{4}$
$U_k = \cos\theta_k$	1	$\frac{1}{\sqrt{2}}$	-1	$\frac{-1}{\sqrt{2}}$	0	$\frac{-1}{\sqrt{2}}$
$V_k = \sin\theta_k$	0	$\frac{1}{\sqrt{2}}$	0	$\frac{1}{\sqrt{2}}$	-1	$\frac{1}{\sqrt{2}}$

表 3-1 中，设 $k = 0$ 时 $\theta_0 = 0$，于是有

$k = 1$：$\theta_1 = \theta_0 + \Delta\theta_1 = \dfrac{\pi}{4}$，$U_1 = \cos\theta_1 = \dfrac{1}{\sqrt{2}}$，$V_1 = \sin\theta_1 = \dfrac{1}{\sqrt{2}}$

$k = 2$：$\theta_2 = \theta_1 + \Delta\theta_2 = \dfrac{\pi}{4}$，$U_2 = \cos\theta_2 = -1$，$V_2 = \sin\theta_2 = 0$

$k = 3$：$\theta_3 = \theta_2 + \Delta\theta_3 = -\dfrac{\pi}{4}$，$U_3 = \cos\theta_3 = -\dfrac{1}{\sqrt{2}}$，$V_3 = \sin\theta_3 = \dfrac{1}{\sqrt{2}}$

……

上述结果也可以从递推关系求得

$$U_k = \cos\theta_k = \cos(\theta_{k-1} + \Delta\theta_k) = \cos\theta_{k-1}\cos\Delta\theta_k - \sin\theta_{k-1}\sin\Delta\theta_k$$

$$V_k = \sin\theta_k = \sin(\theta_{k-1} + \Delta\theta_k) = \sin\theta_{k-1}\cos\Delta\theta_k - \cos\theta_{k-1}\sin\Delta\theta_k \tag{3-30}$$

即

$$\begin{cases} U_k = U_{k-1}\cos\Delta\theta_k - V_{k-1}\sin\Delta\theta_k \\ V_k = V_{k-1}\cos\Delta\theta_k + U_{k-1}\sin\Delta\theta_k \end{cases} \tag{3-31}$$

从上述例子可以看出，U_k 和 V_k 有 5 种可能的取值：0，± 1，$\pm \dfrac{1}{\sqrt{2}}$，并且总是满足

$$\sqrt{U_k^2 + V_k^2} = \sqrt{\cos^2\theta_k + \sin^2\theta_k} = 1, \quad kT_s \le t \le (k+1)T_s \tag{3-32}$$

所以若不加低通滤波器，$\dfrac{\pi}{4}$-DQPSK 信号仍然是一个具有恒包络特性的等幅波。为了抑制副瓣的带外辐射，在进行载波调制之前，用升余弦特性低通滤波器进行限带。由于码元长度 $T_s = 2T_b$，已调信号仍然是两个 QPSK 信号的叠加，它的功率谱和 QPSK 是一样的，因此有相同的带宽。

（二）$\dfrac{\pi}{4}$-DQPSK 信号的相位跳变

由于 $\Delta\theta$ 可能的取值有 4 个：$\pm\dfrac{\pi}{4}$ 和 $\pm 3\dfrac{\pi}{4}$，所以相位有 8 种可能的取值，其星座图的 8 个点实际是由 2 个彼此偏移 $\dfrac{\pi}{4}$ 的 QPSK 星座图构成的，相位跳变总是在这 2 个星座图之间交替进行，跳变的路径如图 3-8 中的虚线所示。图 3-8 中还标出了表 3-1 中各码元相位的跳变位置。

注意：所有的相位路径都不经过原点（圆心）。这种特性使得信号的包络波动比 QPSK 小，即降低了最大功率和平均功率的比值。

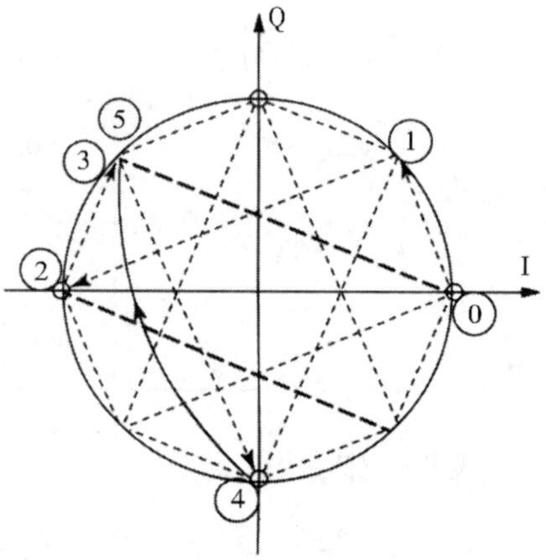

图 3-8　$\dfrac{\pi}{4}$-DQPSK 相位跳变

（三）$\dfrac{\pi}{4}$-DQPSK 的解调

从 $\dfrac{\pi}{4}$-DQPSK 的调制方法可以看出，所传输的信息包含在 2 个相邻码元的载波相位差之中，因此，可以采用易于用硬件实现的非相干差分检波。设接收的中频信号为

$$s(t) = \cos(\omega_0 t + \theta_k), \quad kT_s \le t \le (k+1)T_s \tag{3-33}$$

解调器把输入的中频（频率等于 f_0）$\dfrac{\pi}{4}$-DQPSK 信号分为两路：一路是 $s(t)$ 和它本身延迟一个码元的信号 $s(t-T_s)$ 相乘得到的，记为 $W_I(t)$；另一路则是 $s(t-T_s)$ 和 $s(t)$ 移相 $\dfrac{\pi}{2}$ 后相乘得到的，记为 $W_Q(t)$，即

$$W_I(t) = \cos(\omega_0 t + \theta_k)\cos\left[\omega_0(t-T_s) + \theta_{k-1}\right]$$

$$W_Q(t) = \cos(\omega_0 t + \theta_k + \pi/2)\cos\left[\omega_0(t-T_s) + \theta_{k-1}\right] \tag{3-34}$$

设 $\omega_0 T_s = 2n\pi$（n 为整数），经过低通滤波器后，得到低频分量 $X(t)$ 和 $Y(t)$，抽样得到

$$X_k = \frac{1}{2}\cos(\theta_k - \theta_{k-1}) = \frac{1}{2}\cos\Delta\theta_k$$

$$Y_k = \frac{1}{2}\sin(\theta_k - \theta_{k-1}) = \frac{1}{2}\sin\Delta\theta_k \qquad (3-35)$$

根据相位差分编码表，可做如下判决：当 $X_k > 0$ 时，判 $S = +1$；当 $X_k < 0$ 时，判 $S = -1$；当 $Y_k > 0$ 时，判 $S = +1$；当 $Y_k < 0$ 时，判 $S = -1$。

第四节 正交幅度调制

前面介绍的各种数字调制技术均以正弦信号为载波，以二进制或多进制基带信号去调制载波的相位参量。而正交幅度调制（QAM）则不同，它是载波的振幅和相位两个参量同时受调制的联合键控体制。单独使用振幅或相位携带信息时，不能充分地利用信号平面。多进制振幅调制时，矢量端点在一条轴上分布；多进制相位调制时，矢量端点在一个圆上分布。随着进制数 M 的增加，相邻相位的距离逐渐减小，噪声容限也随之减小，误码率难以保证。为了改善在 M 较大时的噪声容限，产生了 QAM 体制。在 QAM 体制中，信号的振幅和相位作为两个独立的参量同时受到调制，这种调制方式具有很高的频谱利用率，并且在相同进制数条件下比单一参量受控的调制方式具有更强的抗干扰能力。

一、QAM 信号的基本原理

（一）QAM 信号的时域表示

QAM 是指载波的幅度和相位两个参数同时受基带信号控制的一种调制方式。QAM 信号的一般表示方式为

$$s_{\text{QAM}}(t) = \sum_n a_n g(t - nT_s)\cos(\omega_0 t + \varphi_n) \qquad (3-36)$$

式中：a_n——基带信号第 n 个码元的幅度；

$\quad\quad \varphi_n$——第 n 个码元的初始相位；

$\quad\quad g(t)$——幅度为 1、带宽为 $\frac{1}{T_s}$ 的单个矩形脉冲。

利用三角函数公式将式(3-36)进一步展开，得到 QAM 信号的表达式：

$$s_{\text{QAM}}(t) = \sum_n a_n g(t - nT_s)\cos\omega_0 t\cos\varphi_n - \sum_n a_n g(t - nT_s)\sin\omega_0 t\sin\varphi_n \qquad (3-37)$$

令

$$\begin{cases} X_n = a_n\cos\varphi_n = c_nA \\ Y_n = -a_n\sin\varphi_n = d_nA \end{cases} \tag{3-38}$$

代入式(3-37)有

$$s_{QAM}(t) = \sum_n X_ng(t-nT_s)\cos\omega_0t + \sum_n Y_ng(t-nT_s)\sin\omega_0t$$
$$= m_1(t)\cos\omega_0t + m_Q(t)\sin\omega_0t \tag{3-39}$$

QAM 信号是由两路相互正交的载波叠加而成的,两路载波分别被两组离散振幅 $m_1(t)$ 和 $m_Q(t)$ 所调制。通常 $m_1(t)$ 称为同相分量, $m_Q(t)$ 称为正交分量。当进行 M 进制的正交振幅调制时,可记为 MQAM。

(二)星座图

在式(3-36)中,若 φ_n 值仅可以取 $\frac{\pi}{4}$ 和 $-\frac{\pi}{4}$, a_n 值仅可以取 $+a$ 和 $-a$,则此 QAM 信号就成为 QPSK 信号,如图 3-9(a)所示,所以 QPSK 信号就是一种最简单的 QAM 信号。有代表性的 QAM 信号是十六进制 QAM 信号,记为 16QAM,它的矢量图如图 3-9(b)所示,图中用黑点表示每个码元的位置,并且显示出它是由两个正交矢量合成的。类似地有 64QAM 和 256QAM 等 QAM 信号,分别如图 3-9(c)和图 3-9(d)所示,它们总称为 MQAM 调制。

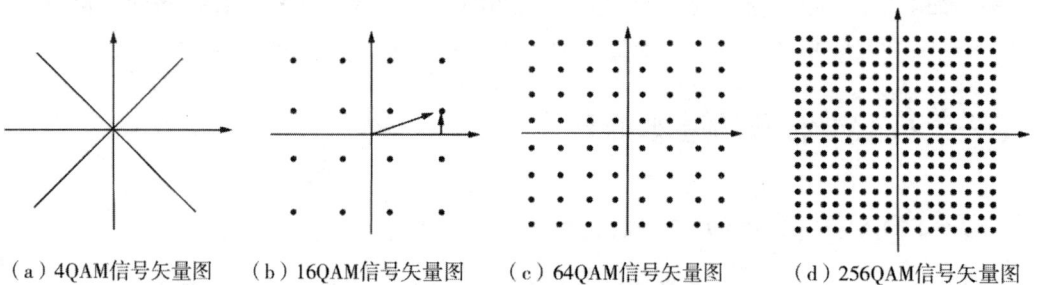

(a)4QAM信号矢量图　(b)16QAM信号矢量图　(c)64QAM信号矢量图　(d)256QAM信号矢量图

图 3-9　QAM 信号矢量图

16QAM 调制中信号点的分布呈方形,故称为方形 16QAM 星座。16QAM 调制信号点的分布也可以呈星形,称为星形 16QAM 星座,如图 3-10 所示。

若信号点之间的最小距离为 $2A$,且所有信号点等概率出现,则平均发射信号功率为

$$P = \frac{A^2}{M}\sum_{n=1}^M (c_n^2 + d_n^2) \tag{3-40}$$

对于方形 16QAM,信号平均功率为

$$P = \frac{A^2}{M}\sum_{n=1}^M (c_n^2 + d_n^2) = \frac{A^2}{16}(4\times2 + 8\times10 + 4\times18) = 10A^2 \tag{3-41}$$

对于星形 16QAM，信号平均功率为

$$P = \frac{A^2}{M} \sum_{n=1}^{M} (c_n^2 + d_n^2) = \frac{A^2}{16}(8 \times 2.61^2 + 8 \times 4.61^2) = 14.03A^2 \qquad (3-42)$$

由此可见，方形 16QAM 和星形 16QAM 的功率相差 1.47dB。

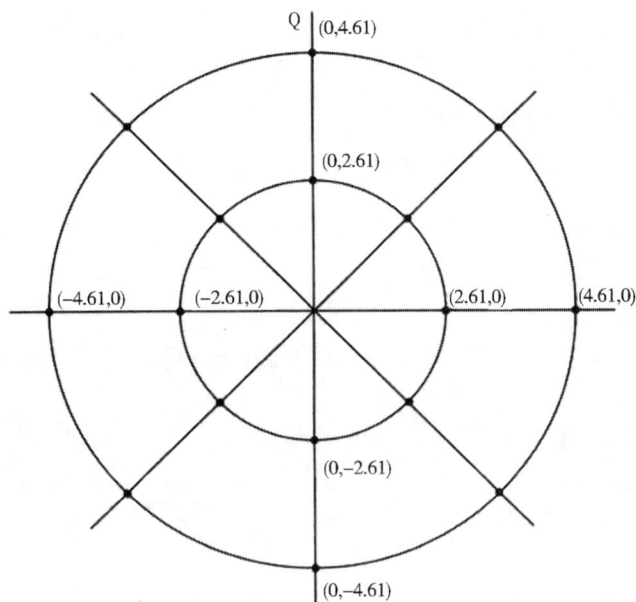

图 3-10　星形 16QAM 星座

另外，星形 16QAM 只有 2 种振幅值，而方形 16QAM 有 3 种振幅值；星形 16QAM 只有 8 种相位值，而方形 16QAM 有 12 种相位值。因此在衰落信道中，星形 16QAM 比方形 16QAM 更具有吸引力。但是由于方形星座 QAM 信号所需的平均发射功率仅比最优的 QAM 星座结构的信号平均功率稍大，而且方形星座的 MQAM 信号的产生及解调比较容易实现，所以方形星座的 MQAM 信号在实际通信系统中得到了更为广泛的应用。

二、MQAM 信号的产生和解调

MQAM 调制原理是输入的二进制序列经过串并转换器输出速率减半的两路并行序列，再分别经过 2 电平到 $L(L = \sqrt{M})$ 电平变换，形成 L 电平的基带信号 $m_I(t)$ 和 $m_Q(t)$。为了抑制已调信号的带外辐射，$m_I(t)$ 和 $m_Q(t)$ 需要经过预调低通滤波器，再分别与同相载波和正交载波相乘，最后将两路信号相加即可得到 MQAM 信号。

MQAM 信号可以采用正交相干解调方法。解调器输入信号与本地恢复的 2 个正交载波相乘后，经过低通滤波输出两路多电平基带信号 $m_I(t)$ 和 $m_Q(t)$，多电平判决器对多电平基带信号进行判决和检测，再经 L 到 2 电平转换和并串转换器，最终输出二进制数据。

三、MQAM 信号的性能

（一）MQAM 信号的抗噪性能

在矢量图中相邻点的最小距离直接代表噪声容限的大小。因此，随着进制数 M 的增加，在相同发射功率的条件下，信号空间中各信号点间的最小欧氏距离减小，相应的信号判决区域随之减小。这样，当信号受到噪声和干扰的损害时，接收信号错误概率将随之增大。下面将 16QAM 信号和 16PSK 信号的性能做一比较。在图 3-11 中按最大振幅相等，画出这两种信号的星座图。设其最大振幅为 $\frac{\pi}{8}$，则 16PSK 信号相邻点间的欧氏距离为

$$d_{16PSK} \approx A_M\left(\frac{\pi}{8}\right) = 0.393A_M \tag{3-43}$$

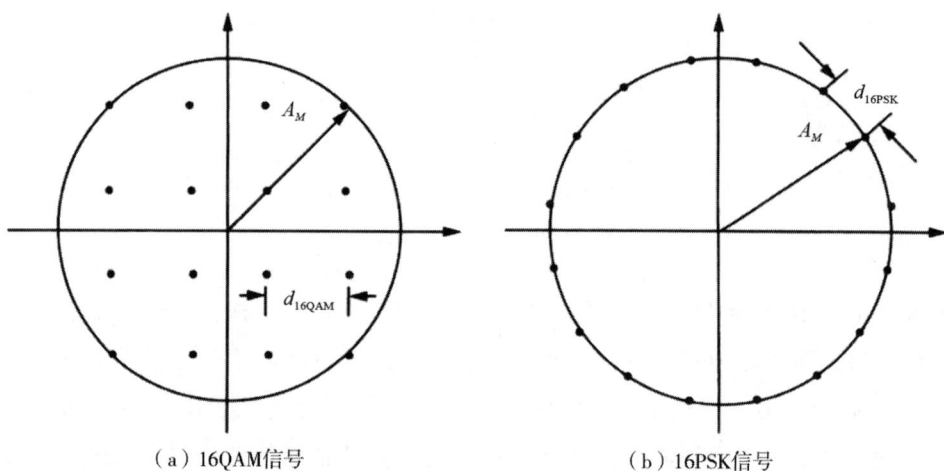

（a）16QAM信号　　　　　（b）16PSK信号

图 3-11　16QAM 信号和 16PSK 信号的星座图

而 16QAM 信号相邻点间的欧氏距离为

$$d_{16QAM} \approx \frac{\sqrt{2}A_M}{3} = 0.471A_M \tag{3-44}$$

d_{16PSK} 和 d_{16QAM} 的比值代表这两种体制的噪声容限之比。按式(3-43)和式(3-44)计算，16QAM 超过 16PSK 约为 1.57dB。但是，这是在最大功率(振幅)相等的条件下比较的结果，没有考虑这两种体制的平均功率差别。16PSK 信号的平均功率(振幅)就等于其最大功率(振幅)。而对于 16QAM 信号，在等概率出现的条件下，可以计算出其最大功率和平均功率之比等于1.8，即2.55dB。因此，在平均功率相等的条件下，16QAM 信号比 16PSK 信号噪声容限大 4.12dB。这说明在其他条件相同的情况下，采用 QAM 调制可以增大各信

号间的距离，提高抗干扰能力。

（二）MQAM 信号的频带利用率

每个电平包含的比特数目越多，效率就越高。MQAM 信号是由同相支路和正交支路的 L 进制的 ASK 信号叠加而成的，所以 MQAM 信号的信息频带利用率为

$$\eta = \frac{1bM}{2} = 1bL[\,b/(s \cdot Hz)\,] \tag{3-45}$$

但需要指出的是，QAM 的高频带利用率是以牺牲其抗干扰性能为代价获得的，进制数越大，信号星座点数越多，其抗干扰性能就越差。因为随着进制数的增加，不同信号星座点间的距离变小，噪声容限减小，同样噪声条件下的误码率增加。

第五节　网格编码调制

一、网格编码调制的基本概念

应用纠错编码可以在不增加功率的条件下降低误码率，但是付出的代价是增加了占用的带宽，即带宽利用率降低。如何同时节省功率和带宽成为通信领域的研究重点之一。将纠错编码和调制相结合的网格编码调制（TCM，Trellis Code Modulation）就是解决这个问题的途径之一。TCM 是由昂格尔博克（Ungerboeck）首先提出的，这种调制在保持信息传输速率和带宽不变的条件下能够获得 3~6dB 的功率增益。可以证明，在 AWGN 环境下，应用 TCM 技术的 Modem 在 2400Hz 通带内，其信息传输速率达 19.2kb/s，其频率利用率可达 8b/(s·Hz)，大大提高了信道频谱利用率。目前，该技术已经逐渐应用到了无线通信、微波通信、卫星通信和移动通信等各个领域中，应用前景非常广阔。

网格编码调制是一种"信号集空间编码"，它将编码与调制结合在一起，利用信号集的冗余度来获取纠错能力。下面通过一个实例介绍 TCM 的基本概念。QPSK 是一个四相相移键控系统，它的每个码元传输 2 比特信息，若在接收端判决时因干扰而将信号相位错判至相邻相位，则将出现误码。如果系统改为 8PSK，它的每个符号可以传输 3 比特信息。但是仍令每个符号传输 2 比特信息，第 3 比特用于纠错码，如采用码率为 2/3 的卷积码。这时接收端的解调和解码是作为一个步骤完成的，不像传统做法，先解调得到基带信号，再为纠错去解码。将剩下的一个冗余比特用作纠错码，显然冗余比特的产生和利用属于编码范畴，而信号集星座点数的扩大属于调制范畴，两者的结合就是编码调制。利用具有携带 3 位信息能力的调制方式来传输 2 位信息，称为信号集冗余度。

二、网格编码调制信号的产生

TCM 编码调制方法建立在 Ungerboeck 提出的集划分方法的基础上。这种划分方法的基本原则是将信号星座图划分为若干子集，使子集中的信号点间的距离比原来的大。每划分一次，新的子集中信号点间的距离就增加一次。图 3-12 是 8PSK 信号星座图的划分。图中 A_0 是 8PSK 信号的星座图，设信号振幅，即圆的半径 $r = 1$，其中任意两个信号点间的距离为

$$d_0 = 2\sqrt{r}\sin\left(\frac{\pi}{8}\right) \approx 0.765。$$这个星座图被划分为两个子集，在子集中相邻信号点间的距离为

$$d_1 = \sqrt{2} \approx 1.414。$$将这 2 个子集再划分一次，得到 4 个子集 $C_i(i = 0, 1, 2, 3)$，其欧氏距离扩大为 $d_2 = 2$。将这 4 个子集再划分一次，得到 8 个子集，每个子集各有一个信号点。

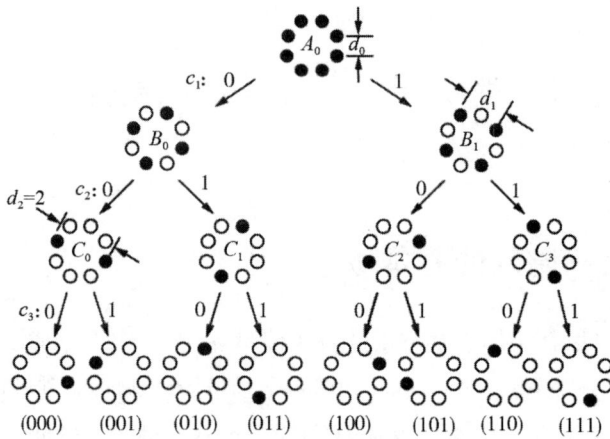

图 3-12   8PSK 信号星座图的划分

在这个 TCM 系统的例子中，需要根据已编码的 3 比特信息来选择信号点，即选择波形的相位。这个系统中卷积码编码器框图如图 3-13 所示。

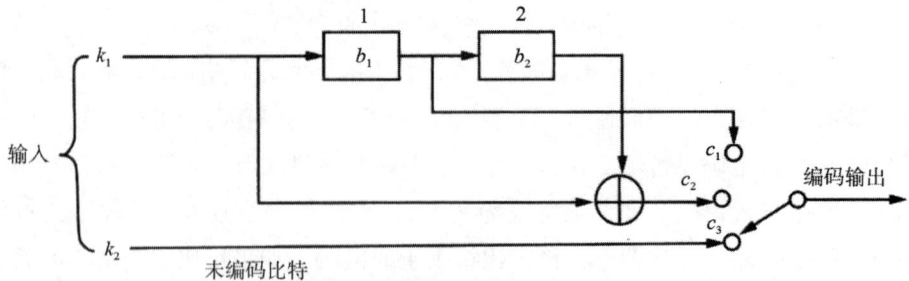

图 3-13   一种 TCM 编码器框图

TCM 码的译码通常采用维特比算法。与卷积码不同的是，卷积码译码时使用汉明距离，TCM 码的维特比译码使用欧氏距离代替汉明距离，作为选择幸存路径的量度。

第六节　正交频分复用

一、概述

多径传播环境下，当信号的带宽大于信道的相关带宽时，就会使所传输的信号产生频率选择性衰落，在时域上表现为脉冲波形的重叠，即产生码间干扰。面对恶劣的移动环境和频谱的短缺，需要设计抗衰落性能良好和频带利用率高的调制方式。在一般的串行数据系统中，每个数据符号都完全占用信道的可用带宽，由于瑞利衰落的突发性，一连几比特往往在信号衰落期间被完全破坏而丢失，这是十分严重的问题。

采用并行系统可以减小串行传输所遇到的上述困难。这种系统把整个可用信道频带 B 划分为多个带宽为 N 的子信道。把 N 个串行码元变换为 N 个并行的码元，分别调制这 N 个子信道载波进行同步传输，这就是频分复用。这种并行系统可以把频率选择性衰落分散到多个符号上，从而大大降低了误码率。通常 Δf 很小，可以近似看作传输特性理想的信道。若子信道的码元速率 $1/T \ll \Delta f$，则各子信道可以看作平坦性衰落的信道，从而避免严重的码间干扰。另外，若频谱允许重叠，还可以节省带宽而获得更高的频带效率。

OFDM 是一种无线环境下的高速传输技术，可以很好地对抗频率选择性衰落。其主要目的就是把高速的数据流通过串并变换分配到多个并行的正交子载波上，同时进行数据传输。

二、OFDM 技术的基本原理

研究表明，目前对抗频率选择性衰落的方法主要分为两大类，即时域方法和频域方法。系统接收端使用的均衡器就是一种时域方法，这种方法不适用于信息传输速率极快的第四代移动通信系统。而在频域上，OFDM 技术正好可以克服这种由多径信道导致的频率选择性衰落。

高速的数据流经 OFDM 后被串并变换，分配到多个并行的正交子载波上，同时进行数据传输。假设系统总带宽为 B，被分为 N 个子信道，则每个子信道带宽为 $8/N$，每路数据传输速率为系统总信信率的 $1/N$，即符号周期变为原来的 N 倍，远大于信道的最大延迟扩展。所以 OFDM 系统在将宽带信道转化为许多并行的正交子信道的同时，实现了将频率选择性信道转化为一系列频率平坦衰落信道，从而减小了码间干扰的影响。由于 OFDM 系统各个子载波频谱相互重叠，提高了频谱利用效率，同时可以通过在 OFDM 系统中引入保护间隔(GI)和循环前缀(CP)来消除时间弥散信道的影响，即通过调整 GI 和 GP 的长度，可以完全消除符号间干扰(ISI)和子载波间干扰(ICI)。

(一)OFDM 系统模型

为了提高信息传输速率，输入的数据首先经过编码调制；调制后的数据输出，经过串并变换并插入导频，再经过快速傅里叶反变换(IFFT)将数据的表达式从频域变换到时域；而后加入循环前缀，再进行并串变换及 D/A 变换，最终在发射天线处发送到衰落信道中进行传输。接收端将接收到的信号进行与发送端相反的处理：首先进行串并变换，然后取出 CP，进行快速傅里叶变换(FFT)，利用导频信息估计信道参数，经过解调获得最终接收信号。

(二)OFDM 系统子载波调制

设 N 表示子载波个数，T_{OFDM} 表示每个 OFDM 符号持续时间，$d_i(i = 0, 1, 2, \cdots, N-1)$ 表示分配给每个子信道的数据符号，f_i 表示第 i 个子载波的载波频率。一个 OFDM 符号是每个子载波的叠加。从 $t = t_s$ 开始，OFDM 符号可以表示为

$$s(t) = \begin{cases} Re\left\{ \sum_{i=1}^{N-1} d_i \text{rect}\left(t - t_s - \frac{T_{OFDM}}{2}\right) \exp\left[j2\pi f_i(t - t_s)\right] \right\}, & t_s \leq t \leq t_s + T_{OFDM} \\ 0, & t\langle t_s \text{ 或 } t\rangle T_{OFDM} + t_s \end{cases}$$

$$(3-46)$$

其中，$\text{rect}(t) = 1, |t| \leq \dfrac{T_{OFDM}}{2}$ 为矩形函数。一般采用等效基带信号来描述 OFDM 的输出信号：

$$s(t) = \begin{cases} \sum_{i=0}^{N-1} d_i \text{rect}\left(t - t_s - \frac{T_{OFDM}}{2}\right) \exp\left[j2\pi \frac{i}{T}(t - t_s)\right], & t_s \leq t \leq t_s + T_{OFDM} \\ s(t) = 0, & t\langle t_s \text{ 或 } t\rangle T_{OFDM} + t_s \end{cases}$$

$$(3-47)$$

其中，$s(t)$ 的实部与 OFDM 符号的相同分量相对应，其虚部与正交分量相对应。

对 $s(t)$ 信号以 $\dfrac{T_{OFDM}}{N}$ 速率进行抽样，并假设 $t_s = 0$，得

$$s_k = s\left(k\frac{T_{OFDM}}{N}\right) = \sum_{i=0}^{N-1} d_i \exp\left(j\frac{2\pi ik}{N}\right), \ 0 \leq k \leq N-1 \qquad (3-48)$$

而信号的离散傅里叶变换(DFT)和逆离散傅里叶变换(IDFT)的定义为

$$X(k) = \sum_{n=0}^{N-1} x(n) W_N^{nk}, \ k = 0, 1, \cdots, N-1$$

$$x(n) = \frac{1}{N}\sum_{k=0}^{N-1} X(k) W_N^{-nk}, \; n = 0, \; 1, \; \cdots, \; N-1 \qquad (3-49)$$

其中，$W_N = e^{-j\frac{2\pi}{N}}$。

通过对公式的比较可以发现，对 OFDM 信号进行抽样等价于对数据信息 d_i 进行逆傅里叶变换（IDFT），而解调相当于进行傅里叶变换（DFT）。

OFDM 调制一般有两种方式：一种是通过使用大量振荡源和带通滤波器来实现，另一种是用 DFT 来实现。前者由于实现过程中需要器件过多且结构复杂而难以实现，而后者随着 FFT 方法的应用而在实际系统中被广泛使用。与 DFT 相比，FFT 可以显著降低运算的复杂度，对子载波数大的 OFDM 系统来说性能优势十分明显。

（三）保护间隔与循环前缀

保护间隔（GI）的加入可以消除 OFDM 符号间的干扰。设 T_{FFT} 为原 OFDM 符号长度，即 FFT 变换后产生的无保护间隔的 OFDM 符号长度，T_R 为抽样的保护间隔长度，OFDM 符号总长度为 $T_s = T_R + T_{FFT}$。图 3-14 所示为加入保护间隔的 OFDM 符号。为了使一个符号的多径分量不会对下一个符号造成干扰，一般保护间隔长度应大于无线信道中的最大时延扩展，并且保护间隔内可以不插入任何信号。

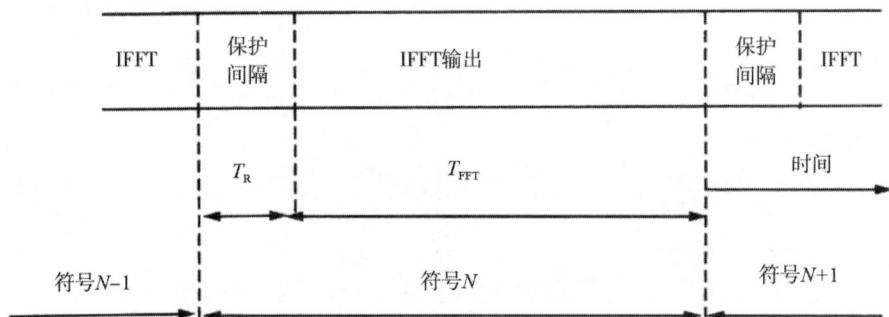

图 3-14　加入保护间隔的 OFDM 符号

然而，保护间隔的插入，会导致子载波之间周期个数之差不再为整数，子载波之间的正交性遭到破坏，不同子载波之间会产生载波间干扰（ICI）。这一问题可以通过在每个 OFDM 符号起始位置插入循环前缀（CP）来解决，即将每个 OFDM 符号的一段尾部样点复制到 OFDM 符号前面。

CP 长度取大于信道最大时延扩展长度，可以保证无论从何时开始，一个 OFDM 符号周期内均包含完整的子载波信息，保护子载波之间的正交性，同时消除 ICI。

CP 主要用来满足不同载波在同一采样间隔内周期个数之差为整数，以克服载波间干扰，并抗拒多径时延。所以 CP 的长度主要取决于两方面因素：一是信道的相关时间长度，二是 OFDM 符号的持续时间。

对于 CP，主要从以下两个层面来看：

（1）CP 在时域上占用一段时长，这段时长肯定大于最大的时延扩展，所以可以起到抑制符号间干扰的作用。从这一点来说，CP 可以理解为一个 GI（保护间隔）。

（2）CP 的内容。对于 GI，我们知道是空白的，即这段时间里发射机是静默的；而 CP 不是，这就是 CP 的另外一个特点：CP 的内容使得循环卷积可以实施，从而可以有效抑制载波间干扰，也就是说，CP 的内容可以有效减少频偏带来的正交性损失。

第四章

数据交换技术

第一节　电路交换的基本原理

一、电路交换概述

数据通信时，让通信的两个终端设备通过传输介质直接连接在一起是不现实的，一般是通过有中间节点的网络把数据从源设备发送到目标设备，这些中间节点不关心数据的内容，只提供一个交换设备，用这个交换设备把数据从一个节点传到另一个节点直至目的地。在多个数据终端设备之间，为任意两个终端设备建立数据通信临时互连通路的过程称为数据交换。

电路交换是最早出现的交换方式，电话交换网就是使用电路交换技术的典型例子，包括最古老的人工电话交换和当前先进的数字程控交换，都普遍采用电路交换方式。

(一) 电路交换的概念

以电路连接为目的的交换方式是电路交换，电话网络中就是采用这种交换技术。电路交换中，在需要通信时，通信双方动态建立一条专用的通信线路，在通信的全部时间内，通信双方始终占用端到端的固定传输带宽，供用户进行信息传输。

(二) 电路交换的过程

电路交换技术与电话交换机类似，其特点是进行数据传输之前，首先由用户呼叫，在源端与目的端之间建立起一条适当的信息通道，用户进行信息传输，直到通信结束后才释放线路。电路交换通信的基本过程可分为建立线路、数据传输、线路释放 3 个阶段。

1. 建立线路

在传输任何数据之前，要先经过呼叫过程建立一条端到端的线路，由发起方站点向某个终端站点(响应方站点)发送一个请求，该请求通过中间节点传输至终点。如果中间节点有空闲的物理线路可以使用，则接收请求，分配线路，并将请求传输给下一个中间节点，整个过程持续进行，直至终点。

例如，主机 H1 要与主机 H4 互相传输数据，那么先要通过通信子网，在 H1 与 H4 之间建立一个连接。首先主机 H1 要以"呼叫请求包"的形式向与之连接的节点 A 发出建立线路连接请求，然后节点 A 根据目的主机地址，利用路径选择算法在通向节点 D 的路径中选择下一个节点。比如，根据路径信息，节点 A 选择经节点 B 的电路，在此电路上分配一个未用通道，并把"呼叫请求包"发送给节点 B；节点 B 接到呼叫请求后，也用路径选择算法选择下一个节点 C，建立电路 BC，然后向节点 C 发送"呼叫请求包"；节点 C 接到呼叫请求后，也用路径选择算法选择下一个节点 D，建立电路 CD，也向节点 D 发送"呼叫请求包"；节点 D 接到呼叫请求后，向与其连接的主机 H4 发送"呼叫请求包"；H4 如果接受 H1 的呼叫连接请求，则通过已经建立的物理电路连接，向 H1 发送"呼叫应答包"。这样，在 A 与 D 之间就建立了一条专用电路连接 ABCD，该连接用于主机 H1 与 H4 之间的数据传输。

在电路交换中，如果中间节点没有空闲的物理线路可以使用，那么整个线路的连接将无法实现。仅当通信的两个站点之间建立起物理线路之后，才允许进入数据传输阶段；线路一旦被分配，在未释放之前，其他站点将无法使用，即使某一时刻线路上没有数据传输。

2. 数据传输

电路交换连接建立以后，数据就可以从源节点发送到中间节点，再由中间节点交换到终端节点。电路连接是全双工的，数据可以在两个方向上传输。这种数据传输有最短的传播延迟(通信双方的信息传输延迟，仅取决于电磁信号沿线路传输的延迟)，并且没有阻塞的问题，除非有意外的线路或节点故障而使电路中断，但要求在整个数据传输过程中建立的电路必须始终保持连接状态。

3. 线路释放

站点之间的数据传输完毕后，执行释放电路的动作。该动作可以由任一站点发起，释放线路请求通过途经的中间节点送往对方，释放线路资源。被拆除的信道空闲后，就可被其他通信使用。

电路交换属于电路资源预分配系统，即每次通信时，通信双方都要连接电路，且在一次连接中，电路被预分配给一对固定用户。无论该电路上是否有数据传输，其他用户都不能使用该电路,直至通信双方要求拆除该电路为止。

(三)电路交换的特点

电路交换有以下 4 个特点:

(1)在通信前首先要建立连接。

(2)一个连接在通信期间始终占用该电路,即使该连接在某个时刻没有数据传送,该电路也不能被其他连接使用,因此电路利用率较低。

(3)交换机对传输的数据不做处理(透明传输),对交换机的处理要求比较简单,对传输中出现的错误不能纠正,不能保证数据的准确性。

(4)连接建立以后,数据在系统中的传输时延基本上是一个恒定值,由于建立连接具有一定的时延,而且在拆除连接时同样需要一定的时延,因此在传送短信息时,建立连接和拆除连接的时间可能比通信的时间长,网络利用率低。

因此电路交换适合传输信息量较大且传输速率恒定的业务,如电话交换、高速传真、文件传送等,不适合突发业务和对差错敏感的数据业务。

二、电路交换原理

电路交换按其交换原理可分为时分交换和空分交换两种。

(一)时分交换与时分接线器

时分交换是时分多路复用的方式在交换上的应用。交换系统通常包括若干条 PCM 复用线,每条复用线又可以有若干个串行通信时隙,用 TS 表示。时分交换是交换系统中 PCM 复用线上时间片的交换,即时隙的交换,如图 4-1 所示。

图 4-1　时隙交换示意图

在图 4-1 中,左右两侧分别是 32 路语音信号复用在一条线上,左边是输入复用线,右边是输出复用线。时隙交换就是把输入复用线上的一个时隙按照要求在输出复用线上的另一个时隙输出。例如,把时隙 TS23 输出到 TS11,时隙 TS25 输出到 TS28,要完成时隙交换,需要用到 T 形时分接线器(简称"T 接线器")。

1. T 接线器的功能

T 接线器的作用是完成在同一条复用线上的不同时隙之间的交换，也就是将 T 接线器中输入复用线上某个时隙的内容交换到输出复用线上的指定时隙。

2. T 接线器的结构

T 接线器的基本结构如图 4-2 和图 4-3 所示，T 接线器主要由语音存储器(SM)和控制存储器(CM)组成。SM 和 CM 都包含若干个存储器单元，存储器单元的个数等于复用线的复用度。SM 存储用户的话音信号和数据信息。CM 存储处理机控制命令字，控制命令字的主要内容用来指示写入或读出的话音存储器地址，因此 SM 有多少单元，CM 就至少有多少单元。

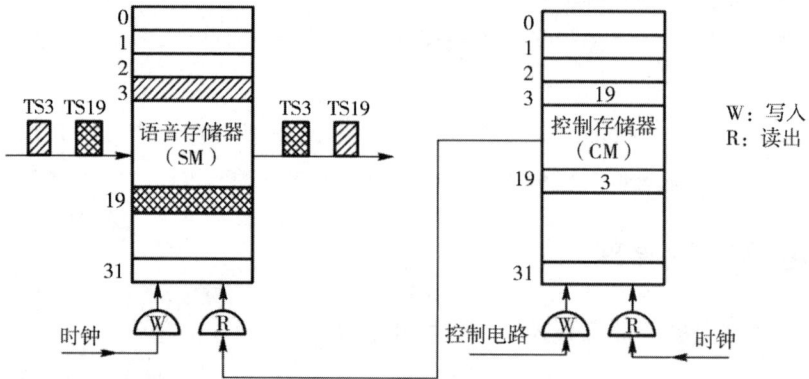

图 4-2　T 接线器的读出控制方式

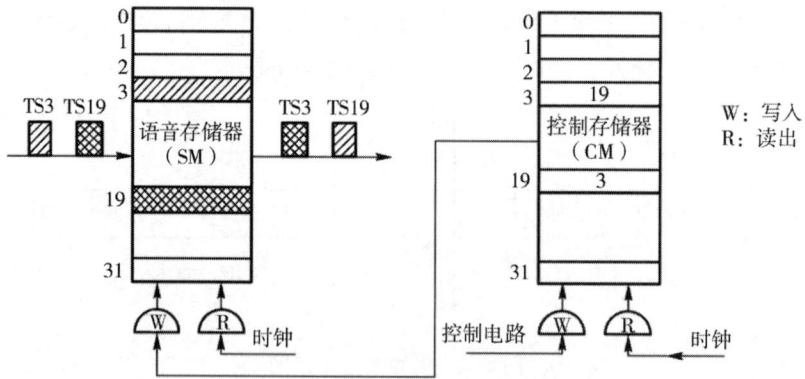

图 4-3　T 接线器的写入控制方式

3. T 接线器的工作方式

T 接线器有两种工作方式：一种是时钟写入，控制读出，也称为读出控制方式；另一种是控制写入，时钟读出，也称为写入控制方式。

（1）读出控制方式。如图 4-2 所示，首先在定时脉冲控制下按照 TS0~TS31 的顺序把输入复用线上的 32 个时隙的话音数据写入 SM 单元。与此同时，把每一个时隙要交换去的单元地址写入 CM 单元。当从 SM 读出话音时隙时，按照 CM 中地址顺序读出。例如时隙 TS3 要和 TS19 交换，在 SM 的第 3 个单元写入 TS3 数据的同时，在 CM 的第 3 个单元要写入 SM 的第 19 个单元的地址。因为读出时是按照 CM 顺序读出的，所以当从上到下依序读到 CM 的第 3 个单元时，得到 SM 的第 19 个单元的地址，从中读取语言数据 TS19，就完成了 TS19 交换到 TS3 的工作。同理，CM 的第 19 个单元要写入 SM 的第 3 个单元的地址，才能把 TS3 交换到 TS19。

（2）写入控制方式。控制写入，顺序读出的写入控制方式与读出控制方式相似，所不同的只是 CM 用来控制 SM 的写入，SM 的读出则是随时钟脉冲的顺序而输出的，如图 4-3 所示。

（二）空分交换与空分接线器

时隙交换完成一条复用线上的两个用户之间语音信息的交换，而空分交换则完成两条复用线之间话音信息的交换，可以实现扩大交换容量的目的。空分交换通过空分接线器来完成，也称 S 接线器。

1. S 接线器的功能

S 接线器的作用是完成在不同复用线之间同一时隙内容的交换，也就是将某条输入复用线上某个时隙的内容交换到指定的输出复用线上的同一时隙。

2. S 接线器的组成

S 接线器主要由控制存储器和交叉矩阵两部分组成。交叉矩阵是由复用线交叉点阵组成的，交叉点阵中的每一个交叉点就是一个高速电子开关，这些高速电子开关受 CM 中存储数据的控制，用于实现交叉点的接通和断开。

3. S 接线器的工作方式

根据控制位置不同，S 接线器有输入和输出两种控制方式。

（1）输入控制方式。如图 4-4 所示，表示 2×2 的交叉点矩阵，有两条输入复用线和两条输出复用线，它按照输入复用线来配置 CM，即每一条输入复用线有一个 CM，由这个 CM 来决定输入 PCM 线上各时隙的信码要交换到哪一条输出 PCM 复用线上。

设输入 PCM0 的 TS1 中的信息要交换到输出 PCM1 上，当 TS1 时刻到来时，在 CM0 的控制下，使交叉点 01 闭合，使输入 PCM0 的 TS1 中的信码直接传送至输出 PCM 的 TS1 中。同理，输入 PCM1 的 TS14 的信码，在时隙 14 时由 CM1 控制 10 交叉点闭合，传送至 PCM0 的 TS14 中。

（2）输出控制方式。如图 4-5 所示，其与上述输入控制方式的工作原理是相同的，只不过它是按照输出复用线来配置 CM 的。

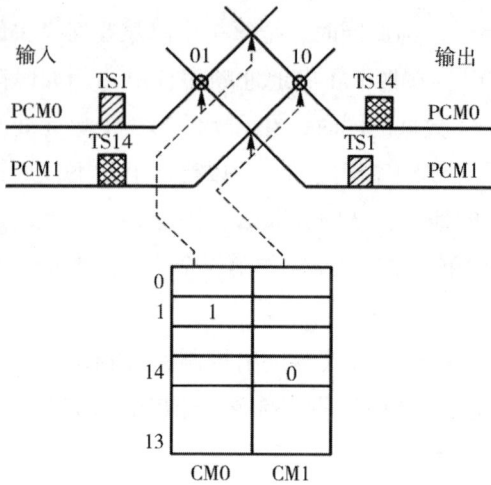

图 4-4　S 接线器的输入控制方式　　图 4-5　S 接线器的输出控制方式

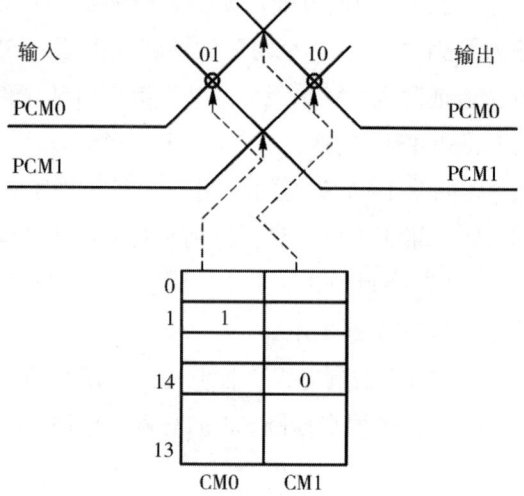

（三）T-S-T 形数字交换网络

T 接线器只能完成同一条复用线不同时隙之间的交换，而 S 接线器只能完成不同复用线相同时隙之间的交换。对于大规模的交换网络，必须既能实现同一复用线不同时隙之间的交换，又能实现不同复用线之间的时隙交换。把 T 接线器和 S 接线器按照不同顺序组合起来就可以构成较大规模的数字交换网，如 T-S-T 形数字交换网络。

1. T-S-T 形数字交换网的组成

T-S-T 形数字交换网的组成如图 4-6 所示。两侧各有 10 个 T 接线器，左侧为输入，右侧为输出，中间由 S 接线器的 10×10 的交叉矩阵将它们连接起来。

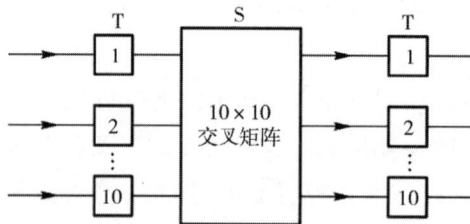

图 4-6　T-S-T 形数字交换网的组成

如果每一个复用线的复用度为 512，则该网络可完成 5120 个时隙之间的交换。

2. T-S-T 形数字交换网的交换原理

在图 4-7 中，输入侧 T 接线器的话音存储器和控制存储器分别用 SMA 和 CMA 表示，输出侧 T 接线器的话音存储器和控制存储器分别用 SMB 和 CMB 表示，空分接线器的控制存储器用 CMC 表示，输入输出侧各用 3 套 T 接线器，每条线的复用度为 32。

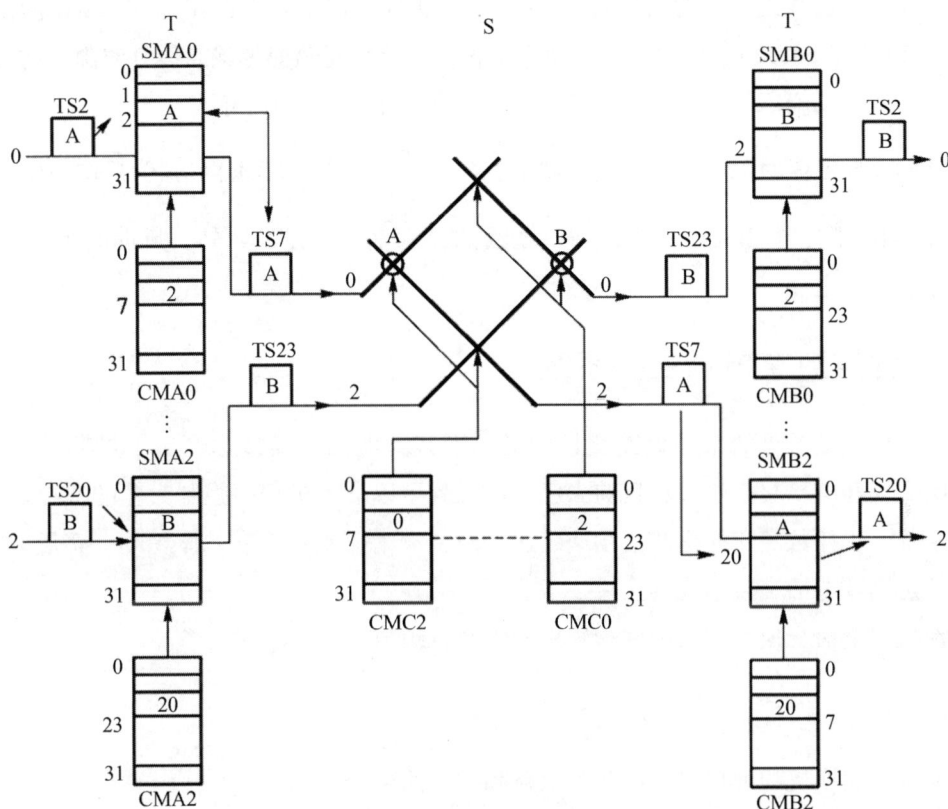

图 4-7　T-S-T 数字交换网交换过程示意图

假设输入侧 T 接线器采用顺序写入、控制读出的控制方式，输出侧 T 接线器则采用控制写入、顺序读出的工作方式，空分接线器采用输出控制方式。现要求输入线 0 的时隙 2 与输出线 2 的时隙 20 之间进行交换接续。

按假设的工作方式，应将输入线 0 时隙 2 的内容写入 SMA0 中的 2 号存储单元，在哪个时隙输出决定于 CPU 控制设备在各存储器中寻找到的空闲路由。所谓空闲路由是从各级接线器的控制存储器看，输入侧 CMA0、输出侧 CMB2 及中间的 CMC2 同时都有一个相同的空闲单元号。如选择了入线 0 与出线 2 交叉点 A 的闭合时间为时隙 7，则要求 CMA0、CMB2 和 CMC2 的 7 号单元都空闲，才可使输入线 0 的时隙 2 与输出线 2 的时隙 20 之间进行交换。

处理机分别在 CMA0 的 7 号单元写入 2，CMC2 的 7 号单元写入 0，CMB2 的 7 号单元写入 20，当内部时隙为 7 时，交叉点 A 闭合，因此 CMA0、CMB2、CMC2 同时起作用，首先顺序读出 CMA0 内 7 号单元的内容 2，它作为 SMA0 的读出地址，将原来存在 SMA0 内 2 号单元中的信息读出，转换到时隙 7 上；然后 CMC2 读出时，控制输入线。和输出线 2 在时隙 7 接通，就把刚才读出的信息经过此交叉点送到输出线 2 上。最后由 CMB2 控制，把沿着 S 接线器输出线上送来的信息写入 SMB2 的 20 号存储单元中，在 SMB2 顺序读出时，便在时隙 20 读出 SMB2 的 20 号单元内所存的信息，该信息就是原输入线 0 时隙 2 的内容，即完成上述提出的输入线 0 时隙 2 的信息到输出线 2 时隙 20 的任务。

同样的反向空闲时隙可以通过公式映射，$i' = \left(\dfrac{T}{2} + i\right) \bmod T$ 求得，i' 为反向空闲时隙，T 为正向空闲时隙，T 为时隙总数，即每条线的复用度。从以上可知，反向时隙 $i' = 23$，反向工作过程同上。

三、程控数字电话交换系统

电话通信是最常见的采用电路交换的通信形式，电话交换技术经历了早期的人工交换、机电交换和电子交换阶段，目前，已经发展到了以计算机程序控制为主的程控数字电话交换系统。程控数字交换机的接续速度快、声音清晰、质量可靠、体积小、容量大、灵活性强，是当今电话交换系统的主流技术。

程控数字电话交换系统由硬件和软件两大部分组成。

（一）程控数字交换机的硬件基本组成

程控数字交换机的硬件组成可分为话路和控制两部分。

1. 话路部分

话路部分的主要任务是根据用户拨号状况，实现用户之间数字通路的接续，它由数字交换网络和一组外围电路组成。外围电路包括用户电路、中继电路、扫描器、网络驱动器和信令设备。

数字交换网络为参与交换的数字信号提供接续通路；用户电路是数字交换网络与用户线之间的接口电路，用于完成 A/D 和 D/A 变换，同时为用户提供馈电、过压保护、振铃、监视、2 线-4 线转换等辅助功能；中继电路是数字交换网络与中继线的接口电路，具有码型变换、时钟提取、帧同步等功能；扫描器可收集用户的状态信息，如摘机、挂机等动作，用户状态的变化通过扫描器接收下来，然后传送到交换机控制部分并做相应的处理；网络驱动器在控制部分控制下具体执行数字交换网络中通路的建立和释放；信令设备用于产生控制信号，包括信号音发生器、话机双音频号码接收器、局间多频互控信号发生器和接收器，以及完成 CCITT 7 号共路信令的部件。

2. 控制部分

控制部分由中央处理器、程序存储器、数据存储器、远端接口和维护终端组成。控制部分的主要任务是根据外部用户与内部维护管理的要求，执行控制程序，以控制相应硬件实现交换及管理功能。

中央处理器可以是普通计算机或交换专用计算机，用于控制、管理、监测和维护交换系统的运行；程序和数据存储器分别存储交换系统的控制程序和执行过程中用到的数据；维护终端包括键盘、显示器、打印机等设备。

（二）程控数字交换机的软件基本组成

程控数字交换机的软件由程序模块和数据两部分组成。

1. 程序模块

程序模块分为脱机程序和联机程序两部分。

（1）脱机程序主要用于开通交换机时的系统硬件测试、软件调试，以及生成系统支持程序。

（2）联机程序是交换机正常开通运行后的日常程序，一般包括系统软件和应用软件两部分。系统软件主要用于系统管理、故障诊断、文件管理和输入输出设备管理等。应用软件直接面向用户，负责交换机所有呼叫的建立与释放，具有较强的实时性和并发性。呼叫处理程序是组成应用软件的主要部分，根据扫描得到的数据和当前的呼叫状态，对照用户类别、呼叫性质和业务条件等进行一系列分析，决定要执行的操作和系统资源的分配。运行维护程序用于存取、修改一些半固定数据，使交换机能够合理、有效地工作。

2. 数据

程控数字交换机的数据包括交换机既有的信息和不断变化的当前状态信息，如硬件配置、运行环境、编号方案、用户当前状态、资源占用情况等。

（三）程控交换机的主要性能指标

交换机的性能主要包括以下 6 项指标。

1. 系统容量

系统容量指的是用户线数和中继线数，二者越多，说明容量越大。容量的大小取决于数字交换网的规模。

2. 呼损率

呼损率是指未能接通的呼叫数量与呼叫总量之比，俗称掉话率。呼损率越低，说明服务质量越高。一般要求呼损率不能高于 2%～5%。

3. 接续时延

用户摘机后听到拨号音的时延，称为拨号音时延；拨号之后听到回铃音的时延，称为拨号后时延。它们统称为接续时延。拨号音时延一般要求在 400～1000ms，拨号后时延一般要求在 650～1600ms。

4. 话务负荷能力

话务负荷能力是指在一定的呼损率下，交换系统忙时可能负荷的话务量。话务量反映的是呼叫次数和占用时长的概念，以二者的乘积来计量。

$$话务量 = 单位时间内平均呼叫次数 C × 每次呼叫平均占用时间 t \qquad (4-1)$$

若 t 以小时为单位，则话务量的计量单位为小时·呼，称为爱尔兰（Erl）。由于一天内的话务量有高有低，所以实际中所说的话务量都是指最忙时的平均话务量。

5. 呼叫处理能力

呼叫处理能力用最大忙时试呼叫次数（BHCA）来表示。它是衡量交换机处理能力的重要指标。该值越大，说明交换系统能够同时处理的呼叫数目越大。

6. 可靠性和可用性

可靠性指的是交换机系统可靠运行不中断的能力，通常采用中断时间及可用性指标来衡量。一般要求中断时间为 20 年内不超过 1 小时，平均每年少于 3 分钟。可用性是指系统正常运行时间占总运行时间的百分值。

第二节　分组交换的基本原理

一、分组交换概述

分组交换技术最初是为了满足计算机之间互相通信的要求而出现的一种数据交换技术。在进行数据通信时，分组交换方式能比电路交换方式提供更高的效率，可以使多个用户之间实现资源共享。因此分组交换技术是数据交换方式中一种比较理想的方式。

（一）分组交换的概念

分组交换不像电路交换那样在传输中将整条电路都交给一个连接，而不管它是否有信息要传送。分组交换的基本思想是：把用户要传送的信息分为若干个小的数据块，即分组，这些分组长度较短，并具有统一的格式，每个分组有一个分组头，包含用于控制和选路的有关信息。这些分组以"存储转发"的方式在网内传输，即每个交换节点首先对收到的分组进行暂时存储，分析该分组头中有关选路的信息进行路由选择，并在选择的路由上排队，等到有空闲信道时转发给下一个交换节点或用户终端。

显然，采用分组交换时，同一个报文的多个分组可以同时传输，多个用户的信息也可以共享同一物理链路，因此分组交换可以达到资源共享，并为用户提供可靠、有效的数据服务。它克服了电路交换中独占线路、线路利用率低的缺点。同时，由于分组的长度短、格式统一，便于交换机进行处理，分组经交换机或网络的时间很短，能满足绝大多数数据通信用户对信息传输的实时性要求。

（二）分组交换的特点

1. 传输质量高

分组交换具有差错控制功能，能够分段对交换机之间传送的分组分段进行差错控制，并且可以用重发方法纠正检测出的错误。这种有效地检错和纠错功能，可以大大降低分组在网内传送中的出错率，传输质量很高，网络内全程误码率可达到 10^{-10} 以下。

2. 可靠性高

在电路交换中，当某一段中继电路或交换机发生故障时，通信将产生中断。而在分组交换中，当一段中继电路或交换机发生故障时，分组可经过其他路由到达终点，不致引起通信中断。分组网中所有分组交换机都至少与两个交换机连接，使报文中的每一个分组都可以自动地避开故障点，迂回路由，这样不会造成通信中断。

3. 便于不同种类终端之间通信

由于分组交换采用存储/转发方式且具有统一的标准接口，因此在分组交换网中，能够实现通信速率、编码方式、同步方式及传输规程不同终端之间的通信。

4. 可以实现分组多路通信

由于提供线路的分组采用时分多路复用，包括用户线和中继线等信道都可实现多个用户的分组同时在信道上传送，实现多路复用。另外，由于是动态复用，即有用户数据传输时才发送分组，占用一定的信道资源，无用户数据传输时则不占用信道资源。这样，一条传输线路上可同时有多个用户终端通信，实现信道资源共享，提高信道利用率。

5. 信息传输时延长

由于采用存储/转发方式处理分组，分组在每个节点机内都要经历存储、排队、转发的过程，因此分组穿过网络的平均时延可达几百毫秒。目前，各公用分组交换网的平均时延一般为数百毫秒，而且各个分组的时延具有离散性。

6. 要求分组交换机有比较高的处理能力

分组交换技术的协议和控制比较复杂，如我们前面提到的逐段链路流量控制、差错控制，还有代码、速率的变换方法和接口，网络的管理和控制智能化等。这些复杂协议使得分组交换具有很高的可靠性，但也加重了分组交换机处理的负担，要求分组交换机具有比较高的处理能力。

分组交换和电路交换各方面特性的比较如表4-1所示。

表 4-1　电路交换与分组交换的比较

比较项目	电路交换	分组交换
信息形式	既适用于模拟信号，也适用于数字信号	仅适用于数字信号
连接建立时间	平均连接建立时间较长	没有连接建立时延
传输时延	提供透明的服务，信息的传输时延非常小，数据传输速率恒定	在每个节点的调用请求期间都有处理延时，且这种延时随着负载的增加而增加
传输可靠性	完全依赖于线路	具有代码检验和信息重发设施，还具有路径选择功能，从而保证了信息传输的可靠性
阻塞控制	没有相关控制机制	采用某种流量控制手段将报文分组从其相邻节点通过

二、分组交换原理

（一）分组交换的传输方式

分组交换的传输方式可分为数据报方式和虚电路方式两种。

1. 数据报方式

在数据报方式中，交换节点将每一个分组独立地进行处理，即每一个数据分组中都含有终点地址信息，当分组到达节点后，节点根据分组中包含的终点地址为每一个分组独立地寻找路由，因此同一用户的不同分组可能沿着不同的路径到达终点，在网络的终点处需要重新排队，组合成原来的用户数据信息，如图 4-8 所示。

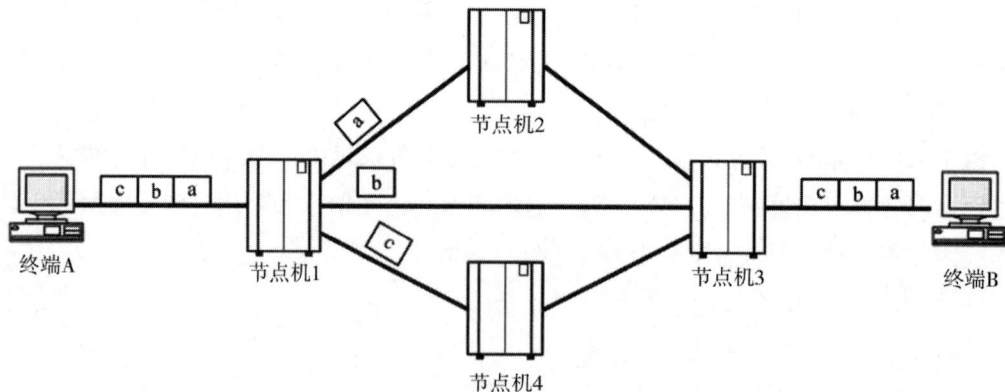

图 4-8　数据报方式示意图

在图 4-8 中，终端 A 有 3 个分组 a、b、c 要送给终端 B，在网络中，分组 a 通过节点 2 进行转接到达 3，b 通过 1 和 3 之间的直达路由到达 3，c 通过节点 4 进行转接到达 3。由于每条路由上的业务情况(如负荷量、时延等)不尽相同，3 个分组不一定按照顺序到达，因此要在节点 3 将它们重新排序，再送给终端 B。

采用数据报方式传输时，被传输的分组称为数据报。在数据报传输方式中，把每个报文分组都作为独立的信息单位传送，与前后的分组无关，数据报每经过一个中继节点，都要进行路由选择。数据报的前部增加地址信息的字段，网络中的各个中间节点根据地址信息和一定的路由规则，选择输出端口，暂存和排队数据报，并在传输媒体空闲时，发往媒体乃至最终站点。当一对站点之间需要传输多个数据报时，由于每个数据报均被独立地传输和路由，因此在网络中可能会走不同的路径，具有不同的时间延迟，按顺序发送的多个数据报可能以不同的顺序达到终点。因此，为了支持数据报的传输，站点必须具有存储和重新排序的能力。

数据报方式的特点是：传输协议简单；传送不需要建立连接；分组到达终点的顺序可能不同于发送端，需重新排序；各分组的传输时延差别可能较大。

2. 虚电路方式

两终端用户在相互传送数据之前要通过网络建立一条端到端逻辑上的虚连接，称为虚电路。这种虚电路建立以后，属于同一呼叫的数据均沿着这一虚电路传送。当用户不再发送和接收数据时，清除该虚电路。在这种方式中，用户的通信需要经历连接建立、数据传输、连接拆除 3 个阶段，也就是说，它是面向连接的方式。

需要强调的是，分组交换中的虚电路和电路交换中建立的电路不同。在分组交换中，以统计时分复用的方式在一条物理线路上可以同时建立多个虚电路，两个用户终端之间建立的是虚连接；而电路交换中，是以同步时分方式进行复用的，两用户终端之间建立的是实连接。在电路交换中，多个用户终端信息在固定时间段内向所复用物理线路发送信息，若某个时间段某终端无信息发送，其他终端也不能在分配给该用户终端的时间段内向该线路发送信息。而虚电路方式则不然，每个终端发送信息没有固定时间，它们的分组在节点机内部相应端口进行排队，当某终端暂时无信息发送时，线路的全部带宽资源可以由其他用户共享。之所以称这种连接为虚电路，正是因为每个连接只有在发送数据时才排队竞争占用带宽资源。

数据报方式与虚电路方式的比较见表 4-2。

表 4-2 数据报与虚电路比较

比较项目	数据报	虚电路
连接的建立与释放	无须连接建立和释放的过程	需要连接建立和释放的过程
数据报中的地址信息量	每个数据报中需带较多的地址信息	数据块中仅含少量的地址信息
数据传输路径	用户的连续数据块会无序地到达目的地，接收站点处理复杂	用户的连续数据块沿着相同的路径，按顺序到达目的地，接收站点处理方便

比较项目	数据报	虚电路
可靠性	使用网状拓扑组建网络时，任一中间节点或者线路的故障不会影响数据报的传输，可靠性较高	如果虚电路中的某个节点或者线路出现故障，将导致虚电路传输失效
适用性	较适合站点之间少量数据的传输	较适合站点之间大批量数据的传输

（二）分组交换过程

分组交换工作过程如图4-9所示，分组交换网有3个交换节点：分组交换机1、分组交换机2和分组交换机3；图中有A、B、C、D共4个数据用户终端，其中，B和C为分组型终端，A和D为一般终端。分组型终端以分组的形式发送和接收信息，而一般终端发送和接收的是报文。所以，若发送终端是一般终端，发送的报文要由分组拆装设备PAD将其拆为若干个分组，以分组的形式在网络中传输和交换。若接收终端为一般终端，则由PAD将若干个分组重新组装成报文后再送给一般终端。

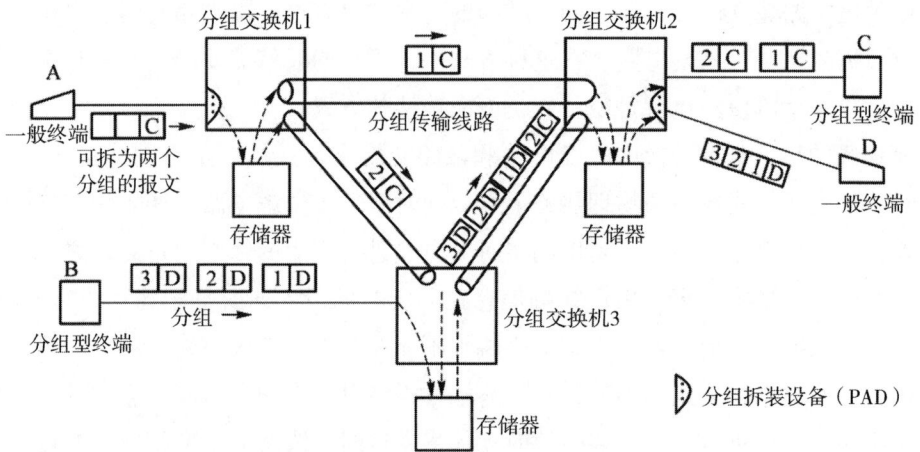

图4-9　分组交换原理示意图

图4-9中有两个通信过程，分别是一般终端A和分组型终端C之间的通信，以及分组型终端B和一般终端D之间的通信。

一般终端A发出带有接收端C地址的报文，分组交换机1将此报文拆为两个分组1C和2C，存入存储器并进行路由选择，决定将分组1C直接传给分组交换机2，将分组2C先传给分组交换机3，再由分组交换机3传给分组交换机2。最后由分组交换机2将两个分组排序后送给接收终端C。因为C是分组型终端，所以在交换机2中不必经过PAD，直接将分组送给终端C。

图中另一个通信过程，分组型终端B发送的数据是分组1D、2D和3D，在分组交换机

3 中不必经过 PAD。3 个分组经过相同路由传输，由于接收终端为一般终端，所以在交换机 2 中由 PAD 将 3 个分组组装成报文送给一般终端 D。

第三节　ATM 交换的基本原理

一、ATM 概述

(一)ATM 的基本概念

ATM 的具体定义为：ATM 是一种传送模式，在这一模式中用户信息被组织成固定长度信元，信元随机占用信道资源，也就是说，信元不按照一定时间间隔周期性出现。从这个意义上看，这种传送模式是异步的(统计时分复用也叫异步时分复用)。

ATM 的信元具有固定长度，从传输效率、时延及系统实现复杂性考虑，ITU-T 规定 ATM 的信元长度为 53B。ATM 信元的结构如图 4-10 所示。

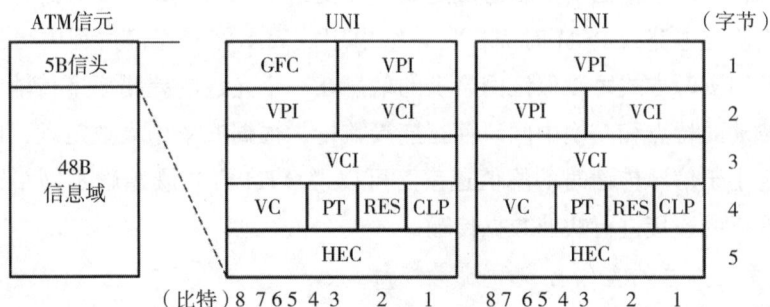

图 4-10　ATM 信元结构

UNI—用户/网络接口；GFC——般流量控制域；VPI—虚路径标识符；VCI—虚信道标识符；HEC—信头误码控制；NNI—网络/节点接口；PT—净荷类型；RES—保留位；CLP—信元丢弃优先位；VC—虚信道

信元的前 5B 为信头，包含各种控制信息，主要是表示信元去向的逻辑地址，还有一些维护信息、优先级及信头的纠错码。后面 48B 是信息字段，也称为信息净荷，它承载来自各种不同业务的用户信息。信元的格式与业务类型无关，任何业务的信息都经过分割后封装成统一格式的信元。用户信息透明地穿过网络(网络对它不进行处理)。

(二)ATM 技术的特点

ATM 技术有如下 5 个特点。

1. 采用固定长度的短分组

在 ATM 中采用固定长度的短分组，称为信元。固定长度的短分组决定了 ATM 系统的处理时间短、响应快，便于用硬件实现，特别适合实时业务和高速应用。

2. 采用统计复用

传统的电路交换中，同步传送模式(STM)将来自各种信道上的数据组成帧格式，每路信号占用固定比特位组，在时间上相当于固定的时隙，任何信道都通过位置进行标识。ATM 是按信元进行统计复用的，在时间上没有固定的复用位置。统计复用是按需分配带宽的，可以满足不同用户传递不同业务的带宽需要。

3. 采用面向连接并预约传输资源的方式工作

电路交换通过预约传输资源保证实时信息的传输，同时端到端的连接使得在信息传输时，在任意交换节点不必做复杂的路由选择(这项工作在呼叫建立时已经完成)。分组交换模式中仿照电路方式提出虚电路工作模式，目的也是减少传输过程中交换机为每个分组做路由选择的开销，同时可以保证分组顺序的正确性。但是分组交换取消了资源预定策略，虽然提高了网络传输效率，却有可能使网络接收超过其传输能力的负载，造成所有信息都无法快速传输到目的地。

ATM 方式采用的是分组交换中虚电路形式，同时在呼叫建立时向网络提出传输所希望使用的资源，网络根据当前的状态决定是否接受这个呼叫。其中资源的约定并不像电路交换那样给出确定电路或 PCM 时隙，只是给出用以表示将来通信过程中可能使用的通信速率。采用预约资源方式可以保证网络上的信息在一个允许的差错率下传输。另外，考虑到业务具有波动的特点和交换中同时存在连接数量，根据概率论大数定理，网络预分配的通信资源肯定小于信源传输时的峰值速率。可以说 ATM 方式既兼顾了网络运营效率，又能够使接入网络的连接进行快速数据传输。

4. 取消逐段链路的差错控制和流量控制

分组交换协议设计运行的环境是误码率很高的模拟通信线路，所以执行逐段链路的差错控制；同时由于没有预约资源机制，所以任何一段链路上的数据量都有可能超过其传输能力，因此有必要执行逐段链路的流量控制。而 ATM 协议运行在误码率很低的光纤传输网上，同时预约资源机制保证网络中传输负载小于子网络传输能力，所以 ATM 取消了网络内部节点之间链路的差错控制和流量控制。

但是通信过程中必定会出现的差错如何解决呢？ATM 将这些工作推给了网络边缘的终端设备完成。如果信元头部出现差错，会导致信元传输的目的地发生错误，即所谓信元丢失和信元错插，如果网络发现这样的错误，就会简单地丢弃信元。对于因这些错误而导致的信息丢失情况则由通信终端处理。如果信元净荷部分(用户的信息)出现差错，判断和处理同样由通信终端完成。对于不同传输媒体可以采取不同的处理策略。例如，对于计算机数据通信(文本传输)，显然必须使用请求重发技术要求发送端对错误信息重新发送；而对于话音和视频这类实时信息发生的错误，接收端可以采用某种掩盖措施，减少对接收用户的影响。

5. ATM 信元头部的功能降低

由于 ATM 网络中链路的功能变得非常有限，因此信元头部变得异常简单。ATM 信元头部的功能包括以下三类：

（1）标志虚电路，这个标志在呼叫建立阶段产生，用以表示信元经过网络中传输的路径。依靠这个标志可以很容易地将不同的虚电路信息复用到一条物理通道上。

（2）信元的头部增加纠错和检错机制，防止因为信元头部出现错误导致信元误选路由。

（3）很少的维护开销比特，不再像传统分组交换那样，包含信息差错控制、分组流量控制及其他特定开销。

因此，ATM 技术既具有电路交换的"处理简单"、支持实时业务、数据透明传输、采用端到端的通信协议等特点，又具有分组交换的支持变比特率（VBR）业务的特点，并能对链路上传输的业务进行统计复用。

二、ATM 交换原理

（一）虚信道（VC）、虚路径（VP）与虚连接

虚信道表示单向传送 ATM 信元的逻辑通路，用虚信道标识符（VCI）进行标识，表明传送该信元的虚信道。

虚路径表示属于一组 VC 子层 ATM 信元的路径，由相应的虚路径标识符（VPI）进行标识，表明传送该信元的虚路径。

虚信道、虚路径与传输线路的关系：VC 相当于支流，对 VC 的管理粒度比较细，一般用于网络的接入；VP 相当于干流，将多个 VC 会聚起来形成一个 VP，对 VP 的管理粒度比较粗，一般用于骨干网。与 VC 相比较，对 VP 进行交换、管理容易得多。

虚连接是通过 ATM 网络在端到端用户之间建立一条速率可变的、全双工的、由固定长度的信元流构成的连接。该连接由虚信道、虚通道组成，用 VCI 和 VPI 进行标识。VCI 标识可动态分配的连接，VPI 标识可静态分配的连接。VCI、VPI 在虚连接的每段链路上具有局部意义。虚连接分为虚信道连接（VCC）和虚路径连接（VPC）两种。

（二）VP 交换与 VC 交换

1. VP 交换

VP 交换是将一条 VP 上所有的 VC 链路全部转送到另一条 VP 上，而这些 VC 链路的 VCI 值都不改变，如图 4-11 所示。VP 交换的实现比较简单，往往只是传输通道中某个等级数字复用线的交叉连接。

2. VC 交换

VC 交换要和 VP 交换同时进行。当一条 VC 链路终止时，VPC 也就终止了。这个 VPC 上的 VC 链路可以各奔东西，加入不同方向的 VPC 中。VC 交换和 VP 交换合在一起才是真正的 ATM 交换。

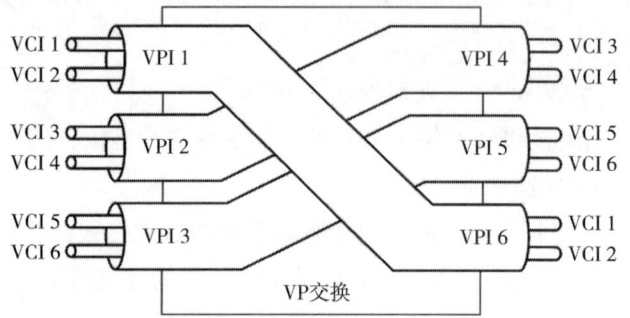

图 4-11　VP 交换示意图

（三）ATM 交换过程

ATM 交换的工作过程示意图如图 4-12 所示。图中的交换节点有 N 条入线，N 条出线，每条入线和出线上传送的都是 ATM 信元，每个信元的信头值表明该信元所在的逻辑信道。不同的入线或出线上可以采用相同的逻辑信道值。ATM 交换的基本任务是将任一入线上任一逻辑信道中的信元交换到所需的任一出线上的任一逻辑信道上。

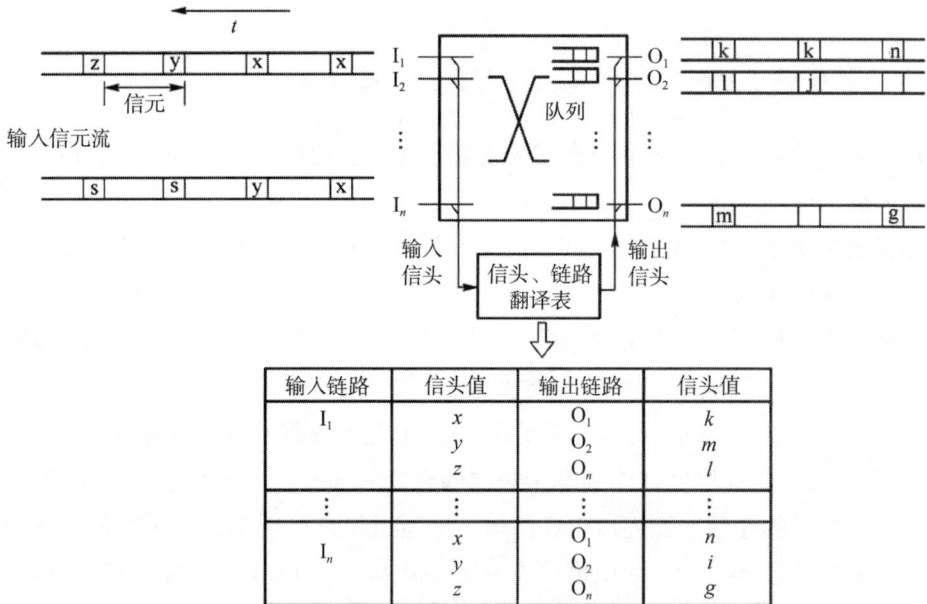

图 4-12　ATM 交换过程示意图

例如，入线 I_1 的逻辑信道 X 被交换到出线 O_1 的逻辑信道 k 上，入线 I_1 的逻辑信道 y 被交换到出线 O_n 的逻辑信道 m 上等。这里的交换包含两方面的功能：一是空间交换，将信元从一个输入端口改送到另一个编号不同的输出端口上，这个功能又称为路由选择；二是逻辑信道的交换，将信元从一个 VPI/VCI 改换到另一个 VPI/VCI。以上交换通过信头、链路翻译表来完成。

三、B-ISDN 协议参考模型

在 ITU-T 的 I. 321 建议中定义了 B-ISDN 协议参考模型，如图4-13所示。它包括3个面：用户面、控制面和管理面。用户面、控制面都是分层的，分为物理层、ATM 层、ATM适配层(AAL)和高层。

1. 用户面

用户面采用分层结构，提供用户信息流的传送，同时也具有一定的控制功能，如流量控制、差错控制等。

2. 控制面

控制面采用分层结构，完成呼叫控制和连接控制功能，利用信令进行呼叫和连接的建立、监视和释放。

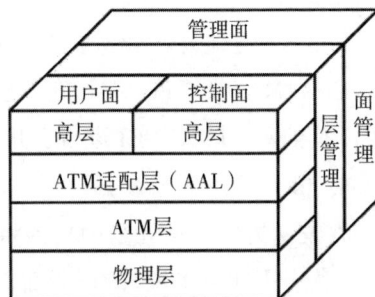

图 4-13 B-ISDN 协议参考模型

3. 管理面

管理面包括层管理和面管理。层管理采用分层结构，完成与各协议层实体的资源和参数相关的管理功能，如元信令；同时还处理与各层相关的 OAM 信息流。面管理不分层，它完成与整个系统相关的管理功能，并对所有面起协调作用。

（一）物理层

物理层利用通信线路的比特流传送功能实现 ATM 的信元传送，并确保传送连续的 ATM 信元时不错序。物理层由两个子层组成，分别是物理媒体子层和传输会聚子层。物理媒体子层支持与物理媒体有关的比特功能。传输会聚子层完成 ATM 信元流与物理媒体传输比特流的转换功能。

（二）ATM 层

ATM 层和用来传送 ATM 信元的物理媒体完全无关，它利用物理层提供的信元(53B)传送功能，向上提供 ATM 业务数据单元(48B)的传送能力。ATM 业务数据单元是任意48B 的数据块，它在 ATM 层中被封装到信元的负载区。从原理上说，ATM 层本身处理的协议控制信息是 5B 长的信头，但是实际上为了提高协议处理速度和降低协议开销，在物理层和 ATM 适配层都使用了信元头部的某些域。ATM 层的传输和物理层传输一样是不可靠的，传送的业务数据单元可能丢失，也可能发生错误。但在传送多个业务数据单元时，传送过程能够确保数据单元的顺序不会紊乱。下面介绍 ATM 层完成的主要功能。

1. 一般流量控制(GFC)

用于控制用户/网络接口处的信元速率。当 ATM 层使用该操作时，产生携带流量控制功能的信元。分配和未分配信元用于携带流量控制信息。

2. 信头的产生和提取

在 ATM 层和上层交互位置完成。在发送方向，ATM 层从上一层接收信元负载信息，产生一个相应的 ATM 信头，这里的信头还不包括信头差错控制(HEC)。在接收方向，信头提取操作去掉 ATM 信元头部，并将信元负载区内容提交给上一层。

3. 信元虚通路标识/虚信道标识(VPI/VCI)翻译

在 ATM 交换机或 ATM 交叉连接节点，完成对输入 ATM 信元的 VPI 和 VCI 值的翻译(可以单独对 VPI 或 VCI 进行，也可以二者同时进行)，这里的翻译是变换的意思。

4. 信元复用和解复用

在发送方向，信元复用功能将各虚通路 VP 和虚信道 VC 送来的信元合并成一串非连续(对各应用业务来说)的信元流。在接收方向，信元解复用功能将非连续的复合信元流的各个信元分别送往相应的 VP 或 VC 中。

(三)ATM 适配层及高层

由于 ATM 层提供的只是一种基本的数据传送能力，ATM 适配层在此基础上提供适应各种不同业务的通信能力。如果一种电信业务的通信需求无法在 ATM 层得到支持，它可以利用 ATM 适配层得以实现，它是为使 ATM 层能适应不同业务类型而设置的，故 ATM 对各种业务承载能力集中体现在 ATM 适配层。AAL 增强了 ATM 层提供的业务以适应高层应用的需要。AAL 可以分为两个子层：分段和重装子层(SAR)以及会聚子层(CS)。

1. 分段和重装子层(SAR)

SAR 完成 CS 协议数据单元与信元负载格式之间的适配。上层应用交付的信息格式与具体应用相关，信息长度不定；而下层(ATM 层)处理的是统一的、长度固定的 ATM 信元。所以 SAR 完成的是两种数据格式的适配。

2. 会聚子层(CS)

CS 的基本功能是进行端到端的差错控制和时钟恢复(如实时业务的同步)。CS 和具体的应用有关，对某些 AAL 类型，会聚子层(CS)又分为两个子层：公共部分会聚子层和业务特定会聚子层。如果 ATM 层提供的信元传输能够满足用户业务的需求，可以直接利用 ATM 层的传送能力。在这种情况下 AAL 协议层是空的，这样的业务称为信元中继。AAL 用户通过选择一个满足传送要求的业务接入点，将 AAL 业务数据单元从一个 AAL 业务接入点通过 ATM 网络传送到另一个或多个 AAL 业务接入点上。

(四)用户面

用户面，利用 AAL 提供的通信能力向用户提供服务的协议属于用户面高层完成的功能。尽管 AAL 提供 4 种不同类型的业务，但是这样的业务绝大部分情况下并不能直接被用户使用，位于 AAL 之上的用户面高层协议完成目前网络上的通信业务。用户面的物理层，随着 ITU-T 协议进一步完善，几乎所有的传输资源都可以成为 ATM 信道，从而便于形成统一的 ATM 网络。因此，ATM 网络向上可以提供对各种业务的支持，向下可以利用各种传输资源。因此，网络资源可以通过统一调度、合理使用，效率得到极大提高。

（五）控制面和管理面

控制面和管理面，是利用 AAL 提供的通信能力进行信令传送进而控制网络的协议，属于控制面高层必须完成的功能。控制面高层和用户面高层协议均位于 AAL 之上。控制面的 ATM 层和物理层与用户面完全相同。管理面和控制面不同，它完成的是对物理层、ATM 层、AAL 及用户面和控制面的控制、监视、故障报告和管理。因此，管理面必须和这些层面都有相应的接口。管理面的控制命令来自网络管理中心或控制面。网络管理人员通过网络管理中心对 ATM 通信实体施行控制，用户则通过控制面实施对 ATM 网络通信实体的控制。管理面产生的消息送到网络管理中心或网络管理终端。

第四节　多协议标签交换的基本原理

一、多协议标签交换概述

（一）多协议标签交换的一些基本概念

多协议标签交换简称"MPLS"。

1. 标记

标记是一个短小、定长且只有局部意义的连接标识符，它对应于一个转发等价类 FEC。一个分组上增加的标记代表该分组隶属的 FEC。标记可以使用标记分配协议（LDP），RSVP 或通过 OSPF、BGP 等路由协议搭载来分配。每一个分组在从源端到目的端的传送过程中，都会携带一个标记。由于标记是定长的，并且封装在分组的最开始部分，因此硬件利用标记就可以实现高速的分组交换。

标记起局部连接标识符的作用。对于那些没有内在标记结构的介质封装，则采用一个特殊的数值填充。

2. 标记边缘路由器（LER）

LER 位于接入网和 MPLS 网的边界的标记交换路由器中，其中入口 LER 负责基于 FEC

对 IP 分组进行分类，并为 IP 分组加上相应标记，执行第三层功能，决定相应的服务级别和发起标记交换路径的建立请求，并在建立 LSP 后将业务流转发到 MPLS 网上。而出口 LER 则执行标记的删除，并将除去标记后的 IP 分组转发至相应的目的地。通常 LER 都提供多个端口以连接不同的网络（ATM、FR、Ethernet 等），LER 在标记的加入和删除，业务进入和离开 MPLS 网等方面扮演了重要的角色。

3. 标记交换路由器（LSR）

LSR 是一个通用 IP 交换机，它位于 MPLS 核心网中，具有第三层转发分组和第二层交换分组的功能。它负责使用合适的信令协议（如 LDP/CR-LDP 或 RSVP）与邻接 LSR 协调 FEC/标记绑定信息，建立 LSP。对加上标记的分组，LSR 将不再进行任何第三层处理，只是依据分组上的标记，利用硬件电路在预先建立的 LSP 上执行高速的分组转发。

4. 标记分发协议（LDP）

LDP 是 MPLS 中 LSP 的连接建立协议，用于在 LSR 之间交换 FEC/标记关联信息。LSR 使用 LDP 协议交换 FEC/标记绑定信息，建立从入口 LER 到出口 LER 的一条 LSP。但是 MPLS 并不限制已有的控制协议的使用，如 RSVP、BGP 等。

5. 标记交换路径（LSP）

LSP 是一个从入口到出口的交换式路径，在功能上它等效于一个虚电路。在 MPLS 网络中，分组传输在 LSP 上进行。一个 LSP 由一个标记序列标识，它由从源端到目的端的路径上的所有节点上的相应标记组成。LSP 可以在数据传输前建立，也可以在检测到一个数据流后建立。

6. 标记信息库（LIB）

LIB 是保存在一个 LSR（LER）中的标记映射表。在 LSR 中包含 FEC 标记关联信息和关联端口，以及介质的封装信息。

7. 转发等价类（FEC）

FEC 代表有相同服务需求的分组的子集。对于子集中的所有分组，路由器采用同样的处理方式转发。例如，最常见的一种是 LER，它可根据分组的网络层地址确定其所属的 FEC，根据 FEC 为分组做上标记。

（二）MPLS 的体系结构

MPLS 网络进行交换的核心思想是在网络边缘进行路由并做上标记，在网络核心进行标记交换。

组成 MPLS 网络的设备分为两类，即位于网络核心的 LSR 和位于网络边缘的 LER。构成 MPLS 网络的其他核心成分包括标记封装结构以及相关的信令协议，如 IP 路由协议和标记分配协议等。通过上述核心技术，MPLS 将面向连接的网络服务引入 IP 骨干网中。

MPLS 属于多层交换技术，它主要由两部分组成：控制面和数据面。其主要特点如下：

（1）控制面负责交换第三层的路由信息和分配标记。它的主要内容包括：采用标准的 IP 路由协议。例如，OSPFJS-IS 和 BGP 等交换路由信息，创建和维护路由表 FIB；采用新定义的 LDP 协议或已有的 BGP，RSVP 等交换、创建并维护标记转发表 LIB 和 LSP。

（2）数据面负责基于 LIB 进行分组转发，其主要特点是采纳 ATM 的固定长标记交换技术进行分组转发，从而极大地简化了核心网络分组转发的处理过程，提高了传输效率。

（三）MPLS 网络执行标记交换步骤

MPLS 网络执行标记交换的步骤如下：

（1）LSR 使用现有的 IP 路由协议获取到目的网络的可达性信息，维护并建立标准 IP 转发路由表 FIB。

（2）LSR 使用 LDP 协议建立 LIB。

（3）入口 LER 接收分组，执行第三层的增值服务，并为分组做标记。

（4）核心 LSR 基于标记执行交换。

（5）出口 LER 删除标记，转发分组到目的网络。

（四）MPLS 的特点

MPLS 的特点如下：

1. 简单转发

标记交换基于一个准确匹配的标记（4B），小于传统 IP 头（20B），有利于基于硬件高速转发。

2. 采用等价转发类 FEC 增强可扩展性

FEC 具有会聚性，可以实现标签及路径的复用。路由决策更灵活，不需要 32 位 IP 地址比较，路由查找的速度加快，可以适应用户数量快速增长的需求。

3. 基于 QoS 的路由

边缘标签路由交换机可以估算满足特定 QoS 的路径。

4. 流量管理

可以支撑许多增值业务（如隧道、虚拟专网 VPN）及路由迂回等，可以指定某一个分组流经特定路径转发，达到链路、交换设备流量平衡。

5. 与 ATM 或帧中继核心网结合，提高了路由扩展性

边缘路由器不再关心中间传输层，简化了路由表，对分组和信元采用统一的处理法则，降低了网络复杂性，具有更好的可管理性。在 ATM 层上直接承载 IP 分组，提高了传输效率。

二、MPLS 标记的分配方法

MPLS 标记的分配方法有两种：下游标记分配和上游标记分配。

（一）下游标记分配

下游分配的策略是指标记的分发沿着数据流传输的逆方向进行。下游 LSR 为某个 FEC 分配一个标记，该 LSR 用所分配的标记作为本地交换表的索引。可以证明，这是单播通信量最自然的标记分发方式。以数据流驱动分配为例，当 LSR 构造自己的路由表时，它可以为每个路由表目的地自由地分配任意标记，实现也很容易。然后，它将所指定的标记传递给上游邻节点，告诉上游 LSR 对以它为下一跳路由的流分配该标记为输出标记。这样当携带该标记的数据分组从上游传递过来时，就可以用该标记作为交换表索引指针，查到相应的输出标记和输出接口。大多数网络采用下游分配标签的方法。

对于某个到达的数据流，LSR1、LSR2、LSR3 均需要分配一个标记与之绑定，但该绑定信息的传递是由 LSR3 发起的，具体过程是：首先 LSR3 分配一个标记与该 FEC 绑定，然后它把该绑定信息沿着分组转发的逆向路径分发给 LSR2；LSR2 接收到 LSR3 的绑定信息后，同样根据本地策略分配一个标记与该 FEC 绑定，并把该信息传输给上游的 LSR1，依此类推。

下游标记分发又可分为下游标记请求分发和标记主动分发。下游标记请求分发是指下游 LSR 在接收到上游 LSR 发出的"标记与 FEC 绑定请求"信息后，检查本地的标记映射表，如果已有标记与该 FEC 绑定，则把该标记绑定信息作为应答反馈给上游 LSR，否则在本地分配一个标记与该 FEC 绑定，并作为应答反馈给上游 LSR。

下游标记主动分发是指在上游 LSR 未提出任何标记绑定请求的情况下，下游 LSR 把本地的标记绑定信息分发给上游 LSR。

（二）上游标记分配

上游标记分配是指标记的分发沿着数据流传输的方向进行。这时，上游 LSR 为下游 LSR 选择一个标记，下游 LSR 将用该标记解释分组的转发。在产生标记的 LSR 上，该标记不是本地交换表的索引，而是交换表的查找结果，即本地的输出标记。这种分发机制适用于多播情况，因为它允许对所有输出端口使用同样的标记。

三、报文在 MPLS 的转发

标签交换路径 LSP 是由 MPLS 内各个 LSR 使用传统的路由协议生成的路由表内容所确定的。对于一个 MPLS 报文，根据标签在 MPLS 网络中经过转发到达目的端所经过的路径与根据路由表内容进行第三层转发到达目的端所经过的路径是完全一致的。这两种方法的最大区别在于确定转发路径所进行的检索方法不同。标签交换转发是通过精确匹配标签来检索转发表，检索速度快，操作简单，适合硬件实现；路由转发则采用最长匹配报文目的 IP 地址来检索路由表，检索速度慢，准确性差。

标签交换路径 LSP 的建立首先是根据目的端地址信息，通过路由协议生成路由表，这个过程称为选路。选路过程完毕后就建立了从源端到目的端的各个 LSR 的路由表，下一步是根据路由表在每个 LSR 中建立转发表，这时使用前面讨论过的标签分发协议 LDP，MPLS 网络通过在各个 LSR 建立转发表构建了用于报文标签交换转发所经过的路径，即标签交换路径 LSP。

MPLS 域中的 LSP 是一条单向传输路径，为简单方便，LSP 的建立采用了下游按需分配标签机制，每个 LSR 根据 FEC 分配输入标签，将分配域输入标签放入转发表中对应数据项的输入标签字段中，同时向下游 LSR 发出为指定 FEC 分配标签的请求。当下游 LSR 收到上游 LSR 发出的标签请求信息后，则根据路由表中对应的信息获得标签信息并发送给上游 LSR。上游 LSR 收到标签信息后将标签放入转发表中对应于数据项的输入标签字段，经过以上步骤就完成了转发表的建立。

需要注意的是，标签请求信息中发送了目的端地址 192.168.1.1，也就是采用了目的 IP 地址信息作为转发等价类 FEC，但在 MPLS 网络中，划分 FEC 的属性很多，可以是源端 IP 地址、服务优先级、TCP/UDP 端口号等。标签映射信息中包含了与指定的 FEC（目的端地址 192.168.1.1）绑定的标签信息。

在转发表中，对应每个 FEC，都有输入路径和输出路径两项内容，输入和输出路径又包含物理端口号和标签值两项内容，在图中采用 m/n 的表示方法，其中 m 表示物理端口号，n 表示标签值。

IP 分组经路由器转发至 LSP 入口 LSR。在入口 LSR 处，根据 IP 分组的目的端地址，确定 IP 分组的转发等价类 FEC，再根据路由表得到标签和输出端口号。

第五节　软交换的基本原理

一、软交换的概述

（一）软交换技术产生的背景

20 世纪 90 年代中期，已有话音和数据两种不同类型的通信网络投入运营。即使是同一类型的网络，也逐步打破了一个运营商独家经营的局面。不同运营商为了扩大自己的业务纷纷参与市场竞争，传统的通信网络框架已分崩离析。电信企业力图发展图像和计算机业务；有线电视企业积极发展计算机和电话业务；计算机企业则试图把活动图像和电话业务纳入自己的业务范围。这样，三网合一发展综合业务已成为必然。

在众多的业务中，传统电话业务的年增长率为 5%～10%，而数据业务的年增长率高达 25%～40%，且呈指数增长，特别是 WWW 业务的成功应用，Internet 由单纯的教育科研型网络转为公众信息网络，数据的业务量不仅将超过电话，而且已进入包括声音和图像在内的多媒体通信领域。这种情况对传统 PSTN/ISDN 产生了直接影响，大量拨号上网用户长时间占用电路，造成网络资源紧张，正常电话接通率下降。

如何保持传统电信网的无处不在和高质量、高可靠性，同时又可以将用户转移到其他网络，实现异构网络的无缝连接和更广泛的业务和应用，是业务提供者和网络运营商致力的目标。

首先，实现上述思想的成功方案是 IP 电话。由于 IP 网传输时延不定，QoS 无法保证，为了支持实时电话业务，IETF 定义了实时协议（RTP）支持 QoS，定义了资源预留协议（RSVP）为呼叫保留网络资源。此外，IP 网是开放式的网络，为了保证网络安全，必须验证电话用户身份（鉴权），对重要电话信息必须加密。此外，还必须对电话用户通话进行计费。

IP 电话的体系结构大体可分为两种，一种是基于 H.323 的 IP 电话体系结构，另一种是基于 SIP 的 IP 电话体系结构。基于 H.323 的 IP 电话网络由 IP 电话网关（GW）和网守（GK）组成。

GW 完成媒体信息编码转换和信令转换（No.7 至 H.323 或用户线信令到 H.323 的转换），GK 实现电话号码到 IP 地址的翻译、带宽管理、鉴权、网关定位等服务。多点控制单元（MCU）执行多点会议呼叫信息流的处理和控制。

在最初的 IP 电话网关设计中，信令处理、IP 网传输层地址交换、编码语音流的传送都在同一设备中实现。因此，从表面来看，最初的 IP 电话设备与传统电话一样，其交换都是由硬件来实现的，都是公认的"硬交换"。

后来，人们发现 IP 电话的用户语音流传输和 IP 电话的呼叫接续控制之间并没有必然的物理上的联系和依存关系，因此无须将媒体流的传输与呼叫的控制在物理上放在一起，可以将 IP 电话网关进行功能分解。分解后网关只负责不同网络的媒体格式的适配转换，故称为媒体网关（MGW）。所有控制功能，包括呼叫控制、连接控制、接入控制和资源控制等功能由另外设置的独立的媒体网关控制器（MGC）负责。MGC 是与传统"硬交换"不同的"软交换"设备，这就是最初软交换概念的由来。这种思路实际上是回归了传统电信网集中控制的机制，即网关相当于终端设备，数量大而功能简单，MGC 相当于交换机，数量少而功能复杂。一个 MGC 可以控制多个网关。业务更新时只需要更新 MGC 软件，无须更改网关，这有利于快速引入新业务。

经过数年的探索，各电信设备制造厂商逐步认同上述分离控制的思想，积极开发各自的产品系列。不同制造商给 MGC 赋予不同的名称，如呼叫服务器、呼叫性能服务器、呼叫代理等。美国前贝尔通信研究所首先将此概念在 IETF 提出，并提出 MGW-MGC 之间的控制协议草案。其后，ITU-T 和 IETF 合作研究，制定了统一的控制协议标准，这就是著名的 H.248 协议。

由于 MGC 的基础功能是呼叫控制，其地位相当于电话网中的交换机，但是和普通交换机不同的是，MGC 并不具体负责话音信号的传送，只是向 MGW 发出指令，由后者完成话音信号的传送和格式转换，相当于 MGC 中只包含交换机的控制软件，而交换网络则位于 MGW 之中。因此，人们把 MGC 统称为"软交换机"，以屏蔽不同厂商的名称差异，并由制造厂商和运营商联合发起成立了全球性的"国际软交换联盟"(ISC)论坛性组织，积极推行软交换技术及其应用。

(二)软交换的特点

软交换的特点如下：

(1)智能化的软交换设备能方便地实现不同信令的转换，并具有开放接口和 API，方便新业务的产生。

(2)呼叫传输由简单的设备完成，如媒体网关，或由 IP 终端设备直接完成端到端传输。

(3)从运营方面讲，软交换的组网方案对新、老运营公司都有利。

(4)传统运营公司用它实现 PSTN 与分组网的融合，既保护传统投资，又具有创新能力；而新公司利用它可以比较容易地进入竞争激烈的通信业务市场，无须对传统设备进行巨大投资，没有资金压力。

(5)协议体系众多，而且这些协议分别来自不同的标准化组织，有些相互补充，有些则相互竞争。

(6)不同协议之间和不同厂家设备之间的互操作有问题。

(7)实时业务的 QoS 保障问题、网络的有效集中管理问题尚待进一步解决。

总体上看，软交换作为发展方向已经获得业界的认同，但实现普遍应用还需要一段时间。

二、软交换系统的网络结构和功能

(一)软交换系统的网络结构

软交换是为下一代网络中具有实时性要求的业务提供呼叫控制和连接控制功能的实体，是下一代网络呼叫控制的核心，也是目前电路交换网向分组交换网演进的主要设备之一。基于软交换的网络分层模型结构中，网络从底向上划分成 4 层：边缘接入层、核心传送层、网络控制层和业务层。

1. 边缘接入层

边缘接入层负责将各种不同的网络和终端设备接入软交换体系结构，将各种业务量进行集中，并利用公共的传送平台传送到目的地。接入层的设备包括各种不同的网络、终端设备，以及各种网关设备。这些网络或终端设备可以是公众交换电话网、ATM 网络、帧中继网络、移动网络、各种 IP 电话终端及模拟终端等，它们通过不同的网关或接入设备接入核心网络。

媒体网关负责将各种终端和接入网络接入核心分组网络，主要用于将一种网络中的媒体格式转换成另一种网络所要求的媒体格式，如在电路交换网络业务和分组网络（如 IP，ATM）媒体流之间进行转换。

信令网关提供 No.7 信令网和分组网之间信令的转换，其中包括综合业务用户部分、事务处理应用部分等协议的转换。信令网关通常和软交换设备合设在一处，也可单独设置。

2. 核心传送层

核心传送层对各种不同的业务和媒体流提供公共的传送平台。它多采用分组的传送方式，目前比较公认的核心传送网为 IP 骨干网。其他各层如业务层、控制层、接入层都是直接挂接在 IP 骨干网上，在物理上都是 IP 骨干网的终端设备。这些设备之间的业务流和信令流都是通过 IP 传输的。

3. 网络控制层

网络控制层完成呼叫控制、路由、认证、资源管理等功能。其主要实体为软交换设备。软交换与媒体网关间的信令，可以使用 H.248/Megaco，用于软交换对媒体网关的承载控制、资源控制及管理。软交换与 IP 电话设备间的信令，可以使用 SIP 或 H.323。

4. 业务层

业务层/应用层在呼叫控制的基础上向最终用户提供各种增值业务，同时提供业务和网络的管理功能，该层的主要功能实体包括应用服务器、特征服务器、策略服务器，AAA 服务器、目录服务器、数据库服务器、SCP（业务控制点）、网管及安全系统（提供安全保障）。其中，应用服务器负责各种增值业务的逻辑产生和管理，并提供开放的应用编程接口（API），为第三方业务的开发提供统一公共的创作平台；AAA 服务器负责提供接入认证和计费功能。

软交换是下一代网络控制层的核心设备，也是从电路交换网向分组网演进的关键设备之一。软交换的概念虽然是从媒体网关控制器、呼叫代理等概念发展起来的，但它在功能上又进行了扩充，除了完成呼叫控制、连接控制和协议处理等功能外，还将提供原来由会议电话网络设备提供的资源管理、路由及认证、计费等功能。同时，软交换提供的呼叫控制功能与传统交换机所提供的呼叫控制功能也有所不同，传统的呼叫控制功能是和具体的业务紧密结合在一起的。由于不同的业务所需要的呼叫控制功能不同，因此在软交换系统中，为了便于各类新业务的引入，软交换所提供的呼叫控制功能是各种业务的基本呼叫控制功能。

(二) 软交换系统的主要功能

1. 媒体接入功能

软交换可以通过 H. 248 协议将各种媒体网关接入软交换系统，如中继媒体网关、ATM 媒体网关综合接入媒体网关、无线媒体网关和数据媒体网关等。同时，软交换设备还可以利用 H. 323 协议和回话启动协议 (SIP) 将 H. 323 终端和 SIP 客户端终端接入软交换系统，以提供相应的服务。

2. 呼叫控制功能

呼叫控制功能是软交换的重要功能之一，它为基本呼叫的建立、维持和释放提供控制功能，包括呼叫处理、连接控制、智能呼叫出发检出和资源控制等。可以说呼叫控制功能是整个网络的灵魂。

3. 业务提供功能

由于软交换系统既要做到现有网络业务的互通，又要促成下一代网络业务的发展，因此软交换能实现现有 PSTN/ISDN 交换机所提供的全部业务；同时，还可以与现有智能网配合提供现有智能网的业务。

4. 互连互通功能

目前，在 IP 网上提供实时多媒体业务可以基于 H. 323 协议和 SIP 协议两种体系结构，两者均可完成呼叫建立、呼叫释放、业务提供和能力协商等功能。软交换能够同时支持这两种协议体系结构，并实现两种体系结构网络和业务的互通。另外，为了沿用已有的智能业务和 PSTN 业务，软交换还能提供与智能网及 PSTN 的互通功能。

5. 资源管理功能

软交换可以对网络资源进行分配和管理。

6. 认证和计费功能

软交换可以对接入软交换系统的设备进行认证、授权和地址解析，同时还可以向计费服务器提供呼叫话单明细。

第五章

GSM 和 GPRS 系统技术

第一节 GSM 系统概述

全球移动通信系统(GSM)是由欧洲电信标准化协会(ETSI)提出的，是全球第一个对数字调制技术、网络结构和业务种类进行标准化的数字蜂窝移动通信系统。

一、GSM 的频带划分

(一)工作频带和载频间隔

GSM 工作在如下射频频段：

(1)上行(移动台发—基站收)：890~915MHz。

(2)下行(基站发—移动台收)：935~960MHz。

(3)工作带宽：25MHz。

(4)载频间隔：200kHz。

(5)收发双工间隔：45MHz。

GSM 900 采用等间隔频道配置方式，相邻两频道间隔为200kHz，因此，整个工作频段分为124 对载频，其频道序号为1~124，共124 个频道。频道序号与频道标称中心频率的关系为

$$\begin{cases} 上行频道：f_l(n) = 890.2\text{MHz} + (n-1) \times 0.2\text{MHz} \\ 下行频道：f_h(n) = f_l(n) + 45\text{MHz} \end{cases} \quad (5-1)$$

式中: $n = 1 \sim 124$。

随着业务的发展, GSM 可向 GSM 1800 发展, 即采用 1800MHz 频段。

上行(移动台发—基站收): 1710~1785MHz。

下行(基站发—移动台收): 1805~1880MHz。

GSM 1800 的工作带宽为 75MHz, 收发双工间隔为 95MHz, 采用等间隔配置方式, 频道间隔 200kHz, 共分为 374 个频道, 频道序号为 512~885, 频道序号与频道标称中心频率的关系为

$$\begin{cases} 上行频道: f_l(n) = 1710.2\text{MHz} + (n - 512) \times 0.2\text{MHz} \\ 下行频道: f_h(n) = f_l(n) + 95\text{MHz} \end{cases} \tag{5-2}$$

为减少重复, 以下对 GSM 的介绍主要通过 GSM 900 进行。

(二)GSM 系统的多址方式

为了提高频带利用率, GSM 在空中无线接口上综合使用了 FDMA 和 TDMA 两种多址接入技术, 用来把通信媒介划分为多个相互独立的信道。因此, GSM 采用 FDMA/TDMA 混合多址接入技术, GSM 900 等间隔分为 124 个载频(或频道), 每个载频进行时间分割, 分为一个个连续的 TDMA 帧, 每个 TDMA 帧再以时间分割为 8 个时隙, 每个时隙作为一个信道分配给一个用户进行通信。因此, GSM 900 系统的物理信道总数则为 124×8 = 992(个)。

二、GSM 系统的业务

简单地说, GSM 系统的业务就是 GSM 系统为了满足用户的通信要求而向用户提供的服务, 不同版本的 GSM 规范支持的业务并不完全相同, 从 Phase 1 到 Release 96, GSM 支持的业务也从最基本服务向增强数据、增强用户功能等业务特征发展。

GSM 系统定义的业务是建立在综合业务数字网(ISDN)基础上的, 根据 ISDN 对业务的分类方法, 并针对移动性特点做了必要的修改, GSM 提供的业务分为基本业务和补充业务两大类。

(一)基本业务

基本业务又分为电信业务和承载业务。GSM 支持的基本业务: 电信业务为用户提供的是包括终端设备功能在内的完整能力的通信业务, 承载业务提供用户接入点(也称为用户/网络接口)之间信号传输的能力。这两种业务是独立的通信业务。其中, 电信业务是 GSM 系统的主要业务, GSM 提供的主要电信业务如表 5-1 所列。GSM 提供的主要承载业务如表 5-2 所列。

表 5-1　GSM 提供的主要电信业务

电信业务类型	业务码	电信业务名称	功能
语音传输	11	电话	为数字移动通信系统的用户和其他所有与其联网的用户之间提供双向电话通信
紧急呼叫	12		通过一种简单而同一的手续将用户接到就近的紧急业务中心
短消息	21 22 23	MS 终端的点对点短消息业务 MS 起始的点对点短消息业务 小区广播短消息业务	由短消息业务中心完成存储和前转功能
传真	61 62	交替语音和三类传真 自动三类传真	语音与三类传真交替传送 使用户以传真编码信息文件的形式自动交换各种函件

表 5-2　GSM 提供的主要承载业务

承载业务码	承载业务名称	透明属性
21	异步 300bps 双工电路型	T/NT
22	异步 1.2kbps 双工电路型	T/NT
24	异步 2.4kbps 双工电路型	T/NT
25	异步 4.8kbps 双工电路型	T/NT
26	异步 9.6kbps 双工电路型	T/NT
31	同步 1.2kbps 双工电路型	T
32	同步 2.4kbps 双工电路型	T/NT
33	同步 4.8kbps 双工电路型	T/NT
34	同步 9.6kbps 双工电路型	T/NT
41	异步 PAD 接入 300bps 电路型	NT
42	异步 PAD 接入 1.2kbps 电路型	T/NT
44	异步 PAD 接入 2.4kbps 电路型	T/NT
45	异步 PAD 接入 4.8kbps 电路型	T/NT
46	异步 PAD 接入 9.6kbps 电路型	T/NT
61	交替语音/数据	
81	语音后接数据	

（二）补充业务

补充业务又称附加业务，是对基本业务的补充，它不能单独向用户提供，而必须和基本业务一起提供。以下是部分附加业务：

(1)计费提示(AOC)。

(2)来话限制(BAIC)。

(3)呼出限制(BOC)。

(4)呼叫等待(CW)。

(5)主叫线识别显示(CLIP)。

(6)遇忙呼叫前转(CFB)。

(7)无应答呼叫前转(CFNA)。

(8)会议呼叫(CONF)。

第二节　GSM 系统的网络与接口

一、GSM 的网络结构

总体上，GSM 网络由移动台子系统(MSS)、基站子系统(BSS)、网络和交换子系统(NSS)以及操作支持子系统(OSS)等子系统构成。

下面分别介绍各部分包含的功能单元及其主要功能。

（一）MSS

移动台是 GSM 系统的移动用户设备，就是配有 SIM 卡的终端设备。移动台由两部分组成：移动设备(ME)和用户识别卡(SIM)。

1. 移动设备

移动设备就是"机"，它可完成语音编码/解码、信道编码/解码、信息加密/解密、信息的调制/解调、信息发射/接收等功能。根据业务状况和终端设备类型，移动设备可包括 MT(移动终端)和 TAF(终端适配功能)，以及 TE(终端设备)等功能。一般后两者组合相当于移动终端，所以一般也称移动设备为移动终端。

2. 用户识别卡

用户识别卡就是"人"，每张 SIM 卡代表一个移动用户。SIM 卡是一枚带有微处理器的芯片，存有认证和管理用户身份所需的所有信息，并能执行一些与安全保密有关的重要信息，以防止非法用户入网。

根据移动终端的不同，移动台可分为车载型、便携型和手持型 3 种。车载型移动台的主体设备与天线分离，移动台可以使用较大的发射功率进行通信。便携型移动台为可便携设备，天线和设备主体在一起。手持型移动台即人们通常使用的手机，便于携带，但发射功率较小。

（二）BSS

BSS 一般是指包含 GSM 系统无线通信部分的所有基础设施，它一端通过无线接口直接与移动台相连，另一端连接到 GSM 网络子系统（NSS），为 MSS 和 NSS 提供传输通路。它分为两个部分：基站收发信台（BTS，简称"基站"）和基站控制器（BSC）。GSM 规范规定，一个基站子系统是指一个 BSC 以及由它管辖的所有 BTS。

1. BTS

BTS 通过无线接口（也称为空中接口）与移动台相连，它完全由 BSC 控制，主要负责无线传输，如完成无线与有线的转换、无线分集接收、无线信道加密、跳频等功能。除此以外，还要完成必要的无线测试，以便检查通信是否正常进行。当然，有些工作并不是由BTS 直接完成，而是由 BTS 发送到 BSC 进行。BTS 一般包括收发信机和天线，以及与无线接口有关的信号处理电路等。

在 GSM 系统中，BTS 最大容量的典型值是 16 个载频（实际上从未达到过），这就是说，一个基站能同时支持上百个通信。在农村比较分散的区域，BTS 可能减少到一个载频。在城市等用户密集区域，BTS 可分配 2~4 个载频。一般情况下，一个全向 BTS 覆盖面积约为 1km^2。

2. BSC

BSC 是 BTS 和网络子系统中移动业务交换中心（MSC）之间的连接点，并为其交换信息提供通用接口，是 BSS 的智能中心。BSC 的主要功能是负责网络无线资源管理、实施呼叫及通信链路的建立和拆除，并对本控制区内移动台的越区切换和定位进行管理。一个 BSC通常控制多个 BTS，根据 BTS 的业务能力，BSC 可以管理几十个 BTS。

（三）NSS

NSS 一般也称为网络子系统或交换子系统，主要完成交换功能及用户数据和移动性管理、安全性管理所需的数据库功能，是 GSM 网络的核心子系统。NSS 主要包括移动交换中心（MSC）和相关的数据库，各功能实体的主要功能如下。

1. MSC

MSC 即移动交换机，是 GSM 系统的核心。MSC 对位于其服务区内的移动台进行控制和完成话路交换，也是 GSM 系统与其他公共通信网之间互连的接口。它提供最基本的交换功能，完成移动用户寻呼接入、信道分配、呼叫接续、话务量控制、计费、基站管理等功能，还完成 BSS、MSC 之间的切换、移动性管理和辅助性的无线资源管理等，并提供面向其他功能实体和通信网的接口功能。作为网络的核心，MSC 还与其他设备协同工作，完成移动用户身份的合法性检查、计费等功能。

GSM 与其他网络互连时，通过关口移动交换中心（GMSC）接续 GSM 移动用户和其他网络用户的呼叫连接，即 GMSC 是 GSM 用户和其他网络用户呼叫连接的出入点，也就是我们通常所说的关口局。

作为一个设备，MSC 通常是一台相当大的数字交换机。一个 MSC 通常控制几个 BSC。

2. 归属位置寄存器（HLR）

HLR 是 GSM 系统的中央数据库，用来存储本地用户（归属用户）的数据信息。每个移动用户在刚入网时都要在某个 HLR 中登记，该 HLR 称为该用户的归属地或原籍。HLR 中主要存储两类信息：一类是静态数据，包括移动用户号码、移动台的类型和参数、漫游权限、基本业务、补充业务等；另一类是动态数据，主要是计费信息和移动用户的当前位置信息，如 MSC/VLR 地址等，以便在漫游时建立至移动台的呼叫路由。

在 GSM 网络中，通常设置若干个 HLR，一个 HLR 能够为若干个 MSC 服务区提供服务。

3. 拜访地位置寄存器（VLR）

移动用户进入非归属地地区的移动业务区时，称其进入了拜访地。拜访者有时称为漫游用户。VLR 是一个动态数据库，存储的数据与 HLR 相似，但是它仅存储进入本地区的、与拜访者有关的信息和数据。VLR 中的一些数据信息是从该移动用户的 HLR 获取并暂存的，但其具有的定位信息比 HLR 更确切。

VLR 与 MSC 共同实现位置登记、越区切换、呼叫接续等功能。当来访者进入 VLR 控制区域时，需要进行位置登记，将其用户信息添加到该 VLR 数据库中以便于查询。而一旦用户离开了该 VLR 控制区，就需要在其新进入的另一个 VLR 中登记信息，并将原 VLR 中该用户的临时存储信息删除。通常情况下，制造商把 VLR 功能与 MSC 功能集成在一起，这样就可以避免 MSC 与 VLR 之间频繁传递信令信息所带来的开销和时延。VLR 功能与 MSC 功能集成在一起的设备称作 MSC/VLR 交换机。一般一个 MSC/VLR 交换机可以管理十万名以上的用户。

4. 鉴权中心（AuC 或 AC）

鉴权中心是一个受到严格保护的数据库，用于实现 GSM 的安全保密措施。例如，防止非法用户接入系统，并对无线接口上的语音、数据、信令信息进行加密，保证通过无线接口的移动用户的信息安全。AuC 存储和产生用户的鉴权信息和加密密钥，在需要对用户鉴权时传送到 HLR 中。因此，为减小信令开销和处理时延，物理上通常将 AuC 与 HLR 集成在同一个设备中，记为 HLR/AuC。

5. 设备识别寄存器(EIR)

EIR 也是一个数据库,存储着移动台的国际移动设备识别码(IMEI)。在 GSM 系统中,IMSI 一般包含移动台的机型、产地和生产顺序等信息,每个移动台的 IMEI 在全球都是唯一的。在 EIR 数据库中,每个移动台分别被列入白名单、黑名单或灰名单。运营商通过对 IMEI 码的识别,可以判断出是属于准许使用的,失窃不准使用的,还是由于技术故障或操作异常而可能危及网络正常运行的移动设备。网络能根据各种情况采取及时的防范措施,确保网络内所使用移动设备的唯一性和安全性。

6. 短消息中心(SC)

在 GSM 系统中,除了语音业务,另一个重要业务就是短消息。SC 就是实现对短消息的接收、存储和转发,是短消息业务的核心功能实体。

(四)OSS

OSS 是运营技术人员对 GSM 系统进行管理和维护的接口,完成移动设备管理、移动用户管理及网络操作维护等功能。主要包括操作维护中心(OMC)、网络管理中心(NMC)、安全性管理中心(SEMC)、用于用户识别卡管理的个人化中心(PCS)、用于集中计费管理的数据后处理系统(DPPS)等。

从狭义上讲,OSS 一般是指 OMC。OMC 又分为维护管理无线设备的 OMC-R 和管理交换设备的 OMC-S。OMC 负责对运营商的网络设备进行监控和管理,通过它实现 GSM 各设备或各功能实体的监视、状态报告、故障诊断等功能。例如,系统自检、报警与备用设备的激活、系统故障诊断和处理、话务量统计、计费数据的记录与传递、与网络参数有关的数据收集、分析与显示等。

二、接口和协议

为了保证网络运营部门能在充满竞争的市场条件下灵活选择不同设备供应商提供的数字蜂窝移动通信设备,且使不同供应商提供的 GSM 设备能够符合统一的标准而达到互联互通、共同组网的目的,GSM 规范在制定技术标准时,就对其子系统之间及各功能实体之间的接口和协议做了比较具体的定义。为使 GSM 系统实现国际漫游功能,并在业务上实现面向 ISDN 的数据通信业务,就必须建立规范和统一的信令网络,以传递与移动业务有关的数据和各种信令信息。GSM 的信令系统是以 7 号信令网络为基础的。

需要注意的是,"接口"和"协议"是两个非常重要但又不同的概念。在 GSM 系统中,"接口"是指两个相邻功能实体之间的连接点,而"协议"是说明两个相邻功能实体接口上交换信息需要遵守的规则。根据开放系统互连(OSI)模型的概念,协议可按其功能分为不同的层,每一层都有各自的协议规约。

（一）GSM 网络接口

GSM 网络各功能实体之间的各接口的定义及其主要功能如下：

1. 主要接口

GSM 的主要接口是指 A 接口、Abis 接口和 Um 接口。这 3 个接口标准使不同供应商生产的移动台、基站子系统和网络子系统设备能够在同一个 GSM 系统中运行和使用。

（1）A 接口的定义和主要功能。

A 接口是 NSS 和 BSS 之间的通信接口，具体是指 MSC 与 BSC 之间的接口。主要传送数字语音或数据，以及与呼叫有关的接续管理、基站管理、移动性管理和鉴权及安全管理等信息。

（2）Abis 接口的定义和主要功能。

Abis 接口是 BTS 和 BSC 之间的接口，用于 BTS 和 BSC 之间的远端互连方式。该接口支持所有向用户提供的服务，并支持对 BTS 无线设备的控制和无线频率的分配。

（3）Um 接口的定义和主要功能。

Um 接口也称为"空中接口"，是移动台和 BTS 之间的接口，用于移动台与 GSM 系统固定部分之间的互连。Um 接口是 GSM 系统中最核心、最关键的接口，主要传递无线资源管理、移动性管理、接续管理等信息，其物理链路是无线链路。

2. 网络子系统内部接口

网络子系统由 MSC、HLR、VLR、AuC、EIR 等功能实体构成，其内部接口包括 B、C、D、E、F、G 接口，各接口的定义及其主要功能如下：

（1）B 接口的定义和主要功能。

B 接口是 MSC 与 VLR 之间的接口。它用于 MSC 向 VLR 查询有关漫游用户的当前位置信息，或者通知 VLR 有关用户位置的更新信息等。

（2）C 接口的定义和主要功能。

C 接口是 MSC 与 HLR 之间的接口。建立呼叫连接时，用于查询移动台的路由选择和管理信息；呼叫完成时，用于向 HLR 发送计费信息等。

（3）D 接口的定义和主要功能。

D 接口是 HLR 和 VLR 之间的接口。它用于交换有关用户位置和用户管理信息，保证移动台在整个服务区内都能建立和接收呼叫。

（4）E 接口的定义和主要功能。

E 接口是不同 MSC 之间的接口。当用户在呼叫过程中，从一个 MSC 服务区移动到另一个 MSC 服务区时，利用此接口交换信息完成越区切换。

（5）F 接口的定义和主要功能。

F 接口是 MSC 与 EIR 之间的接口。它用于交换相关的 IMEI 号码管理信息。

(6)G 接口的定义和主要功能。

G 接口是不同 VLR 之间的接口。当采用临时移动用户识别码(TMSI)时，用于向分配 TMSI 的 VLR 询问此移动用户的国际移动用户识别码(IMSI)信息。

3. GSM 系统与其他公用电信网的接口

GSM 系统通过 MSC 与其他公用电信网(PSTN、ISDN、PDN 等)相连，一般采用 7 号信令系统接口。

除 Um 接口采用无线链路实现外，以上其他各个接口的物理链路通常采用标准的 2.048Mbps PCM 数字传输链路实现。

（二）接口协议

GSM 网络各功能实体之间的接口定义明确，同样，GSM 规范对各接口使用的分层协议也做了详细的定义。这里只介绍 Um 接口和 A 接口使用的分层协议。

1. Um 接口协议

Um 接口协议就是指 GSM 的无线信令接口协议，是 3 层结构的协议模型。

(1)L1 层。

L1 层是无线接口协议的最底层，也称物理层。L1 层提供在无线链路上传送比特流所需的全部功能，如频率配置、信道划分、传输定时、比特或时隙同步、调制和解调等，为高层提供各种不同功能的逻辑信道，每个逻辑信道都有自己的服务接入点。

(2)L2 层。

L2 层也称数据链路层。其主要功能是在移动台和基站之间建立可靠的专用数据链路，它接受 L1 层提供的服务，同时向 L3 层提供服务。L2 层协议基于 ISDN 的 D 信道链路接入协议(LAP-D)做了针对移动性特征的修改，因此称为 LAP-Dm 协议。

(3)L3 层。

L3 层也称网络层，是无线接口中实际负责控制和管理的协议层。主要功能有：无线信道连接的建立、维护和释放，位置更新、鉴权和 TMSI 的分配，呼叫连接的建立、维护和释放等。L3 层的以上主要功能分别由 3 个子层完成，即无线资源管理(RRM)子层、移动性管理(MM)子层和连接管理(CM)子层。

2. A 接口协议

在 A 接口上，无线资源管理子层在 BSC 中终止，而从 MS 发出的移动性管理消息和连接管理消息必须传送到 MSC。因此，一般把 BSC/MSC 之间的消息类型集合在一起称为 BSSMAP，即 BSS 移动应用部分；把 MS/MSC 之间的消息类型(如 MM 和 CM 消息)集合在一起称为 DTAP，即直接传送应用部分。这样，BSS 就能透明传送 MM 和 CM 消息，保证 L3 子层协议在各接口之间的互通。BSSMAP 的作用是支持 MSC 和 BSC 间有关 MS 的规程，如建立呼叫连接、信道指配、切换控制等。

第三节　GSM 系统的信道

如前文所述，GSM 采用 FDMA/TDMA 混合多址接入技术，其一个 TDMA 帧分为 8 个时隙，每个时隙对应一个用户。因此，GSM 物理信道就是指一个载频上一个 TDMA 帧的一个时隙。可见，GSM 的一个载频可提供 8 个物理信道。根据 BTS 和 MS 之间在物理信道上传送的信息类型不同而定义了不同的逻辑信道。具体来看，GSM 系统在物理信道上传输的信息是由 100 多个调制比特组成的脉冲串，称为突发脉冲序列。以不同的 Buz 信息格式携带不同类型的信息内容来表示不同的逻辑信道。

一、逻辑信道及分类

GSM 逻辑信道包括公共信道和专用信道两大类。公共信道主要指用于传送基站向移动台广播消息的广播控制信道和用于传送 MSC 与 MS 之间建立连接所需双向信号的公共控制信道。专用信道主要指传送用户语音或数据的业务信道，还包括一些用于控制的专用控制信道。GSM 定义的各种逻辑信道如下。

(一)公共信道

1. 广播信道(BCH)

BCH 是从基站到移动台的单向信道，包括以下 3 部分。

(1)频率校正信道(FCCH)。

FCCH 传送频率校正信息，移动台在该信道上接收频率校正信息以校正自己的工作频率，使手机工作在合适的频率。

(2)同步信道(SCH)。

SCH 用于向 MS 传送帧同步(TDMA 帧号)信息和 BTS 识别码(BSIC)信息。

(3)广播控制信道(BCCH)。

BCCH 用于每个 BTS 在小区内广播通用的信息，包括本小区识别码、相邻小区列表、本小区使用的频率表、跳频序列、功率控制指示等。MS 周期性地监听 BCCH，以获取相关信息。BCCH 载波由基站以固定功率发射，其信号强度可被本小区所有移动台测量。

2. 公共控制信道(CCCH)

CCCH 是基站与移动台间的一点对多点的双向信道，包括以下 3 部分。

(1)寻呼信道(PCH)。

PCH 用于传输基站寻呼移动台的寻呼消息，是下行信道。

（2）随机接入信道（RACH）。

MS 随机接入网络时用此信道向基站提出入网请求，发送的消息包括对基站寻呼消息的应答、MS 始呼时的接入请求。MS 在此信道还向基站申请指配一个独立专用控制信道（SDCCH）。RACH 是公共控制信道中唯一的一个上行信道。

（3）允许接入信道（AGCH）。

AGCH 是对 RACH 的应答。基站向随机接入成功的移动台发送指配了的 SDCCH。AGCH 是下行信道。

（二）专用信道

1. 专用控制信道

专用控制信道（DCCH）是基站与移动台间的点对点的双向信道，包括以下 3 部分。

（1）独立专用控制信道（SDCCH）。

此信道用于传送基站和移动台间的连接建立、鉴权、位置更新、加密等信令消息，以及处理短消息和各种附加业务。

（2）慢速随路信道（SACCH）。

通过此信道，基站向移动台传送功率控制信息、帧调整信息；基站接收移动台发来的移动台接收信号强度报告和链路质量报告等。SACCH 安排在业务信道和有关的控制信道中共用一个物理信道，以复接方式传送信令信息。安排在业务信道时，以 SACCH/T 表示；安排在控制信道时，以 SACCH/C 表示。SACCH 常安排在 SDCCH 信道中。

（3）快速随路信道（FACCH）。

此信道用于传送基站与移动台间的越区切换的信令消息，使用时要中断 TCH 的传送，把 FACCH 控制信息插入。FACCH 的传输速率比 SACCH 快很多，一般用于切换时。不过，只有在没有分配 SDCCH 的情况下才使用这种控制信道。

2. 业务信道（TCH）

此信道是用于传送用户的语音和数据业务的信道，有全速率业务信道（TCH/F）和半速率业务信道（TCH/H），以及增强型全速率业务信道（TCH/EFR）之分。对于语音业务，可分为全速率语音业务信道（TCH/FS，13kbps）和半速率语音业务信道（TCH/HS，6.5kbps）。对于数据业务，也分为全速率数据业务信道（TCH/F9.6，TCH/F4.8，TCH/F2.4）和半速率数据业务信道（TCH/H4.8，TCH/H2.4）。半速率业务信道所使用的时隙长度是全速率业务信道的 1/2，即一个载频可提供 8 个全速率或 16 个半速率业务信道。半速率语音信道的速率从原来的 13kbps 下降到 6.5kbps，系统容量可增加 1 倍。增强型全速率业务信道的传输速率和普通全速率业务信道一样，但是其压缩编码机制更好，使用它可以获得更清晰的语音质量。

二、GSM 帧结构和突发脉冲

（一）GSM 帧结构

GSM 帧结构有 5 个层次，即时隙、TDMA 帧、复帧、超帧和超高帧。

1. 时隙

时隙是 GSM 物理信道的基本单位，每个时隙传送 156.25 个码元，称为一个突发脉冲或突发脉冲序列，占 0.577ms。

2. TDMA 帧

每个 TDMA 帧包含 8 个时隙，共占 4.615ms。

3. 复帧

多个 TDMA 帧构成复帧，有两种类型：

（1）由 26 个 TDMA 帧组成的复帧。这种帧用于业务信道（TCH）及随路控制信道（SACCH 和 FACCH），也称为业务复帧。业务复帧的周期为 120ms。

（2）由 51 个 TDMA 帧组成的复帧。这种帧用于控制信道（BCCH 和 CCCH），也称为控制复帧。控制复帧的周期为 235.385ms。

4. 超帧

多个复帧构成超帧，一个超帧由 51 个包含 26 帧的复帧或 26 个包含 51 帧的复帧组成。超帧的周期为 1326 个 TDMA 帧，即 6.12s。

5. 超高帧

多个超帧构成超高帧，它包含 2048 个超帧，即 2715648 个 TDMA 帧。超高帧的周期为 12533.76s，即 3h 28min 53s 760ms，主要与加密和跳频有关。每经过一个超高帧的周期，系统将重新启动密码和跳频算法。在 GSM 系统中，帧的编号也是以超高帧为周期，即 0~2715647。

（二）突发脉冲

TDMA 帧中的一个时隙称为一个突发。在一个时隙内传输的信息比特串称为一个突发脉冲或突发脉冲序列。一个突发脉冲序列固定由 156.25 个调制比特组成，可看成是逻辑信道在物理信道传输的载体。对于不同的逻辑信道，有不同的突发脉冲。GSM 规定了 5 种类型的突发脉冲。

1. 普通突发脉冲（NB）

NB 用于构成 TCH，以及除 RACH、SCH、FCCH 以外的控制信道，携带它们的业务信息和控制信息。普通突发脉冲是由两组 57bit 的加密信息、26bit 的训练序列、两个 1bit 借用标志、前后各 3bit 尾比特和 8.25bit 的保护时间组成，共计 156.25bit。每个比特持续时间 3.6923μs，一个普通突发脉冲持续时间 0.577ms。

其中，加密比特是加密的语音、数据或控制信息。1bit 借用标志用来表示前面所传的 57bit 加密信息是业务信道的信息还是控制信道的信息。当业务信道被 FACCH 借用时，1bit 借用标志被置"1"。训练序列是一串已知序列，供信道均衡使用，以克服码间串扰的影响。尾比特总是"000"，是突发脉冲开始和结束的标志。保护时间用来防止由于定时误差而造成突发脉冲间的重叠。

2. 频率校正突发脉冲(FB)

FB 用于构成频率校正信道(FCCH)，携带频率校正信息。

频率校正突发脉冲主要由 142 个全"0"的固定比特组成，相当于一个带频率偏移的未调制载波，它的重复发送就构成了 FCCH。

3. 同步突发脉冲(SB)

SB 用于构成同步信道(SCH)，携带系统的同步信息。同步突发脉冲由加密信息($2\times$ 39bit)和一个易被检测的长同步序列(64bit)构成。加密信息位携带 TDMA 帧号和基站识别码信息。

4. 接入突发脉冲(AB)

AB 用于构成移动台的随机接入信道(RACH)，携带随机接入信息。接入突发脉冲由同步序列(41bit)、加密信息(36bit)、尾比特($8+3$bit)和保护时间构成。其中保护时间间隔较长，这是为了使移动台首次接入或切换到一个新的基站时不知道时间提前量而设置的。这样长的保护间隔允许小区半径最大为 35 千米，在此范围内可保证移动台成功地随机接入。

5. 空闲突发脉冲(DB)

DB 的作用是当无信息发送时，由于系统的需要，在相应的时隙内发送的空闲突发。空闲突发脉冲不携带任何信息，其格式与普通突发脉冲相同，只是将 NB 中的加密信息比特换成固定比特。

三、逻辑信道到物理信道的映射

根据前面介绍的 GSM 逻辑信道划分，其逻辑信道数远远超过了 GSM 一个载频所提供的 8 个物理信道。因此，要想给每一个逻辑信道都分配一个物理信道，就需要再增加载频。但是，这样的配置方式是低效且不需要的。主要原因是频率资源非常宝贵、紧缺，要充分利用每个载频的资源传送尽可能大的用户业务量。另一个原因是一些控制信道的信息传输量不大，不需要独占整个物理信道。因此，在 GSM 系统中，解决上述问题的方法是将控制信道进行复用，即在一个或两个物理信道上复用控制信道。

在 GSM 系统中，假设一个基站有 N 个载频，定义为 f_0、f_1、f_2、$\cdots$、$f_{(N-1)}$，每个载频有 8 个时隙，分别用 TS_0、TS_1、$\cdots$、TS_7 表示。其中，f_0 称为主载频。逻辑信道到物理信道的映射关系为：f_0 上的 TS_0 用于装载广播信道（BCH）和公共控制信道（CCCH），f_0 上的 TS_1 用于装载专用控制信道，而 f_0 上的 $TS_2 \sim TS_7$，以及 $f_1 \sim f_{(N-1)}$ 上的所有时隙全部用于装载业务信道。

四、帧偏离与时间提前量

（一）帧偏离

帧偏离是指前向信道的 TDMA 帧定时与反向信道的 TDMA 帧定时的固定偏差为 3 个时隙。其目的是简化设计，避免移动台在同一时间收发，但是保证收发的时隙号不变。

（二）时间提前量

在 GSM 系统中，突发脉冲的发送和接收必须严格在相应的时隙中进行，所以系统必须保证严格的同步。然而，移动用户是随机移动的，当移动台与基站距离远近不同时，其突发脉冲的传输时延也就不同。为了克服由突发脉冲的传输时延所带来的时间不确定，基站要指示移动台以一定的时间提前量发送突发脉冲，以补偿传播时延。

具体方法是，BTS 根据自己脉冲时隙与接收到的 MS 时隙之间的时间偏移测量值，在 SACCH 上通知 MS 所要求的时间提前量。正常通话中，当 MS 接近基站时，基站就会通知 MS 减小时间提前量；而当 MS 远离小区中心时，基站就会要求 MS 加大时间提前量。

第四节　GSM 的无线数字传输

为了增强 GSM 的无线链路传输性能，保证 GSM 的语音业务等通信的服务质量，GSM 系统中采用了一系列抗干扰及抗衰落技术。为简单起见，以下不加区分，统一称为抗衰落技术。

一、GSM 的抗衰落技术

（一）信道编码

信道编码用于提高 GSM 无线链路传输的可靠性和质量。但是信道编码是以增加数据长度、降低有效传输速率为代价的。GSM 采用的是混合信道编码方案，包括奇偶码、分组码和卷积码。

GSM 系统首先把语音分为 20ms 的语音帧，这 20ms 的语音帧通过语音编码器被数字化和语音编码后，产生 260bit 的比特流。根据这些比特对传输差错的敏感性分为 3 类：非常重要的、重要的和一般的。非常重要的比特有 50 个，其中任一比特的传输差错都会导致语音质量明显下降，需要进行严格的编码保护。重要的比特有 132 个，对差错的敏感性不如非常重要的比特，但是传输差错会影响帧差错率，也需要进行编码保护。一般的比特有 78 个，传输差错仅涉及误比特率，不影响帧差错率，所以不需要进行保护。一个语音帧经过信道编码后产生 456 个编码比特，编码速率为 22.8kbps。

(二)交织技术

经过信道编码后，组成语音信息的是一系列有序的帧。为了纠正连续突发差错，GSM 系统引入了二次交织技术来解决这个问题。

首先进行块内交织，即将 456bit 的语音编码块分为 8 段（D_1、D_2，…，D_8），每段 57bit，组成 8×57 的交织编码矩阵，进行第一次交织。

然后进行块间交织，即第二次交织。在发送的每个突发脉冲序列中，分别插入每块的 1 段，这样，一个 20ms 的语音编码块的 8 段被分别插入 8 个不同的普通突发脉冲中。最后，逐一发送突发脉冲，此时发送的突发脉冲序列中的前后 57bit 均来自不同的编码块。这样，即便在传输中一个突发脉冲出现错误，也只会影响一个编码块的少量比特，而且能通过信道编码加以纠正。

(三)维特比均衡

均衡用于解决符号间串扰问题，适合于信号不可分离多径且时延扩展远大于符号宽度的情况。均衡有两种基本途径：时域均衡和频域均衡。在 GSM 系统中，由于处理的业务信号是时变信号，因此采用时域均衡来达到整个系统无码间干扰。

实现均衡的算法有很多。GSM 标准中并没有对采用哪种均衡算法做出规定，但是有一个重要的限制，即采用的算法必须能够处理在 16μs 以内接收到的两个等功率的多径信号。因此，大多数 GSM 系统中都采用了维特比均衡算法。

(四)天线分集

实现分集的方法有空间分集、频率分集、时间分集、极化分集等。在 GSM 系统中，时间分集通过交织技术体现；频率分集通过跳频技术天线；而空间分集则通过在空间架设两个接收天线，独立接收同一信号实现。

GSM 系统中的空间分集主要用于基站或小区中，一个基站通常采用两个水平间隔数十个波长的天线接收同一信号，通过合并技术选出最强信号或合并成衰落最小信号。

（五）跳频技术

GSM 采用每帧改变频率的方法，即每隔 4.615ms 跳频一次，属于慢跳频。这是因为 GSM 要求在整个突发脉冲期间使用的频隙保持不变。

GSM 的每个小区分配一组频率（跳频频率集），每一个频率为 GSM 的一个频道（频隙）。时隙和频道构成了跳频信道。GSM 跳频在时隙和频隙上进行，即以一定的时间间隔（4.615ms）不断地在不同的频隙上跳频。

在一个频道上，GSM 规定最多可用的跳频次序个数为 64 个。对于 n 个指定的频率集合，可以建立 $64 \times n$ 个不同的跳频序列。它们由两个参数描述：跳频序列号（HSN）和移动指配偏置度（MAIO）。HSN（0~63）有 64 种不同值，规定跳频时采用哪种算法进行循环。MAIO 可包括全部 n 个频率，是从哪个频点开始循环的指示，即起跳点，其取值要根据跳频集内的频点数决定。通常，在一个小区内的所有信道采用相同的 HSN 和不同的 MAIO 进行跳频，可避免小区内信道间干扰。而在邻近小区之间，如果使用不相关的频率集合，可认为彼此之间没有干扰。但对于同频邻区，一定要保证 HSN 不同，这样可以最大限度地减少同频干扰。

（六）其他技术

在 GSM 系统中，采用功率控制、不连续发射（DTX）技术和非连续接收（DRX）技术可以有效地减少同信道干扰。

1. 功率控制

功率控制的目的是在保证通信服务质量的前提下，使发射机的发射功率最小。平均发射功率的减小就相应地降低了系统内的同道干扰。GSM 支持基站和移动台各自独立地进行发射功率控制，总的控制范围为 30dB，每步调节范围为 20dB，从 20mW 到 20W 的 16 个功率电平，每步精度为 ±3dB，最大功率电平的精度为 ±1.5dB。GSM 900 的 MS 最大发射功率为 8W。

GSM 功率控制过程：移动台测量信号强度和信号质量，并定期向基站报告，基站按预置的门限参数与之进行比较，然后确定发射功率的增减量。同理，移动台按预置的门限参数与之进行比较，然后确定发射功率的增减量。

在实际应用中，为避免整个系统因功率控制的正反馈造成恶性循环，GSM 系统对基站一般不采用发射功率控制，而主要对移动台的发射功率进行控制。基站的发射功率以满足覆盖区内移动用户的正常接收为准。通过功率控制可使通话中的平均信噪比改善 2dB。

2. DTX 技术

由前面已知，在典型的全双工通话中，实际上每次通话中语音存在时间小于 35%，即语音的激活期（或占空比）$d \leqslant 35\%$。如果在语音停顿时停止发送信号，就能减少对其他用户的干扰。在 GSM 系统中也采用了语音激活技术，即 DTX 技术。在原理上，DTX 技术在没有语音信息传输时不发送无线信号，从而使总干扰电平降低，以提高系统的效率。此外，该机制还可以节省移动台能量，延长移动台待机时间。

实际上，GSM 在 DTX 模式下，通话期间传输 13kbps 的编码语音，而在通话间隙即非激活期传输约 500bps 低速编码的噪声信号。这种噪声是人为制造的，不会让通话者厌烦，也不会被认为通话中断，因此称为"舒适噪声"。

DTX 模式在 GSM 中是可选的，在 DTX 模式下，传输质量会稍有下降。为实现 DTX，在发送端需要引入语音激活检测器（VAD），而在发送端和接收端都需要舒适噪声功能模块。VAD 的作用是检测语音激活期，以便在非激活期引入舒适噪声。发射机和接收机的舒适噪声功能模块分别完成舒适噪声的编码输出和解码输出。

3. DRX 技术

手机大多数时间处于空闲状态，随时准备接收 BTS 发送的寻呼信号，但是解码 PCH 信号会消耗一定的能量。为节省移动台能量，延长待机时间，GSM 系统按照用户识别码（IMSI）将移动台分为不同的寻呼组。不同寻呼组的手机在不同时刻接收系统的寻呼消息，无须连续接收。在非自身寻呼组时间中，移动台则处于休眠状态。当寻呼到自己所在组时，移动台才会对 PCH 信息进行解码，查看是否在寻呼自己。移动台这种接收系统寻呼信号的方式称为 DRX 技术。

二、GSM 的语音处理过程

根据前面讨论的语音编码技术和 GSM 无线传输技术，很容易理解 GSM 系统语音处理的一般过程。其中，GSM 语音编码方案是规则脉冲激励长期预测（RPE-LTP 码），编码速率为 13kbps。

第五节　GSM 系统的号码与地址识别

GSM 系统需要在其整个服务区域内为移动用户提供通信服务，并实现位置更新、越区切换等移动性管理功能。因此，在 GSM 网络中需要对服务区域进行划分，以便在移动性管理和通话接续时迅速准确地识别目标。另外，还需要对移动用户和 GSM 中的各单元部件进行号码定义，便于 GSM 调用相应的实体，实现 GSM 的通信服务及其他管理功能。

一、GSM 的区域划分

（一）小区

小区是 GSM 网络的最小单元，采用全球小区识别码进行标识。小区发射天线采用定向天线时，就是指扇区；采用全向天线时，就是指基站小区。

（二）基站区

基站区是由置于同一基站点的一个或数个基站收发信台（BTS）所覆盖的所有小区，即通常意义上一个全向基站控制的区域。

（三）位置区

位置区是指移动台可在该区域内任意移动而不需要进行位置更新的区域，可由几个基站区组成。设立位置区的目的是缩小寻呼范围，使网络不必在 MSC 所辖的所有小区中寻呼。

（四）MSC 区

MSC 区即移动业务交换区，是一个 MSC 管辖的区域。一个 MSC 区可由若干个位置区组成。

（五）PLMN 区

PLMN 区是一个公共陆地移动通信网（PLMN）能够覆盖的区域，一个公共移动网通常包含多个 MSC 区。在该区内具有相同的编号制度（比如相同的国内地区号）和共同的路由计划。

（六）服务区

服务区是移动通信网络覆盖到的区域，在这个区域中，用户可以直接拨叫移动台，而不必知道移动台的实际位置。一个服务区可以由 1 个或多个 PLMN 区组成，可以是一个国家或一个国家的一部分，也可以是若干个国家。

二、号码与识别

（一）移动台 ISDN 号码（MSISDN）

MSISDN（ISDN）号码是呼叫 GSM 网络中的一个移动用户时，主叫用户所拨打的号码，即用户的手机号，类似于固定网的 PSTN 号码。其号码结构如下：

（1）CC 为国家代码，表示注册用户所属的国家。中国的代码为86。

（2）NDC，数字蜂窝移动业务接入号，由 3 位数字组成。例如原中国移动的 NDC 有 139、138、137、136、135 和 134，原中国联通的 NDC 有 130、131、132。

（3）HLR 识别号 H_0，H_1，H_2，H_3，其中 H_0，H_1，H_2 为全国统一分配，H_3 为省内分配。

(4) 移动用户号 SN，为每个 HLR 中移动用户的号码，由各 HLR 自行分配。

后面 3 部分组成国内有效的 ISDN 号码，GSM 系统固定为 11 位。

(二)国际移动客户识别码(IMSI)

IMSI 是国际上为唯一识别一个移动用户所分配的号码，是 GSM 系统内部对每个用户的唯一标识，由运营商按照一定的规则进行分配，存储在 SIM 卡中。SIM 卡建立了 IMSI 和 MSISDN 的对应关系，这个对应关系存储在 HLR 中，人们利用手机号码通信时，其实在系统内部是转换成 IMSI 进行的。

IMSI 固定为 15 位数字的号码。其中，MCC 为移动国家号码，由 3 位数字组成，我国的号码为 460；移动网号 MNC 占 2 位，识别移动用户归属的移动网，例如，原中国移动 MNC=00，原中国联通 MNC=01；移动用户识别码 MSIN 有 10 位，由各国自行分配。

需要说明的一个问题是，为什么 GSM 系统不用 MSISDN 号码进行网络登记和呼叫建立，而又要引出一个 IMSI 号码呢？原因有两点：一是，不同国家移动用户的 MSISDN 号码不一样，这主要是因为它们的国家码 CC 长度不一样。如中国的 CC 为 86，美国的 CC 为 1，而芬兰的 CC 为 358。如果用 MSISDN 进行登记、建立呼叫，则在不同国家之间漫游或建立呼叫时处理过程就会非常复杂。二是，一个移动用户可以同时开通语音、数据、传真等不同业务，不同业务对应不同的 MSISDN 号。所以，移动用户的 MSISDN 号码不是唯一的，而 IMSI 号码则是全球唯一的。

(三)移动客户漫游号码(MSRN)

MSRN 是在移动台位置更新或漫游被呼时分配的一个临时号码，其号码结构与 MSISDN 相同。正在服务于被呼用户的 MSC/VLR 是由其产生的一个 MSRN 临时号码给出呼叫路由信息的，该号码在呼叫接续完成后即可释放给其他用户使用。MSRN 的分配有以下两种情况：

(1) 在位置更新时，由 VLR 分配 MSRN 后传送给 HLR。当 MS 离开该区域后，VLR 和 HLR 中都要删除该 MSRN，使此号码再分配给其他漫游用户使用。

(2) 每次 MS 有来话呼叫时，根据 HLR 的请求临时由 VLR 分配一个 MSRN，此号码只在某一时间范围(如 90 秒)内有效。

(四)位置区识别码(LAI)

LAI 用于识别 MS 所处的位置。当 MS 从一个位置区移动到另一个位置区时，需要进行位置更新。MCC 和 MNC 与 IMSI 中的号码相同，LAC 是位置区号码，最大为 16 位，在一个 PLMN 网络中可定义 65536 个不同的位置区。

（五）全球小区识别码（CGI）

CGI 用来识别一个小区（基站小区或扇形小区）所覆盖的区域。CGI 是在 LAI 的基础上再加上小区识别码（CI）构成的，其中 CI 为 2 字节的 BCD 码，由各 MSC 自定。

（六）基站识别码（BSIC）

BSIC 主要用于识别采用相同载频的、相邻的不同基站小区或扇区，特别用于识别不同国家、边界地区的基站。

NCC 是网络色码，有 3 位，用来识别相邻国家不同的 PLMN；BCC 是基站色码，有 3 位，用来唯一识别采用相同载频的相邻的不同 BTS。

（七）国际移动设备识别码（IMEI）

IMEI 是在全球范围内唯一的用来识别一个移动设备，用于监控被窃或无效的移动设备的识别码。IMEI 由 15 位数字组成。

其中，TAC（6 位）是型号批准码，由欧洲型号认证中心分配；FAC 是工厂装配码，由厂家编码，表示生产厂家及其装配地；SNR 是序列号，由厂家分配，识别每个 TAC 和 FAC 中的某个设备；SP 为备用码。

第六节　呼叫接续和移动性管理

在所有电话网络中，建立两个用户始呼和被呼的连接是通信网络的最基本任务，为了完成这一任务，网络必须进行一系列的操作，例如，定位用户所在的位置、识别被呼用户、识别用户所需提供的业务、建立/维持/释放连接等。在移动通信网络中，由于用户的移动性和无线链路连接，使得移动网络需要进行更多的操作才能顺利完成以上任务。这里重点从位置管理、越区切换、安全管理、呼叫连续几个方面对 GSM 系统的控制与管理进行详细介绍。

一、位置管理

GSM 系统位置管理的目的是使移动台始终与网络保持联系，以便移动台在网络覆盖范围内的任何地方都能接入网络；或者网络能随时知道移动台所在的位置，以使网络可随时寻呼到移动台。在 GSM 系统中，用各类数据库（如 HLR、VLR、SIM 卡等）维持移动台与网络的联系。

（一）位置登记（或网络附着）

1. 移动台首次登记

当一个移动用户首次入网时，由于在其 SIM 卡中找不到位置区识别码（LAI），它会立即申请接入网络，向 MSC 发送"位置更新请求"信息，通知 GSM 这是一个该位置区内的新用户。MSC 根据该移动台发送的 IMSI 中的信息，向该移动台的归属位置寄存器发送"位置更新请求"信息。HLR 把发送请求的 MSC 的号码记录下来，并向该 MSC 回送"位置更新接受"信息。至此，MSC 认为此移动台已被激活，便要求访问位置寄存器（VLR）对该移动台做"附着"标记，并向移动台发送"位置更新证实"信息，移动台会在其 SIM 卡中把信息中的位置区识别码存储起来，以备后用。

2. 移动台重新开机登记

移动台不是第一次开机，而是关机后又开机，需要对移动台做重新开机登记。移动台每次一开机，就会收到来自其所在位置区中的广播控制信道（BCCH）发出的位置区识别码（LAI），它会自动将该识别码与自身存储器中的位置区识别码（上次开机所处位置区的号码）相比较。若相同，则说明该移动台的位置未发生改变，无须更新位置，只需要在 VLR 中对该用户做"附着"标记。否则，认为移动台已由原来位置区移动到了一个新的位置区中，必须进行位置更新。此时，又有两种情况，即前后位置区是否属于同一个 VLR 控制区。若是，则只需要在 VLR 中更改成新的 LAI 并进行 IMSI"附着"即可。若不是，则需要向 HLR 发起"位置更新请求"，以便由其 HLR 通知原位置区中的 VLR 删除该移动台的相关信息。

3. 移动台关机（或网络分离）

当移动台由激活（开机）转换为非激活（关机）状态时，应启动 IMSI 分离进程，在相关的 HLR 和 VLR 中设置标志，使得网络拒绝对该移动台的呼叫，不再浪费无线信道发送呼叫信息。

4. 周期性位置登记

为了防止某些意外情况发生，进一步保证网络对移动台所处位置及状态的确知性，而强制移动台以固定的时间间隔周期性地向网络进行位置登记。可能发生一些意外情况，例如，当移动台向网络发送"IMSI 分离"信息时，由于无线信道中的信号衰落或受噪声干扰等原因，可能导致 GSM 系统不能正确译码，这就意味着系统仍认为该移动台处于附着状态。又如，当移动台在开机状态移动到系统覆盖区以外的地方，即盲区之内时，GSM 会认为该移动台仍处于附着状态。在以上两种情况下，该用户若被寻呼，系统就会不断地发出寻呼消息，无效占用无线资源。

为了解决上述问题，GSM 采用强制周期登记的措施，即要求 MS 每过一定时间就登记一次。若 GSM 系统在一定时间内没有收到 MS 的周期性登记信息，它所处的 VLR 就以"隐分离"状态标记该 MS，只有当再次接收到正确的周期性登记信息后，才将它改写成"附着"标记。

（二）位置更新

当用户从一个位置区移动到另一个位置区，移动台发现其存储的 LAI 与当前从网络接收到的 LAI 不一致时，就要执行位置更新操作。位置更新是由移动台发起的。根据位置区与 MSC 业务区的关系，位置更新有两种情况：同一 MSC/VLR 内不同位置区的位置更新和不同 MSC/VLR 内不同位置区的位置更新。

移动台由 Cell3 移动到 Cell4 的情况，就属于同 MSC(MSC A)中不同位置区的位置更新；移动台由 Cell3 移动到 Cell5 的情况，就属于不同 MSC(MSC A 和 MSC B)之间不同位置区的位置更新。

1. 同一 MSC/VLR 内的位置更新(局内位置更新)

HLR 并不参与位置更新过程。

(1)移动台漫游到新位置区时，分析出接收到的位置区号码和存储在 SIM 卡中的位置区号码不一致，就向当前的基站控制器(BSC)发送一个位置更新请求。

(2)BSC 接收到 MS 的位置更新请求，就向 MSC/VLR 发送一个位置更新请求。

(3)VLR 修改这个 MS 的数据，将位置区号码改成当前的位置区号码，然后向 BSC 发送一个应答消息。

(4)BSC 向 MS 发送一个应答消息，MS 将 SIM 卡中存储的位置区号码改成当前的位置区号码。这样，同一 MSC 局内的位置更新过程就结束了。

2. 不同 MSC/VLR 之间的位置更新(越局位置更新)

这种情况下的位置更新过程如图 5-1 所示。此时，HLR 需要参与位置更新过程。

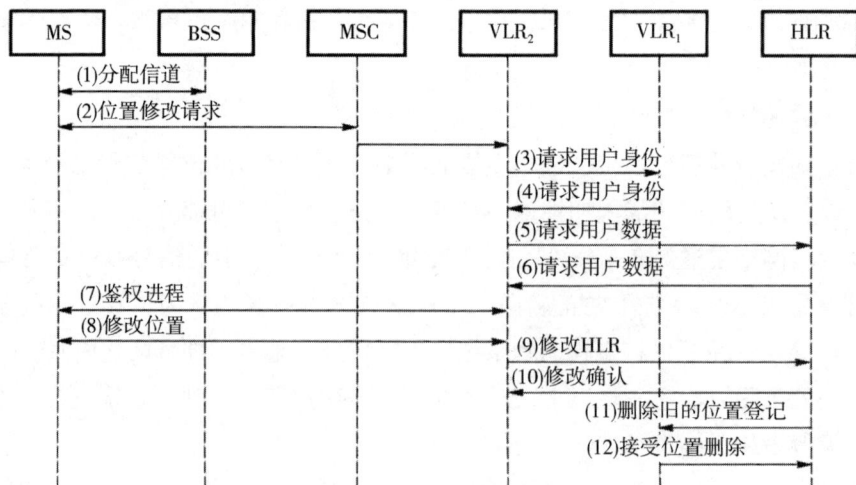

图 5-1　越局位置更新过程

图 5-1 中(1)~(2)，移动用户漫游到另一个 MSC 局时，移动台(MS)发现当前的位置区号码和 SIM 卡中存储的位置区号码不一致，就向 BSS 发位置更新请求，BSS 向 MSS 发送一个位置更新请求。

图 5-1 中(3)~(5)，MSC/VLR₂ 接收到位置更新请求，发现当前 MSC 中不存在该用户信息(从其他 MSC 漫游过来的用户)，就向用户登记的 HLR 发送一个位置更新请求。

图 5-1 中(6)，HLR 向 MSC/VLR₂ 发送一个位置更新证实，并将此用户的一些数据传送给 MSC/VLR₂。

图 5-1 中(7)~(8)，MSC/VLR₂ 通过 BSS 给 MS 发送一个位置更新证实消息，MS 接到该消息后，将 SIM 卡中位置区号码改成当前的位置区码。

图 5-1 中(9)~(12)，HLR 负责向 MSC/VLR₁ 发送消息，通知 VLR₁ 将该用户的数据删除。需要特别注意的是，每次位置更新时，都需要对用户进行鉴权。

二、越区切换

根据切换发生时原小区和目标小区在 GSM 区域划分中的关系，GSM 的越区切换有以下几种类型。

(一)同一 BSC 内不同小区间的切换

这种情况下，BSC 需要建立与新 BTS 间的链路，并在新小区分配一个 TCH 供 MS 切换到此小区后使用，而 MSC 对此不需要进行任何操作。由于切换后相邻小区发生了变化，MS 必须接收了解有关新小区的相邻小区信息。若 MS 所在的位置区也变了，那么在呼叫完成后还需要进行位置更新操作。同一 BSC 内不同小区间切换的具体工作流程如下：

(1)BSC 预订新 BTS 激活一个 TCH。

(2)BSC 通过旧 BTS 发送一个包括频率、时隙及发射功率参数的信息至 MS，此信息在 FACCH 上传送。

(3)MS 在规定新频率上发送一个切换接入突发脉冲，通过 FACCH 发送。

(4)新 BTS 接收到此突发脉冲后，将时间提前量信息通过 FACCH 回送给 MS。

(5)MS 通过新 BTS 向 BSC 发送一条切换成功的信息。

(6)BSC 要求旧 BTS 释放 TCH。

(二)同一 MSC/VLR 内不同 BSC 控制的小区间的切换

这种情况下，BSC 需要向 MSC 请求切换，然后建立 MSC 与新 BSC、新 BTS 的链路，选择并保留新小区内空闲的 TCH 供 MS 切换后使用。然后，命令 MS 切换到新频率的 TCH 上。

(1)旧 BSC 把切换请求及切换目的小区标识一起发给 MSC。

(2)MSC 判断是哪个 BSC 控制的 BTS，并向新 BSC 发送切换请求。

(3)新 BSC 预订目标 BTS 激活一个 TCH。

(4)新 BSC 把包含频率时隙及发射功率的参数通过 MSCJH BSC 和旧 BTS 传到 MS。

(5)MS 在新频率上通过 FACCH 发送接入突发脉冲。

(6)新 BTS 收到此脉冲后回送时间提前量信息至 MS。

(7)MS 通过新 BSC 发送切换成功信息至 MSC。

(8)MSC 命令旧 BSC 释放 TCH。

(9)BSC 转发 MSC 命令至 BTS 并执行。

（三）不同 MSC/VLR 控制的小区间的切换

这是一种最复杂的切换情况，切换时需要进行大量的信息传递。切换前的旧 MSC 一般称为服务 MSC，切换后的 MSC 一般称为目标 MSC，其具体工作流程如下：

(1)旧 BSC 把切换目标小区标志和切换请求发至旧 MSC。

(2)旧 MSC 判断出小区属另一个 MSC 管辖。

(3)目标 MSC 分配一个切换号（路由呼叫用）并向新 BSC 发送切换请求。

(4)新 BSC 激活 BTS 的一个 TCH。

(5)目标 MSC 收到 BSC 回送信息并与切换号一起转至旧 MSC。

(6)一个 MSC 间的连接建立也许会通过 PSTN 网。

(7)旧 MSC 通过旧 BSC 向 MS 发送切换命令，其中包含频率时隙和发射功率。

(8)MS 在新频率上通过 FACCH 发送接入突发脉冲。

(9)新 BTS 收到突发脉冲后通过 FACCH 回送时间提前量信息。

(10)MS 通过新 BSC 和目标 MSC 向旧 MSC 发送切换成功信息。

三、安全管理

由于移动通信使用安全性不高的无线链路传输信息，这就给移动通信网络带来了严格的安全管理任务。GSM 系统主要采取以下 4 种安全管理措施：用户接入鉴权、无线链路信息加密、移动设备识别、移动用户身份安全保护。

（一）用户接入鉴权

GSM 系统要求用户接入网络时需要进行鉴权认证。鉴权的目的：一是保护网络，防止非法盗用；二是保护用户，拒绝假冒合法用户的"入侵"。通过鉴权，系统可以为合法的用户提供服务，对不合法的用户拒绝服务。

对用户的鉴权操作往往和其他操作一起进行。鉴权发生的场合通常有：移动用户发起呼叫(不含紧急呼叫)，移动用户接受呼叫，移动台位置登记，移动用户进行补充业务操作、切换等。

GSM 鉴权原理是基于系统定义的鉴权键 Ki。当用户在网络上注册登记时，会被分配一个 MS1SDN、一个 IMSI 及一个与 IMSI 对应的移动用户鉴权键 Ki。Ki 被分别存放在网络端的鉴权中心(AuC)中和移动用户的 SIM 卡中。最简单的鉴权方法就是在 VLR 中验证网络端和用户端的 Ki 是否相同。很明显，这种方法带来的致命问题是用户将鉴权键 Ki 传输给网络时可能被人截获，从而导致鉴权失败或错误的鉴权。

GSM 系统采用的解决方法是用鉴权算法 A3 产生鉴权数据——符号响应(SRES)，鉴权时在无线链路上传输的是 SRES 而不是 Ki，通过在网络中比较移动台产生的 SRES 和 HLR/AuC 中的 SRES 是否相同来对用户进行鉴权。

关于鉴权的主要技术特点:

(1)鉴权三元组(三参数组)。在鉴权中心 AuC 中产生的随机数(RAND)、符号响应(SRES)、密钥(Kc)组成 GSM 的鉴权三元组。

(2)鉴权和加密算法。为了鉴权和加密，GSM 系统中采用了 3 种算法:A3、A8 和 A5 算法。其中，A3 算法用于用户接入网络的鉴权;A8 算法用于产生一个供用户数据加密使用的密钥 Kc;A5 算法用于用户数据在无线链路上的加密。

(3)鉴权过程。GSM 用户接入的鉴权过程如下。

①鉴权开始时，MSC、VLR 传送 RAND 至 MS;

②MS 用 RAND 和 Ki 算出 SRES 并返回 MSC/VLR;

③MSC/VLR 把收到的 SRES 与存储在其中的 SRES 进行比较，达到鉴权的目的。因为 SRES 是随机且加密的，所以在空中传输时即便被截获，也不会很容易地被破解。

关于鉴权的 4 点说明:

第一，由于鉴权中心提供的三参数组总是与每个用户相关联的，因此通常 AuC 与 HLR 合在同一个实体(HLR/AuC)中，或者 AuC 直接与 HLR 相连。

第二，MSC/VLR 在每次呼叫过程中通过检查系统所提供的三参数和用户响应的三参数是否一致来鉴定用户身份的合法性。

第三，一般情况下，AuC 一次能产生这样的 5 个三参数组。AuC 会把这些三参数组传送给用户的 HLR，HLR 自动存储以备后用。对一个用户，HLR 最多可存储 10 组三参数。当 MSC/VLR 向 HLR 请求传送三参数组时，HLR 会一次性地向 MSC/VLR 传送 5 组三参数组。MSC/VLR 一组一组地用，当用到只剩 2 组时，就向 HLR 请求再次传送。这样做的一大好处是，鉴权算法程序的执行时间不占用移动用户实时业务的处理时间，有利于提高呼叫接续速度。

第四，鉴权算法(A3)和加密算法(A5 和 A8)都由泛欧移动通信谅解备忘录组织(GSM

的 MOU 组织)进行统一管理，GSM 运营部门需与 MOU 签署相应的保密协定后方可获得具体算法，SIM 卡的制造商也需签定协议后才能将算法写到 SIM 卡中。

(二)无线链路信息加密

用户通过接入鉴权后，其在无线链路上传输的用户数据和信令也需要进行安全保证，即需要进行信息加密。无线链路信息加密的过程如下：

(1)加密开始时，根据 MSC/VLR 发出的加密指令，BTS 侧和 MS 侧均开始使用 Kc。

(2)MS 侧，由 Kc、TDMA 帧号一起经 A5 算法，对用户信息数据流加密，在无线路径上传输。

(3)BTS 侧，把从无线信道上收到的加密信息流、TDMA 帧号和 Kc，再经过 A5 算法解密后传送给 BSC 和 MSC。

(4)上述过程反之亦然。

(三)移动设备识别

移动设备识别的目的是，确保系统中使用的移动设备不是盗用或非法的设备。具体过程如下：

(1)MSC/VLR 向移动用户请求 IMEI(国际移动台设备识别码)，并将 IMEI 发送给 EIR(设备识别寄存器)。

(2)收到 IMEI 后，EIR 使用以下定义的 3 个清单：

①白名单：包括已分配给参加运营者的所有设备识别序列号码；

②黑名单：包括所有被禁止使用的设备识别号码；

③灰名单：由运营者决定，例如包括有故障的及未经型号认证的移动设备。

(3)将设备鉴定结果送给 MSC/VLR，以决定是否允许其入网。

(四)移动用户身份安全保护

1. 用户的个人身份号

PIN 是一个 4~8 位的个人身份号(PIN)，用于控制对 SIM 卡的使用。只有 PIN 码认证通过，移动设备才能对 SIM 卡进行存取，读出相关数据，并可以入网。每次呼叫结束或移动设备正常关机时，所有的临时数据都会从移动设备传送到 SIM 卡中，再打开移动设备时，要重新进行 PIN 码校验。

如果输入的 PIN 码不正确，用户可以再连续输入 2 次。如果连续 3 次输入不正确，SIM 卡将被闭锁，需到网络运营商处解锁。连续 10 次输入不正确时，SIM 卡会被永久闭锁，即作废。

2.用户临时识别码

为了保护移动用户的真实用户临时识别码(IMSI)或防止跟踪移动用户的位置,保证移动用户识别的安全性,VLR 给来访移动用户在位置登记(包括位置更新)或激活补充业务时,分配一个与 IMSI 唯一对应的 TMSI 号码。在呼叫建立和位置更新时,GSM 系统在空中接口传输使用 TMS1 来代替 IMSI。TMSI 仅在该 VLR 所管理的区域中使用。

TMSI 由 MSC/VLR 分配,并不断更新,更换周期由网络运营者决定。具体使用过程:每当 MS 用 IMS1 向系统请求位置更新、呼叫建立或业务激活时,MSC/VLR 对它进行鉴权;允许入网后,MSC/VLR 产生一个新 TMSI,通过给 IMSI 分配 TMSI 的信令将其传送给 MS,写入用户的 S1M 卡;此后,MSC/VLR 和 MS 之间的信令交换就使用 TMSI,而用户的 IMSI 不在无线路径上传送。

四、呼叫接续

用户呼叫是 GSM 系统最基本、最重要的功能之一。GSM 呼叫接续一般分为两个过程:移动台始呼和移动台被呼,也称为移动台主叫或移动台被叫。

(一)移动台始呼

一般主叫过程分为接入请求阶段、鉴权加密阶段、TCH 指配阶段、提取被叫用户路由信息阶段。

(1)移动用户通过随机接入信道(RACH)向系统发送接入请求消息。这个阶段主要包括信道请求、信道激活、信道激活响应、立即指配、业务请求等步骤。经过这些步骤后,MS 和 BTS/BSC 建立了暂时固定的关系。

(2)系统对用户接入网络进行鉴权。若系统允许该主呼用户接入网络,则 MSC/VLR 发送证实接入请求消息。这个阶段主要包括鉴权请求、鉴权响应、加密模式命令、加密模式完成、呼叫建立等步骤。经过这个阶段,主叫用户的身份得到确认,如果主叫是一个合法用户,则允许继续该呼叫;否则,拒绝为该用户提供服务。

(3)TCH 指配阶段。主要包括指配命令、指配完成。经过这个阶段,MSC/VLR 分配给用户一个专用语音信道,查看主呼用户的类别并标记此主叫用户提示忙。至此,主叫用户的语音信道已经确定,如果在以后被叫接续的过程中不能接通,主叫用户可以通过语音信道听到 MSC 的语音提示。

(4)提取被叫用户路由信息阶段。主要包括向 HLR 请求路由信息、HLR 向 VLR 请求漫游号码(MSRN)、HLR 向 MSC 回送 MSRN、MSC 分析 MSRN 得到被叫的局向,然后进行话路接续。如果被呼叫用户是固定用户,则系统直接将被呼用户号码经固定网(PSTN)路由至目的地;如果被呼号是同网中的其他移动台,则 MSC 以类似从固定网发起呼叫处理方式进行 HLR 的请求过程,转接被呼用户的移动交换机。

(5)一旦被呼用户的链路准备好，网络便向主呼用户发出呼叫建立证实；主呼用户等候被呼用户响应证实信号，这时完成移动用户主呼的过程。

（二）移动台被呼

下面以 PSTN 用户呼叫移动用户为例，描述移动台被呼的建立流程。具体过程如下：

(1)固定网的用户拨打移动用户的电话号码 MSISDN。

(2)PSTN 交换机分析 MSISDN 号码。

(3)GMSC 分析 MSISDN 号码。

(4)HLR 分析由 GMSC 发来的信息。

(5)HLR 查询当前为被呼移动用户服务的 MSC/VLR。

(6)由服务于被呼用户的 MSC/VLR 得到呼叫的路由信息。

(7)MSC/VLR 将呼叫的路由信息传送给 HLR。

(8)GMSC 接收包含 MSRN 的路由信息。

(9)GMSC 把呼叫接续到服务的 MSC/VLR，后者在被叫用户的位置区内进行寻呼。

(10)被叫用户响应寻呼，网络为其分配控制信道和业务信道，建立呼叫连接，完成一次呼叫建立。

（三）端到端的呼叫流程

实际上，由于主/被叫用户所在网络和所在位置不同，GSM 系统的一个端到端呼叫流程可能包括多种具体形式，如以下情况：

(1)移动呼移动(主/被叫在同一 MSC)。

(2)移动呼移动(主/被叫不在同一 MSC)。

(3)移动呼固定。

(4)固定呼移动(被叫在 GMSC)。

(5)固定呼移动(被叫不在 GMSC)。

第七节　通用分组无线业务(GPRS)

一、GPRS 概述

GPRS 是 GSM 向第三代移动通信演进的第一步，是一种基于 GSM 的移动分组数据业务，面向用户提供移动分组的 IP 或者 X.25 连接。GPRS 又称为 2.5G 系统。

GPRS 的目的是为用户提供端到端的基于分组交换和传输技术的移动数据业务，能充分利用网络资源，特别适合于长时间、小流量的突发数据业务。GPRS 要求后向兼容 GSM，要求以最小改动、最小代价在 GSM 网络上实现平滑升级，向移动用户提供通用分组无线数据传输服务。与 GSM 基于信令信道提供数据业务的方式相比，GPRS 的数据传输速率更快，信息传输量更大。

（一）GPRS 的特点

GPRS 系统采用与 GSM 系统相同的频段、频带宽度、突发结构、无线调制技术、跳频规则、TDMA 帧结构，并保留了 GSM 网络定义的无线接口。GPRS 在信道分配、接口方式、数据传输等方面体现了分组业务的特点，提出了多时隙数据传输和新的信道编码类型，数据传输速率最高可达 171.2kbps。在 GSM 网络基础上构建 GPRS 网络时，GSM 系统中的绝大部分部件都不需要做硬件改动，只须做软件升级。对于 GSM 来说，GPRS 是一种补充而不是替代。

GPRS 的主要特点如下：

(1)分组交换，多用户可共享一个物理信道，提高频率利用率。

(2)支持中、高速率数据传输，最高 171.2kbps。

(3)4 种新的编码方案，即 CS-1、CS-2、CS-3 和 CS-4。

(4)网络接入速度快，可快速地建立/清除呼叫。

(5)支持基于标准数据通信协议的应用，引入新业务简单、方便。

(6)支持特定的点到点和点到多点服务。

(7)安全功能同现有的 GSM 安全功能一样。

(8)可提供按时间、数据量、内容等灵活的计费方式。

（二）GPRS 的业务

GPRS 可支持点对点(PTP)和点对多点(PTM)两种承载业务，并可为用户提供一系列交互式电信业务，包括用户终端业务、补充业务、短消息业务、匿名接入业务等。

1. GPRS 承载业务

(1)PTP 业务。

PTP 是 GPRS 网络在业务请求者和业务接收者之间提供的分组传送业务，又分为面向无连接的网络业务(PTP-CLNS)和面向连接的网络业务(PTP-CONS)。

(2)PTM 业务。

PTM 是根据某业务请求者的请求，把信息传送给多个或一组用户，由 PTM 业务请求者定义用户组成员，又分为点对多点广播业务(PTM-M)和点对多点组播业务(PTM-G)。

2. 用户终端业务

（1）基于 PTP 的用户终端业务。包括信息点播业务、E-mail 业务、会话业务、远程操作业务等。

（2）基于 PTM 的用户终端业务。包括点对多点单向广播业务和集团内部点对多点双向数据量事务处理业务等。

（三）GPRS 的业务质量

GPRS 为用户提供了业务质量（QoS）的 5 种基本属性：可靠性等级、延迟等级、优先级、峰值吞吐量等级、平均吞吐量等级。

上述的每一种属性都有多个级别的值可供选择，不同级别属性值的组合构成了对要求不同的 QoS 的各种业务的支持。GPRS 标准中定义的这种 QoS 组合有多种，但实际中 GPRS 网络只支持其中的一部分 QoS 配置。

GPRS QoS 定义文件（Profile）与每一个包数据协议（PDP）相关联，一般被当作一个单一的参数，具有多个数据传递属性。在 QoS 协商过程中，移动台可为每一个 QoS 属性申请一个值，包括存储在 HLR 中用户开户的缺省值；网络也为每一个属性协商一个等级，能够与有效的 GPRS 资源相一致，以便提供适当的资源支持已经协商的 QoS 定义文件。

二、GPRS 网络结构

GPRS 网络是在已有的 GSM 网络基础上，在核心网络中增加一个分组交换域，支持在移动终端和标准数据通信网的路由器之间传递分组业务。新引入的分组交换域主要包括 GPRS 服务支持节点（SGSN）和 GPRS 网关支持节点（GGSN）。无线接入部分新引入的功能单元是分组控制单元（PCU）。为支持 GPRS 与 GSM 的兼容，GSM 系统中原有的相关功能实体（如 MSC/VLR、HLR 等）还需要进行软件升级。

（一）新增主要网元、功能及接口

1. SGSN

SGSN 的功能类似于 GSM 中的 MSC/VLR，主要是对移动台进行鉴权；移动性管理和路由选择；建立移动台到 GGSN 的传输通道；接收基站子系统透明传来的数据，进行协议转换后经过 GPRS 的 IP 骨干网传输给 GGSN（或 SGSN），或反向进行；进行计费和业务统计等。在一个归属 PLMN 内，可以有多个 SGSN。

SGSN 和 GGSN 利用 GPRS 隧道协议（GTP）对 IP 或 X.25 分组进行封装，实现二者之间的数据传输。

SGSN 接口及功能如表 5-3 所列。

表 5-3　SGSN 接口及功能

接口	连接 SGSN	功能
Gb	BSS	传输信令和话务信息 支持流量控制 支持移动性管理和会话功能 支持 MS 经 BSS 到 SGSN 间分组数据的传输
Gn	SGSN 或 GGSN （同 PLMN）	支持用户数据和有关信令的传输 支持移动性管理
GP	SGSN 或 GGSN （不同 PLMN）	与 Gn 接口功能相似，还提供边缘网关 BG、防火墙 及不同 PLMN 间互联功能
Gs	MSC/VLR	支持 SGSN 和 MSC/VLR 之间的配合工作，如发送 MS 的位置信息或接收来自 MSC/VLR 的寻呼信息
Gr	HLR	支持 SGSN 接入 HLR，并获得用户管理数据和位置 信息
Gf	EIR	支持 SGSN 与 EIR 交换数据，认证 MS 的 IMEI 信息
Gd	SMS-GMSC	提高 SMS 的使用效率

2. GGSN

GGSN 实际上是 GPRS 对外部数据网络的网关或路由器，提供 GPRS 和外部分组数据网的互联。GGSN 接收移动台发送的数据，选择相应的外部网络；或接收外部网络的数据，根据其地址选择 GPRS 网内的传输通道，传输给相应的 SGSN。此外，GGSN 还有地址分配和计费等功能。

GGSN 接口及功能如表 5-4 所列。

表 5-4　GGSN 接口及功能

接口	连接 GGSN	功能
Gn、Gp	SGSN	见 SGSN 的对外接口
Gi	外部分组数据网	与外部分组数据网互联（如 IP、X.25 等）
Gc	HLR	获得 MS 的位置信息，从而实现网络发起的数据业务

3. PCU

PCU 一般位于 BSC 中，用于处理数据业务，并将数据业务从 GSM 语音业务中分离出来。PCU 完成逻辑链路与物理链路的映射、数据包拆封、数据包确认和无线数据信道的分配等功能。由于 BSC 中引入 PCU，所以 BSC 中的软件也需要升级。另外，BTS 也要配合 BSC 进行相应的软件升级。

4. 计费网关

GPRS 系统的计费与只提供语音业务的 GSM 系统不同，计费信息需包括源点和终点地址、无线接口的使用、外部分组数据网的使用、PDP 地址的使用等。GPRS 呼叫记录在 GPRS 业务节点产生。GGSN 和 SGSN 可以不存储计费信息，但需要产生计费信息。计费网关(CG)则从 GPRS 节点搜集计费信息，进行合并与处理工作，产生呼叫的详细记录，然后将这些记录发送给计费系统。因此，CG 是 GPRS 与计费系统之间的通信接口。

5. 域名服务器

GPRS 网络与互联网采用 TCP/IP 协议进行连接时，与互联网进行分组数据交换的每个 GPRS 用户都需要一个 IP 地址。如何使 GPRS 网络内的地址与 IP 地址相对应正是域名服务器(DNS)需要做的工作。DNS 提供域名解析功能，负责进行网络域名与 IP 地址之间的映射和转换。GPRS 中有两种类型的 DNS：一种是 GGSN 同外部网之间的 DNS，对外部网的域名进行解析；另一种是 GPRS 骨干网上的 DNS，解析 SGSN 或 GGSN 的 IP 地址。

(二)GPRS 移动台

GPRS 并没有在 MS 中添加新的网络单元，但是由于原有的 GSM 网络只用于语音通话，升级为 GPRS 网络后，MS 必须具备传输语音的电路交换和传输数据的分组交换两种方式。这使得系统对移动台的要求提高，原来的 GSM 不能支持 GPRS 业务。因此，GPRS 系统中必须采用 GPRS 或 GPRS/GSM 双模移动台。

GPRS 的移动台分为以下 3 类。

1. A 类

A 类 GPRS 手机能同时连接到 GSM 和 GPRS 系统，能在两个系统中同时激活，能同时侦听两个系统的信息，并能同时启动，同时提供 GPRS 和 GSM 的业务。用户能在两种业务上同时发起/接收呼叫，自动进行业务切换。例如，在 A 类 GPRS 手机传送分组业务期间，若有其他用户拨打 A 类手机，A 类手机可应答呼叫，并在通话时始终保持数据的传输。

2. B 类

B 类 GPRS 手机能同时连接到 GSM 和 GPRS 系统，但不能在两个系统中同时激活。也就是说，MS 可同时监测 GPRS 和其他 GSM 业务的控制信道，但同一时刻只能运行一种业务。B 类手机能在两个系统中自动进行业务切换。比如，在 B 类 GPRS 手机传送分组业务期间，若有其他用户拨打 B 类手机，B 类手机会有相应的提示，应答后就自动切换到语音通话，但分组数据传输被悬置，待语音通话结束后，系统又自动切换回分组数据传输。

3. C 类

C 类 GPRS 手机只能轮流使用 GPRS 服务或 GSM 服务，可以人工选择在两种系统之间进行切换，无法同时使用两种服务。

三、GPRS 的空中接口

(一) 物理层

GPRS 网络采用与 GSM 相同的频段、频带宽度、突发结构、无线调制技术、跳频规则以及 TDMA 帧结构。在 GPRS 规范中，物理层引入了新的逻辑信道、复帧结构和编码方式。为了在误码率和吞吐量之间达到平衡，引入了链路适配机制调整编码方案。

1. GPRS 帧结构

GSM 系统中，复帧就是由固定数目的 TDMA 帧组合在一起来实现特定功能的集合。GSM 系统中使用的物理信道和逻辑信道的概念，映射关系仍然适用。GPRS 与 GSM 不同之处在于，GPRS 网络可以动态地配置逻辑信道向物理信道的映射，根据网络的负荷自适应地分配或释放无线资源。

GPRS 系统的 52 复帧由 12 个用于传输数据的无线块（B0~B1）、2 个用于传输定时提前量的 TDMA 帧（X），以及 2 个用于进行邻区 BSIC 测量的 TDMA 帧（I）组成。

GPRS 系统中，一个物理信道也指一个分组数据信道（PDCH），由所在频点和时隙决定。同一个 PDCH 上的 4 个连续突发脉冲（NB）组成一个无线块，用于承载逻辑信道，用来传输数据和信令。52 复帧的周期为 240ms，在每个 MS 分配一个无线块的情况下，240ms 的时间内最多可以允许 12 个用户同时传输。在这种情况下，用户的吞吐量将非常小，但它至少提供了一个时隙在多用户间的复用机制。

GPRS 采用 4 种新的信道编码方式，编码速率（单时隙）分别为 CS-1（9.05kbps）、CS-2（13.4kbps）、CS-3（15.6kbps）、CS4（21.4kbps）。GPRS 支持多时隙的传输方式，最多可达 8 个时隙。

2. GPRS 分组逻辑信道

在 GPRS 系统中，一个逻辑信道可以由 1 个或若干个物理信道构成。MS 与 BSS 之间需要传送大量的用户数据和控制信令，不同种类的信息由不同的逻辑信道传送，逻辑信道映射到物理信道上。GPRS 中主要是增加了分组数据链路逻辑信道，具体如下：

（1）分组业务信道。

分组业务信道即分组数据业务信道（PDTCH），PDTCH 用于在分组交换的模式下承载用户信息，主要用于传送语音业务和数据业务。通常，为了有效传输数据，可以在一个物理信道上动态分配 PDTCH 的使用。PDTCH 在某个时间内可以只属于一个 MS 或者一组 MS。在多时隙工作模式下，一个 MS 可并行使用多个 PDTCH 用于一个数据分组传输，MS 实际使用的时隙数取决于 MS 的多时隙级别。

PDTCH 为双向业务信道，但在使用时是上下行独立分配的。与电路型双向业务信道不同，PDTCH 可以不成对使用，它或者是上行信道（PDTCH/U），用于移动台发起分组数据传输；或者是下行信道（PDTCH/D），用于移动台接收分组数据。

（2）分组控制信道。

分组控制信道用于承载信令、同步数据和传送控制信息，主要分为以下3类。

①分组公共控制信道（PCCCH），用于分组数据公共控制信令的传送，又分为以下4种。

第一，分组随机接入信道（PRACH），上行信道，用于移动台发送随机接入信息或为请求分配一个或多个PDTCH寻呼的响应。

第二，分组寻呼信道（PPCH），下行信道，用于寻呼移动台。

第三，分组接入允许信道，下行信道，用于向移动台分配PDTCH信道。

第四，分组通知信道（PNCH），下行信道，用于通知移动台点到多点（PTM-M）通知信息的传送。

②分组广播控制信道（PBCCH），下行信道，一个小区中可以只有一个PBCCH。PBCCH广播分组数据的特定系统信息。如果不配置PBCCH，则由GSM系统原有的广播控制信道（BCCH）广播分组操作的信息，以及与接收相关的GPRS信息：在BCCH上会给出明确的指示，指明本小区是否支持分组数据业务。如果支持且具有PB-CCH，则会给出PBCCH的组合配置信息。与BCCH不同的是，PBCCH可以映射到任意载频的任意时隙上。PBCCH是可选配置，只有在PCCCH存在时才需要。

③分组专用控制信道（PDCCH），用于分组数据专用控制信令的传送，又分为以下3种。

第一，分组随路控制信道（PACCH），双向信道，用于传输功率控制信息、测量和证实等信息。每个单向的PDTCH都具有上下行两个方向上的PACCH信道。PDTCH方向上的PACCH将占用PDTCH的资源，而反方向上的PACCH则动态分配。

第二，上行分组定时控制信道（PTCCH/U），传输随机接入突发脉冲，用于估计处于分组传输模式下的移动台的时间提前量。

第三，下行分组定时控制信道（PTCCH/D），向多个移动台传输定时提前信息，用于更新时间提前量。一个PTCCH/D可以对应多个PTCCH/U。

（二）空中接口协议栈

GPRS的协议栈的各层主要功能如下。

1. 媒体接入控制层（MAC）

媒体接入控制层，主要控制无线信道的接入信令过程（请求和允许），以及将LLC层帧映射为GSM的物理信道。

2. 无线链路控制层（RLC）

无线链路控制层，主要提供与无线解决方案有关的可靠的链路。

3. 逻辑链路控制层（LLC）

逻辑链路控制层，在MS与SGSN之间提供安全可靠的逻辑链路，并且独立于低层无线接口协议，以便允许引入其他 GPRS 无线解决方案。

4. 子网汇聚协议(SNDCP)

子网汇聚协议，位于 LLC 层的上面和网络层的下面，提供了对协议的透明性。它可支持不同的网络层协议，如 IP、X.25 等多种协议，可以在不更改 GPRS 协议的基础上引入新的网络层协议。

5. IP

IP 是 GPRS 骨干网协议，用于用户数据和控制信令的路由选择。

6. TCP/UDP

TCP/UDP 用于传送 GPRS 骨干网内部的 GTP(GPRS 的隧道协议)分组数据单元。

四、GPRS 的移动性管理和会话管理

GPRS 的移动性管理主要包括 GPRS 附着/去附着、小区/路由区更新、路由器/位置区联合更新等过程。通过 GPRS 附着/去附着过程，MS 能够建立与 GPRS 网络的连接，而当 MS 在 GPRS 网络中移动时，则通过小区/路由区更新过程保证自身的位置为网络所了解。GPRS 会话管理包括 PDP 上下文激活/去激活、PDP 上下文修改等过程，保证 MS 准确地连接到外部数据网络。因此，GPRS 手机连接到数据网络需要两个阶段：连接到 GPRS 网络(GPRS 附着)和连接到外部数据网络(PDP 关联)。

从业务管理角度来看，GPRS 有两个管理过程：移动性管理(GMM)和会话管理(SM)。移动性管理支持 GPRS 用户的移动性，如将用户当前位置通知网络等。会话管理则是 GPRS 移动台连接到外部数据网络的处理过程，主要功能是支持移动用户对 PDP 关联的处理。

(一)GPRS 区域划分

小区(一个 BTS 覆盖的区域)→GPRS 业务区(全部成员国)→PLMN 业务区(每国一个或多个)→SGSN 服务区(由一个 SGSN 控制的区域)→SGSN 路由区 RA(定位和寻呼)，其中，路由区(RA)是 GPRS 区域划分中一个非常重要的概念。定义路由器的作用是为了更有效地寻呼 GPRS 用户。路由区是由路由区标识(RAI)来识别的，RAI 的结构为：RAI=MCC+LAC+RAC。其中，MCC 为移动国家号码；LAC 为位置区号码；RAC 为路由器号码。RAI 是由运营商确定的。RAI 作为系统信息进行广播，移动台监视 RAI，以确定是否穿越了路由区边界。如果穿越了边界，移动台将启动路由区域更新过程。路由区由一个或多个小区组成，最大的路由区为一个位置区(LA)，一个路由区只能由一个 SGSN 提供服务。

(二)三种移动性管理状态(MS 的 3 种状态)

GPRS 移动用户的移动性管理(MM)状态在 GPRS 协议中的 GMM 层定义。GPRS 移动台的 MM 状态有 3 种：空闲状态(IDLE)、守候状态(STANDBY)、就绪状态(READY)。每

个 MS 的 MM 状态由 MS 和 SGSN 共同管理,在 MS 和 SGSN 中 MM 状态的转换稍有不同。

1. 空闲状态

移动台已开机,但没有附着到 GPRS 网络上,MS 和 SGSN 的 MM 上下文中没有移动台有效位置和路由信息,移动台也无法识别 GPRS 网络,不能执行与用户相关的移动性管理操作。如果移动台进入 GPRS 盲区,也将进入空闲状态。在此状态下,MS 只能接收 PTM-M 业务信息,而不能接收和发送 PTP 和 PTM-G 业务。

2. 守候状态

处于守候状态时,移动台附着到 GPRS 网络上,并且 MS 和 SGSN 建立了 MM 上下文连接。但是,SGSN 对 MS 的移动性管理停留在路由区(RA)层次上。MS 可以接收 PTM-M 和 PTM-G 业务,但不能收发 PTP 业务,也不能发送 PTM-G 业务。

3. 就绪状态

在此状态下,SGSN 中对应的该 MS 的 MM 上下文中增加了 MS 所驻留小区的位置信息,MS 与 GPRS 移动性管理建立关联,MS 可以接收数据,也可以激活(或清除)PDP 关联,向外部 IP 网络发送数据。MS 和 GPRS 网络的分组传输正在进行中或刚刚结束,此时 SGSN 具有在小区层次上对移动台进行管理的能力,因为它了解 MS 所在的小区信息。

在一定条件下,GPRS 网络中的这 3 种 MM 状态可以相互转换。

(三)MM 上下文和 PDP 上下文

1. MM 上下文

GPRS 的移动性管理(MM)是指移动台在以上 3 种 MM 状态之间的相互转换。每种状态对应特定的功能及相关信息。在 MS、SGSN、MSC/VLR 及 HLR 中分别存储着 MS 的相关信息,这些状态和相关信息就组成了 GPRS 的 MM 上下文。例如,在 SGSN 中存储的相关信息有 IMSI、MM 状态、P-TMSI、P-TMSI 签名、路由区标识(RAD、当前小区标识、Kc 和加密算法等。

2. PDP 上下文

如果一个移动台所申请的 GPRS 业务涉及一个或多个外部分组数据网络,如互联网、X.25 等,在其 GPRS 签约数据中就将包括一个或多个与这些网络对应的分组数据协议(PDP)地址,每个 PDP 地址对应一个 PDP 上下文。每个 PDP 上下文由 PDP 状态及相关信息来描述,通常包括:接入点名(APN),指相关联的 GGSN;业务接入点标识(NSAPI);LLC 业务接入点标识(LLC SAPI);PDP 地址;请求的 QoS;射频优先级别;协议配置选项,等等。

PDP 上下文在 MS、SGSN 和 GGSN 中处理并保存。一个移动台可以同时激活几个 PDP 上下文,所有 PDP 上下文都与该用户唯一的一个 MM 上下文相关联。在 HLR 中将保存移动台的 PDP 上下文记录。

(四) GPRS 附着/去附着

MS 进行 GPRS 附着后才能获得 GPRS 业务的使用权。也就是说，MS 如果通过 GPRS 网络接入互联网或查看电子邮件，首先必须使 MS 附着到 GPRS 网络。在附着过程中，MS 将提供身份标识(P-TMSI 或者 IMSI)、所在区域的 RAI 及附着类型。GPRS 附着完成后，MS 进入 READY 状态，并在 MS 和 SGSN 中建立 MM 上下文，之后 MS 才可以发起 PDP 上下文激活过程。附着类型包括 GPRS 附着和 GPRS/IMSI 联合附着两种类型。

当 MS 不需要 GPRS 业务时，需要发起 GPRS 去附着过程。GPRS 去附着过程可以由 MS 或网络发起，网络侧去附着过程又分为 SGSN 发起和 HLR 发起两种情况。如果执行了 GPRS 去附着过程，可以删除 PDP 上下文。GPRS 去附着过程包括 IMSI 去附着、GPRS 去附着和 GPRS/IMSI 联合去附着 3 种类型。GPRS 附着的 MS 可以通过发送去附着信息到 SGSN 请求 GPRS 去附着或者 GPRS/IMSI 联合去附着。而未附着 GPRS 的用户则通过 A 接口发起 IMSI 去附着过程。

(五) GPRS 位置更新

当 GPRS 移动台在 GPRS 网络中移动时，会发起以下几种位置更新过程：

(1) RA 内小区间位置更新。当 MS 处于就绪状态，在 RA 内从一个小区移动到另一个小区时，MS 要进行小区的位置更新。

(2) SGSN 内部的路由区(RA)更新。

(3) SGSN 之间的 RA 更新。

(4) RA/LA 联合更新。当 SGSN 与 MSC/VLR 建立关联后，还有一种 SGSN 之间的 RA/LA 联合更新。

(六) GPRS 的会话管理

当移动台附着到 GPRS 网络后，如果发送电子邮件或浏览网页，移动台必须执行 PDP 上下文激活程序，才能和外部数据网络通信。PDP 上下文激活是指网络为移动台分配 IP 地址，使 MS 成为 IP 网络的一部分。数据传送完成后，再删除该地址。

GPRS 中的会话管理就是指 GPRS 移动台连接到外部数据网络的处理程序。GPRS 会话管理包括连接到 IP 网络(PDP 关联)、PDP 上下文激活、去激活和修改、MS 或网络发起分组数据业务，还包括匿名接入时 PDP 上下文的激活/去激活。匿名接入是指移动用户可以不经鉴权加密程序与特定的主机交换分组数据，主机可通过支持的互联互通协议来寻址，匿名接入产生的资费由被叫支付。

第六章

CDMA 移动通信技术

第一节　CDMA 的基本原理

CDMA(码分多址)包含两项基本技术:一项是码分技术,其基础是扩频通信技术;另一项是多址技术。将这两项基本技术结合,并吸收其他一些关键技术,形成了码分多址移动通信系统的技术支撑。

一、扩频通信技术

扩频通信技术,即扩展频谱通信,它与光纤通信、卫星通信一同被誉为进入信息时代的三大高技术通信传输方式。

(一)扩频通信的理论基础

扩频通信的基本思想和理论依据是香农公式。香农在信息论的研究中得出了信道容量的公式:

$$C = B \times \log_2\left(1 + \frac{S}{N}\right) \qquad (6-1)$$

式中: C ——信道容量,单位为 bit/s;

　　　B ——信号频带宽度,单位为 Hz;

　　　S ——信号平均功率,单位为 W;

　　　N ——噪声平均功率,单位为 W。

这个公式指出:如果信道容量 C 不变,则信号带宽 B 和信噪比 S/N 是可以互换的。只要增加信号带宽就可以在较低的信噪比的情况下，以相同的信息速率来可靠地传输信息。甚至在信号被噪声淹没的情况下，只要相应地增加信号带宽，仍然能保持可靠的通信。也就是说，可以用扩频方法以宽带传输信息来换取信噪比上的优势。

（二）扩频与解扩频过程

扩频通信技术是一种信息传输方式：在发送端采用扩频码调制，使信号所占的频带宽度远大于所传的信息必需的带宽；在接收端采用相同的扩频码进行相干解调来恢复所传的信息数据。

整个扩频与解扩频过程如下：

（1）信息数据经过常规的数据调制，变成窄带信号（假定带宽为 B1）。

（2）窄带信号经扩频编码发生器产生的伪随机编码（PN 码：Pseudo Noise Code）扩频调制，形成功率谱密度极低的宽带扩频信号（假定带宽为 B2，B2 远大于 B1）。窄带信号以 PN 码所规定的规律分散到宽带上后被发射出去。

（3）在信号传输过程中会产生一些干扰噪声（窄带噪声、宽带噪声）。

（4）在接收端，宽带信号经与发射时相同的伪随机编码扩频解调，恢复成常规的窄带信号，即依照 PN 码的规律从宽带中提取与发射对应的成分进行积分，形成普通的窄带信号。再用常规的通信处理方式将窄带信号解调成信息数据。干扰噪声则被解扩成跟信号不相关的宽带信号。

（三）处理增益与抗干扰容限

扩频通信系统有两个重要的概念：处理增益、抗干扰容限。

处理增益表明扩频通信系统信噪比改善的程度，是系统抗干扰的一个性能指标。一般把扩频信号带宽 W 与信息带宽 Δf 之比称为处理增益 G_p，即：

$$G_p = \frac{W}{\Delta f} \tag{6-2}$$

理论分析表明，各种扩频通信系统的抗干扰性能与信息频谱扩展前后的扩频信号带宽比例有关。

仅仅知道了扩频通信系统的处理增益，还不能充分说明系统在干扰环境下的工作性能。因为系统的正常工作还需要在扣除系统其他一些损耗之后，保证输出端有一定的信噪比。所以我们引入抗干扰容限 M_J，其公式如下：

$$M_J = G_p - \left[\left(\frac{S}{N}\right)_o + L_s \right] \tag{6-3}$$

式中：$\left(\frac{S}{N}\right)_o$——输出端的信噪比；

L_s——系统损耗。

(四)扩频通信技术的特点

1. 抗干扰能力强

在扩频通信技术中，在发送端信号被扩展到很宽的频带上发送，在接收端扩频信号带宽被压缩，恢复成窄带信号。干扰信号与扩频伪随机码不相关，被扩展到很宽的频带上后，进入与有用信号同频带内的干扰功率大大降低，从而增加了输出信号/干扰比，因此具有很强的抗干扰能力。抗干扰能力与频带的扩展倍数成正比，频谱扩展得越宽，抗干扰能力越强。

2. 可进行多址通信

CDMA 扩频通信系统虽然占用了很宽的频带，但由于各网在同一时刻共用同一频段，其频谱利用率高，因此可支持多址通信。

3. 保密性强

扩频通信系统将传送的信息扩展到很宽的频带上，其功率密度随频谱的展宽而降低，甚至可以将信号淹没在噪声中，因此其保密性很强。要截获、窃听或侦察这样的信号是非常困难的。除非采用与发送端所用的扩频码且与之同步后进行相关检测，否则对扩频信号的截获、窃听或侦察无能为力。

4. 抗多径干扰

在移动通信、室内通信等通信环境下，多径干扰非常严重。系统必须具有很强的抗干扰能力，才能保证通信畅通。扩频通信技术利用扩频所用的扩频码的相关特性来达到抗多径干扰，甚至可利用多径能量来提高系统性能。

当然，扩频通信还有很多其他优点。例如精确地定时和测距、抗噪声、功率谱密度低、可任意选址等。

二、多址技术

多址方式是许多用户地址共同使用同一资源(频段)相互通信的一种方式。对于 CDMA 系统来说，就是许多用户在同一时间使用相同频点。通常，这些用户位于不同的地方并可能处于运动状态。例如，多个卫星通信地球站使用同一卫星转发器相互通信、多个移动台通过基站相互通信等均属于多址通信方式。

由于使用共同的传输频段，各用户系统之间可能会产生相互干扰，即多址干扰，同时也称为自干扰。为了消除或减少多址干扰，不同用户的信号必须具有某种特征，以便接收机能够将不同用户信号区分开，这一过程称作信号分割。

多址接入方式的数学基础是信号的正交分割原理。传输信号可以表达为时间、频率和码型的函数。

可根据传输信号的不同特性来区分信道的多址接入方式，如图 6-1 所示。

频分方式 FDMA：在同一时间内不同用户使用不同频带。

时分方式 TDMA：在同一频带内不同用户使用不同时隙。

码分方式 CDMA：所有用户使用同一频带在同一时间传送信号，它利用不同用户信号地址码波形之间的正交性或准正交性来实现信号分割。

三、CDMA 系统的实现

CDMA 是一种先进的、有广阔发展前景的多址接入方式。目前，它已成为世界许多国家研究开发的热点。

码分多址使用一组正交（或准正交）的伪随机噪声（PN）序列，通过相关处理来实现多个用户共享空间传输的频率资源和同时入网接续的功能。

（一）CDMA 扩频通信原理

扩频通信系统有 3 种实现方式：直接序列扩频（DSSS）、跳频扩频（FHSS）和跳时扩频（THSS）。CDMA 采用直接序列扩频通信技术。

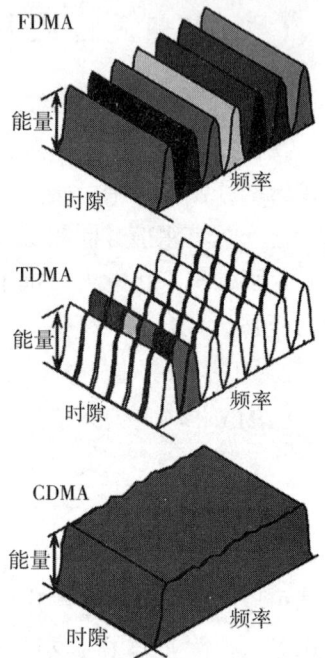

图 6-1　多址接入方式

在发端，有用信号经扩频处理后，频谱被展宽；在终端，利用伪码的相关性做解扩处理后，有用信号频谱被恢复成窄带谱。

宽带无用信号与本地伪码不相关，因此不能解扩，仍为宽带谱；窄带无用信号被本地伪码扩展为宽带谱。由于无用的干扰信号为宽带谱，而有用信号为窄带谱，我们可以用一个窄带滤波器排除带外的干扰电平，于是窄带内的信噪比就大大提高了。

通常 CDMA 可以采用连续多个扩频序列进行扩频，然后以相反的顺序进行频谱压缩，恢复为原始数据。

（二）CDMA 扩频码的选择

扩频码需要有区分度，也就是所谓的正交。合适的扩频码应具备以下特点。

第一，互相关。用自身的扩频码可以解扩出信号，而其他扩频码不可以解扩出信号。

第二，自相关。自身的时延不影响解扩出信号。

第三，容易产生。

第四，随机。

第五，尽可能长的周期，以对抗干扰。

目前，CDMA 使用的扩频码有 Walsh 码、PN 码（m 序列及 M 序列）。

1. Walsh 码

Walsh 码是正交扩频码，根据 Walsh 函数集产生。Walsh 函数是一类取值于 1 与 −1 的二元正交函数系。它有多种等价定义方法，最常用的是 Handmard 编号法，IS−95 中的

Walsh 函数就是这类定义方法。

Walsh 函数集是完备的非正弦型正交函数集，常用作用户的地址码。

在 IS-95 标准中，给出了 $r = 6$，$n = 2^6 = 64$ 位的 64×64 的 Walsh 函数具体构造表。

2^N 阶的 Walsh 函数可以采用以下递推公式进行区分：

$$H_1 = 0 \quad H_2 = \begin{Bmatrix} 00 \\ 01 \end{Bmatrix} \quad H_4 = \begin{Bmatrix} 0000 \\ 0101 \\ 0011 \\ 0110 \end{Bmatrix} \quad H_{2^N} = \begin{Bmatrix} H_N H_N \\ H_N \bar{H}_N \end{Bmatrix} \tag{6-4}$$

其中，N 为 2 的幂；$\bar{H}_N$ 表示对 H_N 取反。

Walsh 函数集的特点是正交和归一化。正交是同阶两个不同的 Walsh 函数相乘，在指定的区间上积分，其结果为 0；归一化是两个相同的 Walsh 函数相乘，在指定的区间上积分，其平均值为 1。

有多种方法能生成 Walsh 序列，通常是利用 Handmard 矩阵来产生 Walsh 序列。利用 Handmard 矩阵产生 Walsh 序列的过程是迭代的方法。

不同步时，Walsh 函数自相关性与互相关性均不理想，并随同步误差值增大，恶化十分明显。

2. m 序列

由于 Walsh 码数量少，不具备随机信号的特性，因此在需要大量扩频码的情况下，需要使用伪随机序列（PN 码）。PN 码具有类似噪声序列的性质，是一种貌似随机但实际上有规律的周期性二进制序列。最常用的 PN 码是 m 序列。

m 序列是最长线性移位寄存器序列的简称。顾名思义，m 序列是由多级移位寄存器或其他延迟元件通过线性反馈产生的长码序列。

m 序列发生器的结构为 n 级移位寄存器，有以下两个等价的构造方法：

（1）简单式码序列发生器（SSRG）。

其输入由移位寄存器中若干级的输出经模 2 加后得到，相当于反馈输入，这些反馈输入中至少包括最后一级的输出。

用多项式来表达反馈输入，称为 m 序列的生成多项式。

$$f(x) = C_0 + C_1 x^1 + C_2 x^2 + \cdots + C_{n-1} x^{n-1} + C_n x^n \tag{6-5}$$

$f(x)$ 代表反馈输入；x^n 代表第 n 级的输出；$C_0 \sim C_n$ 代表反馈。注意公式中的加法为模 2 加，m 序列发生器要求 C_0 和 C_n 必须为 1。

（2）模块式码序列发生器（MSRG）。

每级的输出都可能与最后级的输出模 2 加后，作为下一级的输入。这种 m 序列发生器结构称为模块式码序列发生器。

SSRG 和 MSRG 在实际应用中有些差别：

①SSRG 因多个输出级的模 2 加是串联的，所以时延大，工作速度慢。

②MSRG 模 2 加的动作是同时并行的，所以时延小，工作速度快。

CDMA（IS-95）就是利用 MSRG 来生成 m 序列。

m 序列的正交性不如 Walsh 码，这体现在同一级数 m 序列的互相关特性上。m 序列的互相关性大于 0，这也是使用 Walsh 码而不直接使用 m 序列的重要原因。

m 序列的自相关性很强，当级数很大的时候，不同相位的 m 序列可以看成是正交的。

m 序列的周期为 $2^r - 1$，r 表示移位寄存器级数。

m 序列的数量与级数有关：

当 $r = 15$ 时，称为 PN 短码。当 $r = 42$ 时，称为 PN 长码。

在 CDMA 系统中使用的 m 序列有两种：

（1）PN 短码：码长为 2^{15}。

（2）PN 长码：码长为 $2^{42}-1$。

3.3 种码的比较

下面对 CDMA 系统中的 3 种码进行比较说明。

（1）PN 短码。

PN 短码用于前反向信道正交调制。在前向信道，不同的基站使用不同的短码来标识不同的基站。短码长度为 2^{15}。

（2）PN 长码。

PN 长码是由一个 42 位的移位寄存器产生的伪随机码和一个 42 位的长码掩码通过模 2 加输出得到的。每种信道的长码掩码是不同的，长码掩码是通过 42 位移位寄存器产生的，长度为 $2^{42}-1$。在 CDMA 系统中，长码在前向链路用于扰码，在反向链路用于扩频。

（3）Walsh 码。

利用其正交特性，用于 CDMA 系统的前向扩频。

表 6-1 列出了 IS-95 系统中 3 种码的比较。

表 6-1 IS-95 系统中 3 种码的比较

码序列	长度	应用位置	应用目的	码速率（chip/s）	主要特性
PN 长码	$2^{42}-1$	反向接入信道、反向业务信道	直接序列扩频及标识移动台用户（信道）	1.2288M	具有尖锐的二值自相关特性
		前向寻呼信道、前向业务信道	用于数据扰码	19.2k	
PN 短码	2^{15}	所有反向信道	正交扩频，利于调制	1.2288M	平衡性
		所有正向信道	正交扩频，利于调制并且用于标识基站		
Walsh 码	64	所有反向信道	正交调制	307.2k	正交性
		所有正向信道	正交扩频，并且用于标识各前向信道	1.2288M	

四、语音编码技术

长期以来，在通信网的发展中，解决信息传输效率是一个关键问题，极其重要。目前科研人员已通过两个途径研究这一课题：

第一，研究新的调制方法与技术，提高信道传输信息的比特率。其指标是每赫兹带宽所传送的比特数。

第二，压缩信源编码的比特率。例如，标准 PCM 编码，对 3.4kHz 频带信号需用 64kbit/s 编码比特率传送，而压缩这一比特率显然可以提高信道传送的话路数。

语音编码属于信源编码，目前语音编码技术通常分为 3 类：波形编码、参量编码和混合编码。

那么，什么样的语音编码技术适用于移动通信呢？这主要取决于移动信道的条件。由于频率资源十分有限，所以要求编码信号的速率较低；由于移动信道的传播条件恶劣，因而编码算法应有较强的抗误码能力。另外，从用户的角度出发，还应有较好的语音质量和较短的时延。

归纳起来，移动通信对数字语音编码的要求如下：

(1)速率较低，纯编码速率应低于 16kbit/s。

(2)在一定编码速率下音质应尽可能高。

(3)编码时延应较短，控制在几十毫秒以内。

(4)在强噪声环境中，算法应具有较强的抗误码性能，以保持较好的语音质量。

(5)算法复杂程度适中，易于大规模集成。

由于蜂窝系统在世界范围内迅速发展，现在的 CDMA 蜂窝系统容量是以前其他蜂窝移动通信系统容量的 4~5 倍，而且服务质量好，覆盖范围较以前的系统广。

为了适应这种发展趋势，CDMA 系统采用了一种非常有效的语音编码技术：Qualcomm 码激励线性预测(QCELP)编码。

它是北美第二代数字移动电话的语音编码标准(IS-95)，其语音编码算法是美国 Qualcomm 通信公司的专利。这种算法不仅可工作于 4kbit/s、4.8kbit/s、8kbit/s、9.6kbit/s 等固定速率上，而且可变速地工作于 800~9600bit/s。该技术能够降低平均数据速率，平均速率的降低可使 CDMA 系统容量增加到原来的 2 倍左右。

QCELP 的算法被认为是目前为止效率最高的。它的主要特点之一是使用适当的门限值来决定所需速率。门限值随背景噪声电平变化而变化，这样就抑制了背景噪声，使得即使在喧闹的环境中，也能得到良好的语音质量，CDMA 8kbit/s 的语音近似 GSM 13kbit/s 的语音。

五、信道编码技术

移动通信系统由于信道的特殊性，为了达到一定的比特误码率（BER）指标，对信道编码要求很高，主要是差错控制编码，也称为纠错编码。差错控制编码的方法有：循环冗余校验、卷积、块交织、Turbo 码和扰码。

不同的系统采用的差错控制编码的方法不尽相同，比如 PHS 采用了循环冗余校验和扰码，GSM 采用了卷积、块交织，CDMAOne 采用了循环冗余校验、卷积、块交织和扰码，CDMA2000 采用了循环冗余校验、卷积、块交织、Turbo 码和扰码。

（一）移动通信信道的特点

移动信道是最复杂的通信信道，因为无线信号在传播时会受到各种各样的干扰。

除了有线信道中的干扰外，在无线信号的传播途中会有各种各样的障碍物使信号产生多径效应、阴影效应、散射和衍射，使信号产生衰落，导致信号受到地形的影响。

此外，天气的变化也会使无线信号产生慢衰落。当移动台处于高速移动的状态时情况会更糟，信号还会产生多普勒频移效应。

所有这些因素又会因为移动台的移动而变化，因此移动通信信道具有以下特点。

1. 多径传播

由多径传播引起的多径干扰，是指无线电波因传输路径的不同引起到达时间的不同而导致接收端码元的相互干扰。它可使所传输的数据信号幅度衰落，可能引起波形展宽，因而数据传输速率会受到限制。

移动信道中多径的产生主要是由于庞大建筑物对信号的反射造成的。从移动台的角度看，就是相同的信号以不同的时间和方向到达移动台。

多径信号不但显著地分散了信号的能量，使移动台接收到的信号能量仅是发射信号能量的一部分，并且因为多径信号到达移动台所传输的路径不同和到达时间的不同，而造成相位的不同。这样多径信号之间就会产生相互抵消的效应，造成极其严重的衰落现象，使信号的信噪比严重下降，影响接收效果。

另外，如果是宽带通信，信号的频谱较宽，还会发生频率选择性衰落。这主要是因为针对不同的多径情况，不同频率产生的衰落深度也不同，造成有的频率分量完全被多径抵消。

在移动通信中，多径是不可避免的，尽管它严重干扰通信，但人们也可以对其加以利用。比如当移动台移动到大型建筑物后面，进入信号阴影区的时候，无线信号只能通过反射信号到达移动台，人们可借这种反射波和（或）绕射波来保证语音的连续性。在 GSM 和 CDMA 移动通信中针对多径传输的技术措施分别是时域均衡和分集接收。

2. 多普勒频移

在生活中我们常会遇到这样的情形，当一辆警车迎面急驶而来时，我们会觉得警笛的声音越来越刺耳尖利，而当其远离驶去时声音却变得缓和起来。这就是多普勒频移造成的频率变化。多普勒频移是指多径效应不仅可使发射信号的振幅发生变化，而且可使发射信号的频率结构发生变化，造成相位起伏不定，它导致数据信号的错误接收。多普勒频移量可用下式计算：

$$多普勒频移 = 移动速度 \div 波长 \times \cos(入射波与运动方向的夹角) \quad\quad (6-6)$$

当人们持手机在低速运动状态下打电话时，多普勒频移可以忽略不计，但当人们坐在高速行驶的火车上打电话时，就不得不考虑多普勒频移的影响了。

3. 信号阴影与传输损耗

衰落是指在接收端信号的振幅总是呈现出忽大忽小的随机变化的现象。依据持续时间长短，衰落一般有快慢之分。

当移动台进入建筑物阴影时，因为大部分信号能量被建筑物阻挡，所以也会发生衰落，移动台仅能接收到从其他物体反射来的信号或绕射来的信号。但这种衰落相对多径引起的衰落来说变化速度要慢得多，所以称为慢衰落，它不像快衰落那样难以对付。

快衰落大部分是由于多径传播引起的，它使得信号严重失真。

慢衰落是由不同类型的大气折射或行进过程中地形等其他障碍物的影响而产生的。

随着频率的增加，信号电平随时间变化的分布曲线逐渐接近瑞利分布，因此可用瑞利分布作为快衰落的最坏情况估计。

（二）循环冗余校验

循环冗余校验(CRC)利用循环码，不仅可以用于检查和纠正独立的随机错误，而且可以用于检查和纠正突发错误。在硬件方面，循环码很容易用带反馈的移位寄存器实现，循环码正是由于其特有的码的代数结构清晰、性能较好、编译码简单和易于实现等优点，成为数据通信中最常用的一种抗干扰方式。实际应用中 CRC 往往用于检错。

（三）卷积编码

卷积编码技术能有效地控制随机的单个数据差错。由于其编码方法可以用卷积运算形式表达，因此而得名。

卷积码是有记忆编码，它是有记忆系统。对于任意给定的时段，其编码的 n 个输出不仅与该时段的 k 个输入有关，而且与该编码器中存储的 m 个输入有关。

卷积码编码约束长度 $l = m + 1$，其中 m 为编码器中寄存器的字节数(记忆长度)。

卷积编码需要选择编码约束长度和码速率。约束长度应尽可能大，以便获得良好的性能。然而随着编码约束长度的增加，解码的复杂性也增加了。现代的超大规模集成电路已经可以获得约束长度为 9 的卷积码。码速率取决于信道的相干时间和交织长度。

(四) 块交织技术

块交织技术的目的是尽可能纠正连串突发数据错误，使得在接收端解交织后落入每个接收字里的差错个数不大于纠错码能纠正的差错个数。

在陆地移动通信的变参信道上，比特差错经常是成串发生的。这是由于持续较长的深衰落谷点会影响到相继一串的比特。然而，信道编码仅在检测和校正有限个差错和不太长的差错串时才有效。

为了解决这一问题，希望能找到把一条消息中的相继比特分散开的方法，即一条消息中的相继比特以非相继方式(分散)被发送。这样，在传输过程中即使发生了成串差错，解交织后恢复成一条相继比特串的消息时，差错能变成单个或几个，这种方法就是交织技术。

解交织后含有随机差错的接收字通过纠错译码，纠正差错并恢复成原消息。

无线信道可能会产生突发差错。因为交织可以将这些突发差错随机化，所以卷积码对于防止随机差错很有效。交织方案可以是块交织或卷积交织。在蜂窝系统中一般采用块交织。

交织带来的性能改进，取决于信道的分集级别和信道的平均衰落间隔。交织长度由业务的时延需求来确定。语音业务需要的时延比数据业务短。因此，需要将交织长度与不同的业务相匹配。

(五) Turbo 码

Turbo 码是 1993 年提出的一种新型信道编码方案，是近年来纠错编码领域的重要突破。

Turbo 码使用相对简单的 RSC(递归系统卷积)码和交织器进行编码，使用迭代和解交织的方法进行译码。Turbo 码能得到接近理论极限的纠错性能，具有很强的抗衰落、抗干扰能力。因此，Turbo 码被确定为第三代移动通信系统的核心系统之一。

但由于 Turbo 码的译码复杂度大、译码时延长等原因，比较适合时延要求不高的数据业务，在语音业务和对译码时延要求比较苛刻的数据业务中仍使用卷积码。

1. Turbo 码编码器

Turbo 码编码器由两个成员编码器(RSC1、RSC2)、一个 Turbo 交织器及删除器构成，如图 6-2 所示。

(1)成员编码器。每个 RSC 有两路校验位输出。RSC 的生成多项式是 $G = \left[1, \dfrac{15}{13}, \dfrac{17}{13} \right]$。所设计的编码率 R 可以是 $\dfrac{1}{2}$、$\dfrac{1}{3}$ 或 $\dfrac{1}{4}$。Turbo 编码器一次输入 N_{turbo} 比特，包括信息

数据、帧校验(CRC)和两个保留比特，输出 $\dfrac{(N_{turbo}+6)}{R}$ 个符号，其中最末尾的 $\dfrac{6}{R}$ 个比特是尾比特的系统位及校验位。尾比特用于使编码器状态回零。

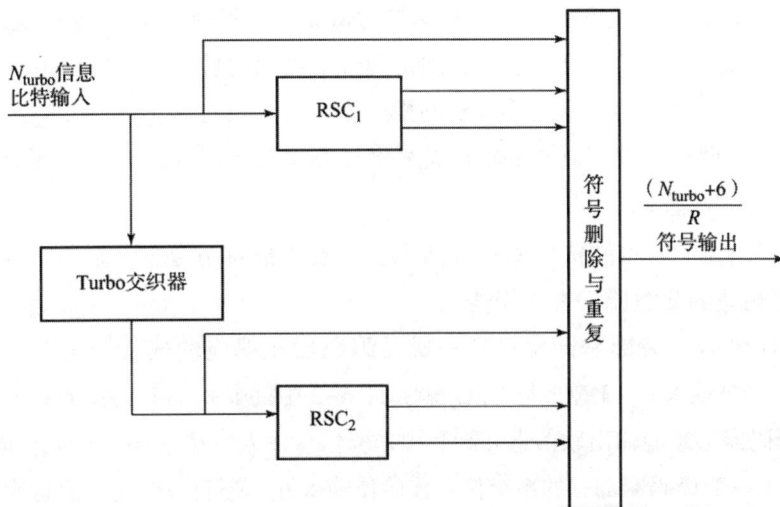

图 6-2　Turbo 码编码器

每次编码时，图 6-2 中上方的 RSC_1 首先编码。开始编码之前，RSC_1 的各寄存器状态被初始化为 0。然后在第 $1\sim N_{turbo}$ 个时钟周期内，开关接上方。输入数据在逐比特送入 RSC_1 的同时还被写入 Turbo 交织器。在第 N_{turbo} 个以后的 3 个时钟周期内，开关接下方，这 3 个周期用来产生尾比特以使 RSC_1 的状态回零。

RSC_2 的工作方式与 RSC_1 完全相同，只不过 RSC_2 的输入来自 Turbo 交织器，并且必须等到 Turbo 交织器写满后才能开始工作。Turbo 交织器是一个存储区域，输入的信息数据按正常顺序写入此存储区，输出时以预先设计好的一种特殊顺序读出。

最后，两个 RSC 的输出，包括尾比特对应的输出经过删除复用后形成编好的 Turbo 码。CDMA2000 中 Turbo 码的两个 RSC 在编码结束时都回到 0 状态，但尾比特不参与交织。

(2)交织器。Turbo 交织器对输入的数据、帧质量指示比特(CRC)和保留比特进行交织，其功能是把一帧的输入比特顺序写入，再按预先定义的地址顺序把整帧数据读出。

记交织器的大小为 N_{turbo}，输入地址编号定义为 $0\sim N_{turbo}-1$。确定交织器就是要确定 N_{turbo} 个输出时的地址编号。例如，如果 $N_{turbo}=5$，那么输入的地址是[01234]，现在需要确定一组 5 个输出地址，比如[10423]。CDMA2000 中 Turbo 交织器数据读出地址的产生过程如下：

①确定交织器参数 n。n 是满足 $N_{turbo}\geqslant 2^{n+5}$ 的最小整数。

②构造一个 $n+5$ 比特的计数器并将其初始化为 0。

③取出此计数器的高 n 位，加 1，再取结果的低 n 位。

④用计数器的低 5 位做索引查到对应的 Turbo 交织器参数。

⑤把第 3 步和第 4 步得到的数值相乘，取结果的低 n 位。

⑥取计数器的低 5 位，按比特求反。

⑦以第 6 步的结果为高 5 位，第 5 步结果为低 n 位，形成一个 $n+5$ 位地址。

⑧若此地址是有效的（小于 N_{turbo}），则得到一个输出地址，否则放弃。

⑨计数器加 1，重复第 3 步到第 8 步的操作直至得到所有 N_{turbo} 个交织器输出地址。

(3)删除器。两个成员编码器的输出符号经过删除后才形成最终的 Turbo 码码组。

2. Turbo 码译码器

Turbo 码译码器的基本结构如图 6-3 所示，主要组成部分是两个软输入软输出的译码器、与编码器相关的交织器、去交织器。

Turbo 码译码器的关键是同发送端的成员编码器相对应的成员译码器，即图 6-3 的 DEC₁ 和 DEC₂。单独来看，DEC₁ 与 DEC₂ 就是图 6-2 中的 RSC₁ 与 RSC₂ 直接对应的译码器，不过此成员译码器必须能输出软信息并能利用先验信息输入。从图 6-3 可见，成员译码器有 3 个输入，除了一般译码器都有的系统位、校验位输入外，还有一个先验信息输入。

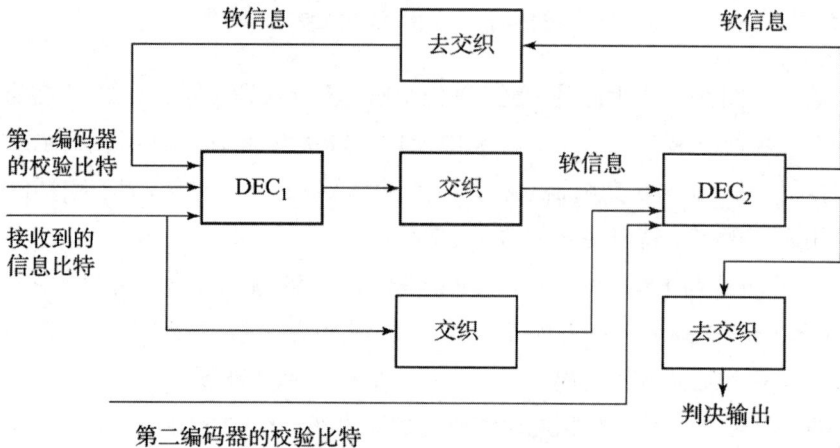

图 6-3 Turbo 码译码器

译码过程如下：

(1)把对应于第一个成员编码器(RSC1)的系统位和校验位的软判决信息送给第一个译码单元(DEC1)进行译码。

DEC₁ 输出的软信息可以分解为内信息和外信息两部分，其中的外信息对 DEC₂ 来说是先验信息，但次序上需要经过交织处理才能和 DEC2 的系统位对应上。

(2)第二个成员译码器开始译码。

RSC₂ 的系统位因为与 RSC₁ 重复所以被发送端删除，译码时可以把 RSC₁ 的系统位交织后送给 DEC₂ 作为它的系统位输入。DEC1 输出的外信息作为 DEC₂ 的先验信息输入。

第二个译码单元 DEC_2 译码结束后也输出软信息,从中分离出外信息后可将此外信息反馈到第一个译码单元进行下一轮译码。各轮译码之间的信息连接就是通过外信息实现的。

(3)译码过程可以多次反复进行,最后在迭代了一定次数后,通过对软信息做过零判决便得到最终的译码输出。

第二节　IS-95 CDMA

IS-95 标准的全称是"双模式宽带扩频蜂窝系统的移动台—基站兼容标准"。

一、IS-95 系统空中接口参数

由于 IS-95 系统最早要求与模拟通信系统 AMPS 兼容,因此频点编号继承了 AMPS 的频点编号,频率描述比较复杂。频点编号 N 与载频之间 f(单位为 MHz)的关系如下:

$$f_{上行} = 825 + 0.03 \times N \tag{6-7}$$

$$f_{下行} = 870 + 0.03 \times N \tag{6-8}$$

与 GSM 系统相比,CDMA 系统使用的频点数量少得多。当然,CDMA 系统每个频点占用了 1.25 MHz 的带宽,远超过 GSM 一个频点的带宽。

IS-95 系统空中接口参数见表 6-2。

表 6-2　IS-95 系统空中接口参数

项目	指标
下行频段	870~880MHz
上行频段	825~835MHz
上、下行间隔	45MHz
波长	约 36cm
频点宽度	1230kHz
多址方式	CDMA
工作方式	FDD
调制方式	QPSK
语音编码	CELP
语音编码速率	8kbit/s
传输速率	1.2288Mbit/s
比特时长	0.8μs
终端最大发射功率	200mW~1W

二、IS-95 系统信道

(一)前向信道

前向信道(基站到移动台),提供了基站到各移动台之间的通信。

1. 信道种类及功能

前向信道由以下逻辑信道构成:

(1)导频信道。导频信道用来传送供移动台识别基站并引导移动台入网的导频信号。

(2)同步信道。同步信道用来传送基站提供给移动台的时间和帧同步信号。

(3)寻呼信道。寻呼信道用来传送基站向移动台发送的系统消息和寻呼消息。

(4)前向业务信道。前向业务信道用来传送基站向移动台发送的用户信息和信令信息,在每个前向业务信道中包含向移动台传送的业务数据和功率控制的信息。

这些前向信道的特点如表 6-3 所示。

表 6-3　IS-95 系统前向信道

信道	数量	速率(bit/s)	功能
导频信道	1	1200	广播基站的频率和相位信息,帮助终端相干解调
同步信道	1	1200	广播基站的同步信息及系统参数
寻呼信道	1~7	9600/4800	广播基站的寻呼终端信息、系统参数和传送基站的指令
前向业务信道	1~55	9600/4800 2400/1200	传送语音和数据业务

2. 信道帧结构

前向信道上的导频信道只提供参考频率供移动台相干解调,数据全部为 0,不需要帧结构。其余几个信道的结构描述如下。

(1)同步信道。同步信道的比特率是 1200bit/s,帧长为 26.67ms。

一个同步信道超帧(80ms)由 3 个同步信道帧组成,在同步信道上以同步信道超帧为单位发送消息。

超帧开始的时间与基站导频 PN 序列开始的时间对齐。

(2)寻呼信道。寻呼信道传送 9600bit/s 或 4800bit/s 固定数据速率的信息,不支持 2400bit/s 或 1200bit/s 数据速率。在一个给定系统中所有寻呼信道发送数据速率相同。

寻呼信道帧长为 20ms。寻呼信道使用的导频序列偏置与同一前向 CDMA 信道的导频信道上使用的相同。交织块与寻呼信道帧的开始应与用于前向 CDMA 信道扩频的导频 PN 序列的开始对齐。

(3)前向业务信道。基站在前向业务信道上以 9600bit/s、4800bit/s、2400bit/s 和 1200bit/s 可变数据速率发送信息。业务信道采用可变数据速率,不同的速率对应的发射功率不同,速率越快,发射功率越大。这样就很好理解采用可变数据速率的目的:在没有语音活动期间降低数据速率,以降低此业务信道对其他用户的干扰。

前向业务信道帧长为 20ms,数据速率的选择是按帧(20ms)进行的。虽然数据速率是按帧改变的,但调制符号速率保持固定,即 19200 个符号/秒,这是通过码元重复实现的。

3. 信道编码、调制

在 IS-95 系统中各前向信道的编码过程不同,下面分别介绍。

(1)导频信道。导频信道的编码过程在前向信道中是最简单的。由于导频信道的信息全是 0,因此不需要卷积和交织。导频信道使用 W_0 扩频,扩频后进行调制。Walsh 码的码率为 1.2288Mchip/s。

(2)同步信道。同步信道的编码过程如下。

①卷积。对同步信道上传送的信息进行 1/2 卷积(约束长度为 9),变成 2400bit/s。

②码元重复(每个符号连续发两次)。码元重复后变成 4800bit/s 的信号。

③交织处理。交织处理采用列存取的方法,矩阵为 16 行 8 列,包含 128 个比特数据,相当于 26.67ms 的数据量。

④扩频。同步信道使用 W32 扩频,扩频后进行调制。

(3)寻呼信道。寻呼信道的编码过程如下。

①卷积。对信号进行 1/2 卷积(约束长度为 9),变成 9600bit/s 或 19200bit/s 的信号。

②码元重复。如果原来是 4800bit/s 的信号,还要再由码元重复变成 19200bit/s 的信号,但原来的 9600bit/s 的信号就不需要码元重复了。

③交织处理。交织处理的矩阵为 24 行 16 列,包含 384 个比特数据,相当于 20ms 的数据量。

④扰码。扰码所用的 PN 码有 42 位。

⑤扩频。寻呼信道使用 $W_1 \sim W_7$ 扩频,扩频后进行调制。

(4)前向业务信道。

①卷积。对前向业务信道的数据进行 1/2 卷积(约束长度为 9)。

②码元重复。与寻呼信道类似,原来 9600bit/s 的信号不用重复,4800bit/s 的信号重复 1 次,2400bit/s 的信号重复 3 次,1200bit/s 的信号重复 7 次,最后变成 19200bit/s 的信号。

③交织处理。交织处理的矩阵为 24 行 16 列,包含 384 个比特数据,相当于 20ms 的数据量。

④扰码。扰码的方法与寻呼信道的扰码方法相同,但长码掩码格式有区别。前向业务信道中还包含功率控制比特,速率为 800bit/s。"0"指示终端增加输出功率,"1"指示终端减小输出功率。

⑤扩频。前向业务信道使用 W8~W31 及 W33~W63 扩频,最多可以有 55 个前向业务信道,实际上由于系统自干扰的缘故,达不到这么多业务信道数。

各个信道的解码过程是编码过程的逆过程,具体解码过程这里不再赘述。不过我们应该知道，解码过程需要一定的步骤，即解调、短码解扩、长码解扩。

（二）反向信道

反向信道（移动台到基站）提供了移动台到基站之间的通信。

1. 信道种类及功能

反向信道由接入信道和反向业务信道构成。

（1）接入信道。移动台使用接入信道来发起到基站的通信，以及响应基站发来的寻呼信道消息。它是一种随机接入信道，每个寻呼信道能同时支持 32 个接入信道。

（2）反向业务信道。反向业务信道用于在呼叫期间移动台向基站发送用户信息和信令信息。

2. 信道帧结构

（1）接入信道。每个接入信道帧包含 96bit。每个接入信道帧由 88 个信息比特和 8 个编码尾比特组成。

接入信道前缀包含一个 96 个全 0 的帧，以 4800bit/s 的速率发射。发射接入信道前缀是为了帮助基站捕获接入信道。

（2）反向业务信道。移动台在反向业务信道上以可变速率 9600bit/s、4800bit/s、2400bit/s 和 1200bit/s 发送数据信息。

反向业务信道帧的长度为 20ms。速率集内数据率的选择以一帧为基础。

移动台支持带时间偏置的业务信道帧。时间偏置量由寻呼信道的信道指配消息中的 FRAME_OFFSET 参数定义。当系统时间是 20ms 的整数倍时，开始零偏置的反向业务信道帧。滞后帧在比零偏置业务信道帧晚 $1.25 \times FRAME\_OFFSET$ ms 时开始。反向业务信道交织块与反向业务信道帧时间一致。

3. 信道编码、调制

（1）接入信道。接入信道的编码过程如下。

①卷积。接入信道的信息首先经过 1/3 卷积（约束长度为 9），变成 14400bit/s 的信号。

②码元重复。码元重复后变成 28800bit/s 的信号。

③交织。交织处理采用列存取的方法，矩阵为 32 行 18 列，包含 576 个比特数据，相当于 20ms 的数据量。

④正交调制。正交调制后信号速率从 28800bit/s 提高到 307.2kbit/s。接入信道扩频时利用了 PN 长码。

（2）反向业务信道。反向业务信道的编码过程如下。

①卷积。反向业务信道的信息首先经过 1/3 卷积（约束长度为 9）。

②码元重复。与前向业务信道相似，9600bit/s 的信号不用重复，4800bit/s 的信号重复 1 次，2400bit/s 的信号重复 3 次，1200bit/s 的信号重复 7 次。

③交织。交织处理采用列存取的方法，矩阵为 32 行 18 列，包含 576 个比特数据，相

当于 20ms 的数据量。

④正交调制。正交调制与接入信道方法相同。反向业务信道扩频时利用了 PN 长码，长码产生过程与寻呼信道的长码产生过程相同。

⑤随机化。数据随机化保证了每个经过码元重复的码仍然只被传送一次。数据随机化通过门控实现。

（三）反向信道与前向信道的比较

与前向信道相似，反向信道中也采用 PN 码扩频调制，此 PN 码的长度也与前向信道中的相同。然而，在这里使用了一个固定的相位差。移动台发送的数字信号也进行卷积编码、码组交织、Walsh 码 64 进制正交调制、长码扩频和四相 PN 扩频调制。但是与前向信道相比有以下主要的不同之处：

（1）发送的数字信息使用码率为 1/3、约束长度为 9 的卷积编码，因此编码后的符号速率是 28.8kbit/s。

（2）卷积编码的信息以 20ms 间隔进行交织，信号完成交织编码后将 6 个二进制符号形成一组，用它来选择 64 个不同 Walsh 正交函数之一作为发射信号。很明显，这里的 Walsh 函数应用不同于前向信道，在前向信道上 Walsh 函数是由分配给移动台的信道来确定的，而在反向信道上 Walsh 函数则是由发送的信息来确定的，也就是说，反向信道上函数是用来做 64 阶正交调制的。调制后的符号速率变为 307.2kchip/s，码片速率则为 1.2288Mchip/s。

（3）在反向信道上 PN 长码不是用来扰码而是直接用来扩频，以区别不同的移动台。由于这个 PN 长码每一个可能的相位偏差都对应于一个有效地址，因而可以提供一个非常大的地址空间并且具有较高的保密性。

（4）当用 PN 短码进行四相调制时，对任一移动台而言都统一使用零偏置 PN 码。这是因为在反向信道上无须标识基站身份。

第三节　CDMA2000 系统原理

一、系统概述

CDMA2000 是国际电信联盟（ITU）规定的第三代移动通信无线传输技术之一。按照使用的带宽来区分，CDMA2000 可以分为 1x 系统和 3x 系统。其中 1x 系统使用 1.25MHz 的带宽，所以其提供的数据业务速率最高只能达到 307kbit/s。从这个角度来说，CDMA2000 1x 系统也可以认为是第 2.5 代系统。

CDMA2000 3x 与 CDMA2000 1x 的主要区别在于 CDMA2000 3x 应用了多路载波技术，通过采用三载波使带宽提高。

一个完整的 1x 系统由 3 个部分组成：网络子系统 NSS、基站子系统 BSS 和移动台 MS。1x 系统可支持 307kbit/s 的数据传输，网络部分引入分组交换，支持移动 IP 业务。IP 业务是在现有 IS-95 系统上发展出来的一种新的承载业务，目的是为 CDMA 用户提供分组 IP 形式的数据业务。

二、空中接口参数

1x 系统空中接口参数见表 6-4。

表 6-4　1x 系统空中接口参数

项目	指标
下行频段	870~880MHz
上行频段	825~835MHz
上、下行间隔	45MHz
波长	约 36cm
频点宽度	1230kHz
工作方式	FDD
调制方式	QPSK、HPSK
语音编码	CELP
语音编码速率	8kbit/s
传输速率	1.2288Mbit/s
比特时长	0.8μs

第四节　关键技术

一、功率控制

在 CDMA 系统中，功率控制被认为是所有关键技术的核心。功率控制作为对 CDMA 系统功率资源(含手机和基站)的分配，如果不能很好解决，则 CDMA 系统的优点就无法体现，大容量、高质量的 CDMA 系统也不可能实现。

如果小区中的所有用户均以相同的功率发射，则靠近基站的移动台到达基站的信号强；而远离基站的移动台到达基站的信号弱，导致强信号掩盖弱信号。这就是移动通信中的"远近效应"问题。

CDMA 是一个自干扰系统，所有用户共同使用同一频率，所以"远近效应"问题更加突出。

CDMA 系统中某个用户信号的功率较强，对该用户的信号被正确接收是有利的，但会增加对共享频带内其他用户的干扰，甚至湮没有用信号，导致其他用户通信质量劣化，使系统容量降低。为了克服远近效应，必须根据通信距离的不同，实时地调整发射机所需的功率，这就是"功率控制"。

CDMA 的功率控制包括反向功率控制、前向功率控制和小区呼吸功率控制。

（一）反向功率控制

CDMA 系统的容量主要受限于系统内移动台的相互干扰，所以如果每个移动台的信号到达基站时都达到所需的最小信噪比，系统容量将会达到最大值。

在实际系统中，由于移动台的移动性，使移动台信号的传播环境随时变化，致使每时每刻到达基站时所经历的传播路径、信号强度、时延、相移都会随机变化，接收信号的功率在期望值附近起伏变化。因此，在 CDMA 系统的反向链路中引入了功率控制。

反向功率控制通过调整移动台发射机功率，使信号到达基站接收机的功率相同，且刚刚达到信噪比要求的阈值，同时满足通信质量要求。各移动台不论在基站覆盖区的什么位置和经过何种传播环境，都能保证每个移动台信号到达基站接收机时具有相同的功率。

反向功率控制包括 3 部分：反向开环功率控制、反向闭环功率控制和反向外环功率控制。

1. 反向开环功率控制

CDMA 系统的每一个移动台都一直在计算从基站到移动台的路径损耗。当移动台接收到从基站来的信号很强时，表明要么离基站很近，要么有一个特别好的传播路径，这时移动台可降低它的发送功率，而基站依然可以正常接收；相反，当移动台接收到的信号很弱时，它就增加发送功率以抵消衰耗，这就是反向开环功率控制。

反向开环功率控制简单、直接，无须在移动台和基站之间交换控制信息，同时控制速度快并节省开销。

但在 CDMA 系统中，前向和反向传输使用的频率不同（IS-95 规定的频差为 45MHz），频差远远超过信道的相干带宽。因而不能认为前向信道上衰落特性等于反向信道上衰落特性，这是反向开环功率控制的局限之处。反向开环功率控制由反向开环功率控制算法来完成，主要利用移动台前向接收功率和反向发射功率之和为一常数来进行控制。具体实现中，涉及开环响应时间控制、开环功率估计校正因子等主要技术设计。

2. 反向闭环功率控制

反向闭环功率控制，也叫反向内环功率控制，即由基站检测来自移动台的信号强度或信噪比，根据测得结果与预定标准值的比较，形成功率调整指令，通过前向功率控制子信道通知移动台调整其发射功率。

当移动台工作在非门限模式下时，基站通过前向功率控制子信道以800bit/s(反向导频信道门限＝1)的速率给移动台发送一个功控比特。

当移动台工作在门限模式下时，基站通过前向功率控制子信道以400bit/s(反向导频信道门限＝1/2)或200bit/s(反向导频信道门限＝1/4)的速率给移动台发送功控比特。

3. 反向外环功率控制

在反向闭环功率控制中，信噪比门限不是恒定的，而是处于动态调整中。这个动态调整的过程就是反向外环功率控制。

在反向外环功率控制中，基站统计接收反向信道的误帧率FER。

如果误帧率FER高于误帧率门限值，说明反向信道衰落较大，于是通过上调信噪比门限来提高移动台的发射功率。

反之，如果误帧率FER低于误帧率门限值，则通过下调信噪比门限来降低移动台的发射功率。

根据FER的统计测量来调整闭环功率控制中的信噪比门限的过程是由反向外环功率控制算法来完成的。算法分为3种状态：变速率运行态、全速率运行态、删除运行态。这3种状态全面反映了移动台的实际工作情况，不同状态下进行不同的功率门限调整。

考虑9600bit/s速率下要尽可能保证语音帧质量，因此在全速率运行态加入了1%的FER门限等多种判断。

反向外环功率控制算法涉及步长调整、状态迁移、偶然出错判定、软切换、FER统计控制等主要技术。

在实际系统中，反向功率控制是由上述3种功率控制共同完成的，即首先对移动台发射功率做开环估计，然后由闭环功率控制和外环功率控制对开环估计做进一步修正，力图做到精确的功率控制。

（二）前向功率控制

在前向链路中，当移动台向小区边缘移动时，移动台受到邻区基站的干扰会明显增加；当移动台向基站方向移动时，移动台受到本区的多径干扰会增加。这两种干扰将影响信号的接收，使通信质量下降，甚至无法建立连接。因此，在CDMA系统的前向链路中引入了功率控制。

前向功率控制通过在各个前向业务信道上合理地分配功率来确保各个用户的通信质量，使前向业务信道的发射功率在满足移动台解调最小需求信噪比的情况下尽可能小，以减少对邻区业务信道的干扰，使前向链路的用户容量达到最大。

在理想的单小区模型中，前向功率控制并不是必要的。在考虑小区间干扰和热噪声的情况下，前向功率控制就成为不可缺少的一项关键技术，因为它可以应付前向链路在通信过程中出现的以下异常情况：

当某个移动台与所属基站的距离和该移动台与同它邻近的一个或多个基站的距离相近时，该移动台受到邻近基站的干扰会明显增加，而且这些干扰的变化规律独立于该移动台所属基站的信号强度。此时就要求该移动台所属的基站将发给它的信号功率提高几个分贝以维持通信。

当某个移动台所处位置正好是几个强多径干扰的汇集处时，对信号的干扰将超过可容忍的限度。此时，也必须要求该移动台所属的基站将发给它的信号功率提高。

当某个移动台所处位置具有良好的信号传输特性时，信号的传输损耗下降，在保持一定通信质量的条件下，该移动台所属的基站就可以降低发给它的信号功率。由于基站的总发射功率有限，这样就可以增加前向链路容量，也可以减少对小区内和小区外其他用户的干扰。

与反向功率控制相类似，前向功率控制也采用前向闭环功率控制和前向外环功率控制两种方式。在 1x 系统中还引入了前向快速功率控制概念。

1. 前向闭环功率控制

前向闭环功率控制把前向业务信道接收信号的 Eb/Nt（Eb 是平均比特能量；Nt 指的是总的噪声，包括白噪声、来自其他小区的干扰）与相应的外环功率控制设置值做比较，来判定在反向功率控制子信道上发送给基站的功率控制比特的值。

2. 前向外环功率控制

前向外环功率控制实现点在移动台，基站需要做的工作就是把外环控制的门限值在寻呼消息中发给移动台，其中包括 FCH 和 SCH 的外环上下限和初始门限。

外环功率控制根据指配的前向业务信道要达到的目标误帧率（FER）所需的 Eb/Nt 来估算门限设置值。该设置值或者通过闭环间接通知基站进行功率控制，或者在前向业务信道没有闭环的情况下通过消息通知基站根据设置值的差异来控制发射功率水平。

3. 前向快速功率控制

在前向外环功率控制"使能"的情况下，前向外环功率控制和前向闭环功率控制共同起作用，达到前向快速功率控制的目标。

前向快速功率控制虽然发生作用的点在基站侧，但是进行功率控制的外环参数和功率控制比特都是移动台检测前向链路的信号质量得出的输出结果，并把最后的结果通过反向导频信道上的功率控制子信道传给基站。

在 RC3～RC6 的反向信道中增加了反向导频信道，前向快速功率控制的基石也在这里；因为实现前向快速功率控制的功控比特是由反向导频上的反向功控子信道发送给基站的。

（三）小区呼吸功率控制

小区呼吸是 CDMA 系统的一个很重要的功能，它主要用于调节系统中各小区的负载。

前向链路边界是指两个基站之间的一个物理位置，当移动台处于该位置时，其接收机无论接收哪个基站的信号都有相同的性能；反向链路切换边界是指移动台处于该位置时，两个基站的接收机相对于该移动台有相同的性能。

基站小区呼吸控制是为了保持前向链路切换边界与反向链路切换边界"重合"，使系统容量达到最大，并避免切换发生问题。

小区呼吸算法是根据基站反向接收功率与前向导频发射功率之和为一常数来进行控制的。具体手段是通过调整导频信号功率占基站总发射功率的比例，达到控制小区覆盖面积的目的。

小区呼吸算法涉及初始状态调整、反向链路监视、前向导频功率增益调整等具体技术。

二、分集接收

在频带较窄的调制系统中，如果采用模拟的 FM 调制的第一代蜂窝移动通信系统，多径的存在将导致严重的衰落。

在 CDMA 调制系统中，不同的路径可以各自独立接收，从而显著地降低多径衰落的严重性。但多径衰落并没有完全消除，因为有时仍会出现解调器无法独立处理的多路径，这种情况导致某些衰落现象。

分集接收是减少衰落的好方法。它充分利用传输中的多径信号能量，把时域、空域、频域中分散的能量收集起来，以提高传输的可靠性。

分集接收有 3 种类型：时间分集、频率分集、空间分集，它们在 CDMA 中都有应用。下面分别进行介绍。

（一）时间分集

由于移动台的运动，接收信号会产生多普勒频移，在多径环境中，这种频移形成多普勒频展。多普勒频展的倒数定义为相干时间，信号衰落发生在传输波形的特定时间上，称为时间选择性衰落。它对数字信号的误码性有明显影响。

若对其振幅进行顺序采样，那么，在时间上间隔足够远（大于相干时间）的 2 个样点是不相关的，因此可以采用时间分集来减小其影响。即将给定的信号在时间上相隔一定的间隔重复传输 N 次，只要时间间隔大于相干时间就可以得到 N 条独立的分集支路。

从通信原理分析可以知道，在时域上时间间隔 Δt 应该大于时间域相关区间 ΔT，即

$$\Delta t \geqslant \Delta T = \frac{1}{B} \tag{6-9}$$

其中 B 为多普勒频移的扩散区间，它与移动台的运动速度成正比。可见，时间分集对处于静止状态的移动台是无用的。

时间分集与空间分集相比，其优点是减少了接收天线数目，缺点是要占用更多的时隙资源，从而降低了传输效率。

（二）频率分集

该技术是将待发送的信息，分别调制在不同的载波上发送到信道。由于衰落具有频率选择性，当两个频率间隔大于相关带宽，它们受到的衰落是不相关的。也就是说，载波之间的间隔要足够大，即载波间隔 Δf 大于频率相关带宽，即

$$\Delta f \geqslant \Delta F = \frac{1}{L} \tag{6-10}$$

其中，L 为接收信号时延功率谱的带宽。市区与郊区的相关带宽一般分别为 50kHz 和 250kHz 左右，而 CDMA 系统的信号带宽为 1.23MHz，所以可以实现频率分集。

例如，在城市中，800～900MHz 频段，典型的时延扩散值为 5μs，这时有

$$\Delta f \geqslant \Delta F = \frac{1}{L} = \frac{1}{5\mu s} = 200kHz \tag{6-11}$$

即要求频率分集的载波间隔要大于 200kHz。

频率分集与空间分集相比，其优点是少了接收天线与相应设备数目；缺点是占用更多的频谱资源，并且在发送端有可能需要采用多部发射机。

（三）空间分集

在基站间隔一定距离设定几副天线，独立地接收、发射信号，可以保证每个信号之间的衰落独立，采用选择性合并技术从中选出信号的一个输出，减小衰落的影响。这是利用不同地点(空间)收到的信号衰落的独立性来实现抗衰落。

空间分集的基本结构为：发射端由一副天线发送，接收端有 N 部天线接收。

接收天线之间的距离为 d，根据通信原理，d 即相关区间 ΔR，它应该满足

$$d = \Delta R \geqslant \frac{\lambda}{\varphi} \tag{6-12}$$

其中，λ 为波长，φ 为天线扩散角。在城市中，扩散角度一般为 20°，则有

$$d \geqslant \frac{360°}{20°} \times \frac{1}{2\pi} \times \lambda = \frac{9\lambda}{\pi} \approx 2.86\lambda \tag{6-13}$$

分集天线数 N 越大，分集效果越好。但是不分集差异与分集差异较大，称为质变。分集增益正比于分集的数量 N，其改善是有限的，且改善程度随分集数量 N 的增加而逐步减

少，称为量变。工程上要在性能与复杂性方面做一个折中，一般取 $N=2\sim4$。

空间分集还有两类变化形式：

1. 极化分集

极化分集是利用在同一地点两个极化方向相互正交的天线发出的信号可以呈现出不相关的衰落特性，以获得分集效果，即在收发端天线上安装水平与垂直极化天线，就可以把得到的两路衰落特性不相关的信号进行极化分集。其优点是：结构紧凑、节省空间；缺点是：由于发射功率要分配到两副天线上，因此有 3dB 损失。

2. 角度分集

角度分集是利用地形、地貌和建筑物等接收环境的不同，到达接收端的不同路径信号不相关的特性，以获得分集效果。这样在接收端可采用方向性天线，分别指向不同的方向。而每个方向性天线接收到的多径信号是不相关的。

空间分集中，由于接收端有 N 副天线，若 N 副天线尺寸、增益相同，则空间分集除了可获得抗衰落的分集增益以外，还可以获得每副天线 3dB 的设备增益。

三、RAKE 接收机

RAKE 接收机的基本原理是利用了空间分集技术。发射机发出的扩频信号，在传输过程中受到不同建筑物、山冈等各种障碍物的反射和折射，到达接收机时每个波束具有不同的延迟，形成多径信号。如果不同路径信号的延迟超过一个伪码的码片时延，则在接收端可将不同的波束区别开来。将这些不同波束分别经过不同的延迟线，对齐及合并在一起，则可变害为利，把原来的干扰信号变成有用信号组合在一起。

四、软切换

软切换是 CDMA 移动通信系统所特有的。其基本原理如下：当移动台处于同一个 BSC 控制下的相邻 BTS 之间区域时，移动台在维持与源 BTS 无线连接的同时，又与目标 BTS 建立无线连接，之后再释放与源 BTS 的无线连接。发生在同一个 BSC 控制下的同一个 BTS 间的不同扇区间的软切换又称为更软切换。

软切换有以下 3 种切换方式。

第一，同一 BTS 内不同扇区相同载频之间的切换，也就是通常说的更软切换。

第二，同一 BSC 内不同 BTS 之间相同载频的切换。

第三，同一 MSC 内不同 BSC 之间相同载频的切换。

所谓软切换就是当移动台需要跟一个新的基站通信时，不先中断与原基站的联系。

软切换只能在相同频率的 CDMA 信道间进行。它在两个基站覆盖区的交界处起到了业务信道的分集作用，这样可大大减少由于切换造成的掉话。因为据以往对模拟系统 TDMA

的测试统计，无线信道上90%的掉话是在切换过程中发生的。实现软切换以后，切换引起掉话的概率大大降低，保证了通信的可靠性。

在讲述软切换的流程之前，先介绍几个概念：导频集、搜索窗及切换参数等。

（一）导频集

与待机切换类似，切换中也有导频集的概念，终端将所有需要检测的导频信号根据导频PN序列的偏置归为以下4类：

1. 有效集

当前前向业务信道对应的导频集合。

2. 候选集

不在有效集之中，但终端检测到其强度足以供业务正常使用的导频集合。

3. 邻区集

由基站的邻区列表消息所指定的导频的集合。

4. 剩余集

未列入以上3种集合的所有导频的集合。

在搜索导频时，终端按照有效集以及候选集、邻区集和剩余集的顺序测量导频信号的强度。假设有效集以及候选集中有PN1、PN2和PN3，邻区集中有PN11、PN12、PN13和PN14，剩余集中有PN′……，则终端测量导频信号的顺序如下：

PN1、PN2、PN3、PN11；

PN1、PN2、PN3、PN12；

PN1、PN2、PN3、PN13；

PN1、PN2、PN3、PN14、PN′；

PN1、PN2、PN3、PN11；

PN1、PN2、PN3、PN12；

……

可见剩余集中的导频被搜索的机会远远小于有效集和候选集中的导频。

（二）搜索窗

除了导频的搜索次数外，搜索范围也是搜索导频时需要考虑的因素。终端在与基站通信时存在时延。如图6-4所示，终端与基站1有t_1的信号延时，与基站2有t_2的信号延时。

假定终端与基站1同步，如果终端与基站1的距离小于与基站2的距离，必然$t_1 < t_2$。对终端而言，基站2的导频信号会比终端参考时间滞后$t_2 - t_1$；而如果终端与基站1的距离大于与基站2的距离，必然$t_1 > t_2$，对终端而言，基站2的导频信号会比终端参考时间提前

$t_1 - t_2$。

因此在检测导频强度时，终端必须在一个范围内搜索才不会漏掉各个集合中的导频信号。终端使用了搜索窗口来捕获导频信号，也就是对于某个导频序列偏置，终端会提前和滞后一段码片时间来搜索导频信号。

终端将以自身的短码相位为中心，在提前于和滞后于搜索窗口尺寸一半的短码范围内进行导频信号的搜索。

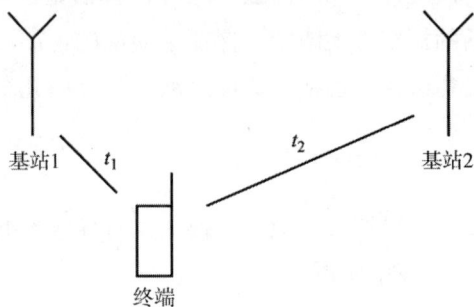

图 6-4　基站之间的延时差别

搜索窗口的尺寸越大，搜索的速度就越慢；但是搜索窗口的尺寸过小，会导致延时差别大的导频不能被搜索到。对于每种导频集，基站定义了各自的搜索窗口的尺寸供终端使用。

SRCH_WIN_A：有效集和候选集导频信号搜索窗口的尺寸。

SRCH_WIN_N：邻区集导频信号搜索窗口的尺寸。

SRCH_WIN_R：剩余集导频信号搜索窗口的尺寸。

SRCH_WIN_A 应该根据预测的传播环境进行设置，该尺寸要足够大，大到能捕获目标基站的所有导频信号的多径部分，同时又应该足够小，从而使搜索窗的性能达到最佳。

SRCH_WIN_N 通常设置得比 SRCH_WIN_A 大，其尺寸可参照当前基站和邻区基站的物理距离来设定，一般要超过最大信号延时的 2 倍。

SRCH_WIN_R 一般设置得和 SRCH_WIN_N 一样大。如果不需要使用剩余集，可以把 SRCH_WIN_R 设得很小。

（三）切换参数

1. T_ADD

基站将此值设置为移动台对导频信号监测的门限。当移动台发现邻区集或剩余集中某个基站的导频信号强度超过 T_ADD 时，移动台发送一个导频强度测量消息（PSMM），并将该导频转向候选集。

2. T_DROP

基站将此值设置为移动台对导频信号下降监测的门限。当移动台发现有效集或候选集中的某个基站的导频信号强度小于 T_DROP 时，则启动该基站对应的切换去掉计时器。

3. T_TDROP

基站将此值设置为移动台导频信号下降监测定时器的预置定时值。如果有效集中的导频强度降到 T_DROP 以下，移动台启动 T_TDROP 计时器；如果计时器超时，这个导频将从有效集退回到邻区集。如果超时前导频强度又回到 T_DROP 以上，则计时器自动被删除。

4. T_COMP

基站将此值设置为有效集与候选集导频信号强度的比较门限。当移动台发现候选集中某个基站的导频信号强度超过了当前有效集中基站导频信号强度 T_COMP×0.5dB 时，则向基站发送导频强度测量消息(PSMM)，并开始切换。

软切换流程详细说明如下：

(1)在进行软切换时，移动台首先搜索所有的导频信号，并测量它们的强度。当该导频强度大于一个特定值 T_ADD 时，移动台认为此导频的强度已经足够大，能够对其进行正确解调，但尚未与该导频对应的基站相联系时，它就向原基站发送一条导频强度测量消息(PSMM)，以通知原基站这种情况，并且将导频集纳入候选集。

(2)原基站将移动报告送往移动交换中心，移动交换中心让新的基站给移动台安排一个前向业务信道，并且原基站发送一条切换指示消息(HDM)，指示移动台开始切换。

(3)当收到来自基站的切换指示消息后，移动台将新基站的导频从候选集纳入有效集，开始对新基站和原基站的前向业务信道同时进行解调。移动台向原基站发送一条切换完成消息(HCM)，通知基站自己已经根据命令开始对2个基站同时解调。

(4)随着移动台的移动，可能2个基站中某一方的导频强度已经低于某一特定值 T_DROP，这时移动台启动切换去掉计时器(移动台对在有效导频集和候选导频集里的每一个导频都有一个切换去掉计时器，当与之相对应的导频强度比特定值 T_DROP 小时，计时器启动)。

(5)当该切换去掉计时器 T_TDROP 期满时(在此期间，其导频强度应始终低于 T_DROP)，移动台向基站发送导频强度测量消息(PSMM)。

(6)基站接收到导频强度测量消息后，将此信息送至 MSC(移动交换中心)，MSC 再给基站反馈相应切换指示消息(HDM)，基站给移动台发切换指示消息。

(7)移动台将切换去掉计时器到期的导频从有效集移到邻区集。此时移动台只与目前有效导频集内的导频所代表的基站保持通信，同时会给基站发送一条切换完成消息(HCM)，表示切换完成。

(8)移动台接收一个不包括导频的 NLUM。导频进入剩余集。

(四)更软切换

更软切换是由基站完成的，并不通知 MSC。对于同一移动台，不同扇区天线的接收信号对基站来说就相当于不同的多径分量，并被合成一个语音帧送至选择器，作为此基站的语音帧。而软切换是由 MSC 完成的，将来自不同基站的信号都送至选择器，由选择器选择最好的一路，再进行语音编解码。

由于更软切换的流程包含在上面的软切换流程里面，这里就不再进一步分析。

上面主要介绍了切换的类型，以及软切换的实现过程和更软切换的概念，在实现系统运行时，这些切换是组合出现的，可能既有软切换，又有更软切换和硬切换。

例如，一个移动台处于一个基站的两个扇区和另一个基站交界的区域内，这时将发生软切换和更软切换。若处于 3 个基站交界处，又会发生三方软切换。

两种软切换都是基于具有相同载频的各方容量有余的条件下，若其中某一相邻基站的相同载频已经达到满负荷，MSC 就会让基站指示移动台切换到相邻基站的另一载频上，这就是硬切换。

在三方切换时，只要另两方中有一方的容量有余，都优先进行软切换。也就是说，只有在无法进行软切换时才考虑使用硬切换。当然，若相邻基站恰巧处于不同的 MSC，这时即使是同一载频，在目前也只能进行硬切换，因为此时要更换声码器。只有以后 BSC 间使用了 IPI 接口和 ATM，才能实现 MSC 间的软切换。

（五）空闲切换

另外，需要提到的一个概念就是空闲切换。在 IS-95 系统和 1x 系统中，空闲切换的时机及工作原理不同。

1. IS-95A 中的空闲切换

移动台在空闲状态下，从一个小区移动到另一个小区时，必须切换到新的寻呼信道上，当新的导频比当前服务导频高 3dB 时，移动台自动进行空闲切换。

导频信道通过相对于零偏置导频信号 PN 序列的偏置来识别。导频信号偏置可分为几组用于描述其状态，这些状态与导频信号搜索有关。在空闲状态下，存在 3 种导频集合：有效集、邻区集和剩余集。每个导频信号偏置仅属于一组中的一个。

移动台在空闲状态下监视寻呼信道时，它在当前 CDMA 频率指配中搜索最强的导频信号。

如果移动台确定邻区集或剩余集的导频强度远大于有效集的导频，那么进行空闲切换。移动台在完成空闲切换时，将工作在非分时隙模式，直到移动台在新的寻呼信道上收到至少一条有效消息。在收到消息后，移动台可以恢复分时隙模式操作。

在完成空闲切换之后，移动台将放弃所有在原寻呼信道上收到的未处理的消息。

2. CDMA2000 1x 中的空闲切换

CDMA2000 1x 系统使用 E_c 门限值和 E_c/I_o 门限值控制 MS 的空闲切换。当 MS 发现比当前使用导频强的导频时，并不一定完成一个空闲切换，而是要求同时满足当前使用导频的 $E_c < E_c$ 门限值才完成一个空闲切换。同样，当 MS 发现比当前使用导频强的导频时，并不一定完成一个空闲切换，而是要求同时满足当前使用导频的 $E_c/I_o < E_c/I_o$ 门限值才完成一个空闲切换。

也就是说，只有当 $E_c < E_c$ 门限值和 $E_c/I_o < E_c/I_o$ 门限值时才进行空闲切换。

在 IS-95A 中，接入过程中不允许有空闲切换，在 IS-95B 及 CDMA2000 中，接入过程可以有空闲切换。

第五节　CDMA 系统的优点

与 FDMA 和 TDMA 相比，CDMA 具有许多独特的优点。其中一部分是扩频通信系统所固有的，另一部分则是由软切换和功率控制等技术所带来的。

CDMA 系统由扩频、多址接入、蜂窝组网和频率复用等几种技术结合而成，含有频域、时域和码域三维信号处理的一种协作，因此与其他系统相比有非常大的优势。具体体现在以下方面。

一、独特频率复用

如图 6-5 所示，在 CDMA 系统中，所有小区的频率是相同的，所以其频率复用系数是 1。在 GSM 系统中，由于小区有频率干扰的问题，所以至少相邻小区的频率不同，其频率复用系数为 1/3。

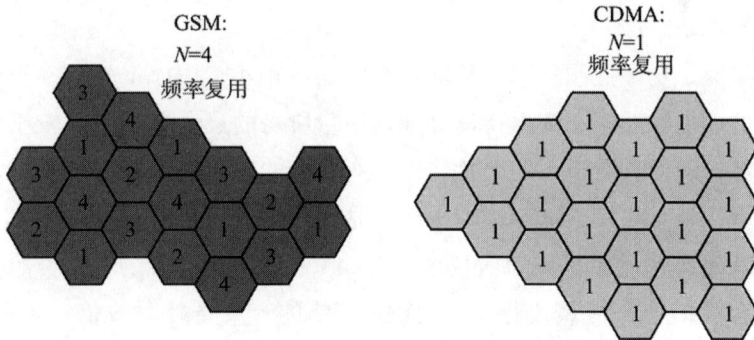

图 6-5　CDMA 和 GSM 系统中的频率复用

表 6-5 对 GSM 和 CDMA 在频率使用上做了一个比较。

表 6-5　GSM 和 CDMA 在频率使用方面的比较

参数	CDMA	GSM
载频带宽	1.25MHz	0.20MHz
载频数	3	251
频率复用	1/1	3/9

参数	CDMA	GSM
有效载频	3/1 = 3	25/3 = 8.3
语音呼叫/载频	25 至 40+	7.252
语音呼叫/小区	75 至 120+	7.25×8.3 = 60.2
扇区/小区	3	3
语音呼叫/扇区	75 至 120+	60.2/3 = 20.0
Erlang/扇区 3	64 至 107E	13.2

二、覆盖范围广

覆盖半径是标准 GSM 的 2 倍。这是由于 CDMA 采用的是码分技术，其抗衰减的能力较 GSM 强，从而覆盖半径大。例如当覆盖 $1000km^2$ 时，GSM 需要 200 个基站，而 CDMA 只需要 50 个基站。在相同覆盖条件下，由于基站数量大为减少，投资也将明显减少。

三、容量大

CDMA 网络是一个自干扰系统，用户使用的频率相同，依靠信道编码来区分用户。一个用户的信号是其他用户的干扰源。同样，其他用户的信号也是本用户的干扰源。用户增加不会出现打不了电话的现象，只会使网上其他用户的通话质量稍有降低。网络容量取决于忍受的干扰限度。

在系统中采取了功率控制技术，从而系统的功率很小。CDMA 的功率控制技术可使传输信号所携带的能量被控制在为保持良好通话质量所需的最低水平上。较小的功率意味着更少的能量损耗，从而具有更小的干扰，使其有更大的通话容量。如果每个基站可以提供更大的通话容量，就意味着只需部署较少的基站便能完成一定的话务量。

由于 CDMA 系统采用了扩频通信技术，CDMA 系统能以较少的频谱资源和电力资源提供较大的系统容量。与 GSM 网络相比，CDMA 网络的容量要大 4~6 倍，有利于减少成本。在通话者不说话时，可变速语音编码器可减少通话进程对信道的占用，使得信道可以被更有效地利用，从而间接地增加了整个系统的通话容量。

四、语音质量好

CDMA 系统的通话质量好于 AMPS 或 TDMA 系统。

CDMA 系统声码器可以动态地调整数据传输速率，并根据适当的门限值选择不同的电平级发射。同时门限值根据背景噪声的改变而变化，这样即使在背景噪声较大的情况下，也可以得到较好的通话质量。

TDMA 的信道结构最多只能支持 4kbit 的语音编码器，它不能支持 8kbit 以上的语音编码器。CDMA 系统采用高质量的语音编码器——QCELP 语音编码，大大抑制了带宽噪声，加上系统优越的通信质量，使得语音更清晰。具有语音清晰、背景噪声小等优势，其性能明显优于其他无线移动通信系统，语音质量可以与有线电话媲美。

当用户在不同的蜂窝站点之间移动时，TDMA 采用一种硬切换的方式，用户可以明显地感觉到通话的间断。在用户密集、基站密集的城市中，这种间断尤为明显。因为在这样的地区每分钟会发生 2~4 次切换的情形。CDMA 系统由于运用了独特的软切换技术，当用户从一个基站转向另一个基站时，用户不会中断与原来基站之间的通信，直至切换到新的基站上，即在切换时用户同时与两个基站联络，增强了小区边缘的信号强度，防止通话变轻或质量下降，大大降低了掉话的可能性，保证了长时间在移动中的通话质量。软切换可以使通话者从相邻的 3~5 个蜂窝站点接收到信号，在将收到的信号合并后不仅可以消除移交时通话间断的情况，还可以全面提高信号的质量(通过始终从收到的 3~5 个信号中选择最好的信号)。

CDMA 系统采用宽带载频传输及先进的功率控制技术，克服了信号路径衰落，避免了信号时有时无现象。同时使用了强纠错信道编码，使得用户在时速高达 200 千米的汽车上一样能够稳定通话。

五、保密性好

扩频通信技术是世界上最新的一种无线通信技术，其特性之一就是语音保密性能好。再加上 CDMA 系统完善的鉴权保密技术，足以保证用户的利益不受到侵犯，用户在通信过程中不易被盗听。

通过宽带频谱传输的信号是很难被侦测到的，就像在一个嘈杂的房间里人们很难听到某人轻微的叹息一样。使用其他技术，信号的能量都被集中在一个狭窄的波段里，这使在其中传输的信号很容易被他人侦测到。

即使偶然的偷听者也很难窃听到 CDMA 的通话内容，因为和模拟系统不同，一个简单的无线电接收器无法从某个频段全部的射频信号中分离出某路数字通话。

CDMA 采用了伪随机码(PN)作为地址码，加上独特的扰码方式，在防止串话、盗用等方面具有其他网络不可比拟的优点，进一步保证了 CDMA 系统通信的保密性。

六、用户满意度高

由于 CDMA 技术的独特性，对用户来讲，CDMA 具有很多优点，能够给用户提供更高满意度的服务。这可以从以下方面来看：

(1)掉话率低，语音质量好。

（2）数据传输速率更高。

（3）多媒体服务更多。

（4）手机发射功率低，待机时间更长，手机辐射更小，具有"绿色手机"的美称。

GSM 手机的平均发射功率为 125mW，最大发射功率为 2W；而 CDMA 手机的平均发射功率为 2mW，最大发射功率为 200mW。

七、经济性

当在比较 CDMA 与其他技术，如 AMPS 与 GSM 的经济性时，必须仔细地将 CDMA 的一些优点，如细胞涵盖范围与细胞容量纳入成本因素中。

CDMA 的一个优点是节省能源，CDMA 比 GSM 节省了 2~4dB 的功率。该值考虑到了发射功率、发射机作用周期与调变、编码等因素。

CDMA 系统的最大路径衰减比 GSM 多 6~10dB，所以 CDMA 系统只需较少的基站即可提供与 GSM 系统相同的通话质量。所以，在相同的覆盖条件下，覆盖相同区域，CDMA 只需要较少的基站，大大地节约了运营商的投资成本。

一般来讲，在 CDMA 刚开始提供服务时，由于用户少，相应的基站数目也少，但是由于 CDMA 系统承受路径衰减能力较 GSM 强，所以能提供较大的涵盖区以满足用户的需求。当用户数量增加时，因为 CDMA 系统有很大的系统容量，以基站数目而言，CDMA 系统需要的基站数量少，成本也较低。对于刚开始运作的运营商，从节约成本来考虑是非常重要的。

另外，还有非常重要的一点就是 CDMA 的兼容性。首先，IS-95 系统可以平滑升级到 1x 系统。不用更改任何硬件，只须升级软件就可以实现升级。其次，IS-95 系统可以和 1x 系统共存，具有向后兼容的特点。

第七章

第四代移动通信技术

第一节 4G 的含义

4G 又称为宽带接入和分布网络，具有超过 2Mb/s 的数据传输能力。它包括宽带无线固定接入、宽带无线局域网、移动光带系统和互操作的广播网络（基于地面和卫星系统）。与已有的数字移动通信系统相比，4G 通信系统具有更高的数据传输速率和传输质量；更好的业务质量（QoS），更高的频谱利用率，更高的安全性、智能性和灵活性；可以容纳更多的用户，支持包括非对称性业务在内的多种业务；能实现全球范围内多个移动网络和无线网络间的无缝漫游，包括网络无缝、中继无缝和内容无缝。

4G 是相对于 3G 的下一代通信网络。实际上，4G 在开始阶段是由众多自主技术提供商和电信运营商合力推出的，技术和效果参差不齐。国际电信联盟（1TU）定义了 4G 的标准是符合 100Mb/s 传输数据的速度。达到这个标准的通信技术，理论上才可以称为 4G。不过由于这个极限峰值的传输速度要建立在大于 20MHz 带宽系统上，所以国际电信联盟将 LTE-TDD、LTE-FDD、WiMAX 和 HSPA+四种技术都定义为 4G 的范畴。值得注意的是，其实它们不符合国际电信联盟对下一代无线通信的标准定义，只有升级版的 LTE Advanced 才满足国际电信联盟对 4G 的要求。第三代合作伙伴计划（3GPP）在多址方式方面选择了下行采用 OFDMA，上行采用 SC-FDMAC 单载波频分多址，舍弃了 3G 核心技术 CDMA。LTE 系统在性能和数据速率上有所提高，在系统容量和覆盖率上有所提升，不管在用户面还是控制面都减小了时延，支持更多的业务类型，在建设和运营方面都降低了成本。

长期演进(LTE)项目是 3G 的演进，它改进并增强了 3G 的空中接入技术，采用 OFDM 和 MIMO 作为其无线网络演进的标准。其主要特点是在 20MHz 频谱宽带下能够提供下行 100Mb/s 与上行 50Mb/s 的峰值速率，相对于 3G 网络，大大提高了小区的容量，同时将网络延迟大大降低：内部单向传输时延低于 5ms，控制面从睡眠状态到激活状态迁移时间低于 50ms，从驻留状态到激活状态的迁移时间低于 100ms。

LTE 主要是以实现为用户提供更高的数据传输速率、更高的小区容址、更低的时延、降低成本为目的。于是，3GPP 对 LTE 网络的总体设计目标是具有高数据传输速率、低时延和基于全分组的移动通信系统，具体目标如下：

第一，灵活的频谱带宽配置，支持 1.25MHz、1.6MHz、2.5MHz、5MHz、10MHz、15MHz 和 20MHz 的带宽设置。

第二，更快的小区边缘传输速率，通过 FDMA 和小区间干扰抑制等技术，提高小区边缘的传输速率，增强其覆盖性能，从而改善边缘小区用户的用户体验。

第三，在 20MHz 频谱宽带下实现上行 50Mb/s 和下行 100Mb/s 的峰值速率。

第四，更低的时延，用户面时延低于 5ms，控制面时延低于 100ms(控制面从睡眠状态到激活状态迁移时间低于 50ms，从驻留状态到激活状态的迁移时间低于 100ms)。

第五，增强对多媒体广播和多播业务的支持。

第六，采用基于全分组的包交换，提高频谱利用率。

第七，实现与其他通信系统的共存。

LTE-Advanced 正式名称为 Further Advancements for E-UTRA，是 LTE 系统的继续演进。LTE-Advanced 是一个向后兼容的技术，完全兼容 LTE，从 LTE 到 LTE-Advanced 是演进而不是革命，它们之间的关系相当于 HSPA 和 WCDMA 之间的关系。LTE-Advanced 的相关特性有：带宽为 100MHz；对于峰值速率，下行为 1Gb/s，上行为 500Mb/s；对于峰值频谱效率，下行为 $30b/s \cdot Hz^{-1}$，上行为 $15b/s \cdot Hz^{-1}$；针对室内环境进行优化，有效支持新频段和大宽带应用；峰值速率大幅提高，频谱效率有效改进。

一、4G 的两种制式

严格地讲，将 LTE 作为 3.9G 移动互联网技术，那么 LTE-Advanced 作为 4G 标准更加确切一些。LTE-Advanced 的入围，包含 TDD(简写为 TD)和 FDD 两种制式。

LTE-TDD，国内又称为 TD-LTE。TD-LTE 是 LTE 技术中的时分双工(TDD)模式。该技术由上海贝尔、诺基亚西门子通信、大唐电信、华为技术、中兴通讯、中国移动、高通、ST-Ericsson 等业者共同开发。TD-LTE 上行理论速率为 50Mb/s，下行理论速率为 100Mb/s。

LTE-FDD，国内又称为 FDD-LTE。FDD-LTE 是 LTE 技术中的频分双工(FDD)模式。FDD-LTE 上行理论速率为 40Mb/s，下行理论速率为 150Mb/s。由于无线技术的差异、使用频段的不同，以及各个厂家的利益等因素，FDD-LTE 的标准化与产业发展都领先于TD-LTE。FDD-LTE 已成为当前世界上采用国家及地区最广泛的、终端种类最丰富的一种4G 标准。

将 TD-LTE 与 FDD-LTE 对比可知：TD-LTE 省资源而 FDD-LTE 的速度快。正因如此，TD-LTE 适合热点区域覆盖，FDD-LTE 适合广域覆盖。两种制式为何会不同呢？下面将做具体介绍。

（一）TDD 与 FDD 设计中的不同

由于 TDD 以时间区分上、下行，FDD 以频率区分上、下行。因此两者的差异首先体现在帧结构上。FDD 的无线帧由 10 个长度为 1ms 的子帧组成，每个子帧包含两个长度为0.5ms 的时隙。TDD 无线帧分为普通子帧和特殊子帧，其中普通子帧包含两个 0.5ms 的时隙。特殊子帧包含 3 个时隙，即下行导频时隙（DwPTS）、保护间隔（GP）和上行导频时隙（UpPTS）。另外，TDD 的子帧上、下行比例可依据网络上、下行业务的实际需求进行灵活配置。TDD 与 FDD 在帧结构上的不同是导致两者其他差异存在的根源，使得 TDD 和 FDD在同步信号设计、参考信号设计和信道设计方面需分别考虑，主要包括以下 3 点。

1. 同步信号设计

同步信号用于 UE 对小区进行搜索时获取时间、频率同步和小区标识，分为主同步信号（PSS）和辅同步信号（SSS）。FDD 的主同步信号在子帧 0 和子帧 5 的第一个时隙的最后一个 OFDM 符号发送，辅同步信号在子帧 0 和子帧 5 的第一个时隙的倒数第二个 OFDM 符号发送。而对于 TDD，主同步信号在子帧 1 和子帧 6 的第 3 个 OFDM 符号，即特殊子帧的DwPTS 中发送，辅同步信号在子帧 0 和子帧 5 的最后一个 OFDM 符号发送。因此，TDD 和FDD 的主、辅同步信号在无线帧中的绝对位置和相对位置都不同。这种差异使得终端在接入网络的初始阶段就能识别出系统是 TDD 还是 FDD 制式。

2. 参考信号设计

在上行链路中，探测参考信号（SRS）用于 eNodeB（简称"eNB"）对上行信道质量进行估计；在下行链路中，UE 特定参号信号（URS）可用于下行波束赋形。FDD 系统使用普通数据子帧传输 SRS。而在 TDD 系统中，SRS 还可在 UpPTS 时隙发送，而且 TDD 终端在UpPTS 时隙发送 SRS 应为首选。另外，相比 FDD 系统而言，由于 TDD 系统的上、下行链路的对称特性，参考信号对 TDD 系统具有更加重要的作用。例如，URS 可较好地与 TDD的智能天线技术相结合，而 TDD 系统的 eNodeB 可利用 SRS 所得到的信道估计信息进行下行信道的选择性调度或闭环 MIMO 的预编码矩阵的选择。

3. 信道设计

在进行控制信道和数据信道的设计时，也需要考虑 TDD 和 FDD 的不同特性。以物理下行控制信道（PDCCH）为例，PDCCH 主要用于上、下行资源的分配调度信息和上行功率控制消息的传输，在每个子帧的开始部分发送，当下行资源块数量大于 10 时，其长度可为 1、2 或者 3 个 OFDM 符号，当下行资源块数量小于 10 时，用于 PDCCH 的 OFDM 符号数为 2、3 或 4 个。但对于 TDD 而言，如果 PDCCH 信道位于 DwPTS 时隙，则这两种情况下的 PDCCH 的长度分别只能为 1、2 个 OFDM 符号和固定为 2 个 OFDM 符号。

（二）TDD 和 FDD 的关键过程差异

由于 LTE 的 TDD 与 FDD 两种制式在设计上的差别，导致其在某些关键过程的设计上必须采用不同的策略，下面对此进行详细分析。

1. HARQ 过程

混合式自动自传请求（HARQ）是一种降低传输错误概率的机制。TDD 与 FDD 在 HARQ 的 ACK/NACK 传输及其与原始发送数据的定时关系、最大并发进程数、往返时间（RTT）等方面存在差异。

（1）HARQ 过程的定时关系存在差异。

在 FDD-LTE 系统中，上、下行子帧数目相等，数据与反馈的 ACK/NACK 之间可以建立一一对应关系，其 HARQ 过程简单明了。

子帧 i 收到的 ACK/NACK 信息总是对应于在子帧 $i-4$ 发送的数据。另外，对于下行异步 HARQ，收到 ACK/NACK 后数据的重传或新数据的发送与之前的数据发送没有确定的对应关系；而对于上行同步 HARQ，重传数据或新数据总是在 $i+4$ 时刻发送。

在 TDD-LTE 系统中，由于上、下行子帧资源不连续，并且配置方式有多种，造成上、下行的子帧数目不相等，无法建立一一对应的反馈关系。TDD 在进行 ACK/NACK 位置设计时需考虑子帧的上、下行方向。以上行 HARQ 为例，eNodeB 只能等待下行子帧出现时才能进行 ACK/NACK 反馈，而 UE 收到反馈后也必须等待上行子帧出现时才能发送重传的数据或新数据。

为此，协议中针对 TDD-LTE 中上、下行时隙的不同上、下行配置，专门为 TDD 系统定义了 ACK/NACK 反馈和重传数据、新数据发送的位置对应关系。子帧 i 收到的 ACK/NACK 反馈，应与子帧 $i-k$ 发送的数据相对应；子帧 i 在收到 ACK/NACK 后，将在子帧 $i+k'$ 发送重传数据或新数据。

（2）HARQ ACK/NACK 的传输存在差异。

在 TDD-LTE 系统中，当上行子帧多于下行子帧时，需使用一个下行子帧调度多个上行子帧；当下行子帧多于上行子帧时，需使用一个上行子帧反馈多个下行子帧。对此，协议中提供了以下两种解决方法。

第一种，ACK/NACK 绑定。对前面多个下行子帧数据的 ACK/NACK 进行"与"运算，使用一个 ACK/NACK 完成前面多个下行子帧 PDSCH 数据的反馈。这是协议中默认的 TDD-LTE 系统的 ACK/NACK 反馈机制。

第二种，ACK/NACK 复用。在一个上行子帧的 PUCCH 资源上使用 2bit 同时反馈多个传输数据的各自 ACK/NACK。

上述两种解决方法中，ACK/NACK 绑定的缺点是出现 NACK 时，接收端无法确定具体是哪个子帧传输错误，即使只有一个子帧错误，也需要重传所有被绑定的子帧，但带来的好处是减少了控制开销。ACK/NACK 复用在接收端可定位出错的具体数据块，但是需要使用更多的比特进行反馈，资源利用率低。另外，ACK/NACK 复用对信噪比要求更高，因此较适合非小区边缘的用户。ACK/NACK 复用还不可用于上、下行时隙配置 5，因为在上、下行时隙配置 5 的情况下，10ms 无线帧配置为 1 个上行子帧、8 个下行子帧和 1 个特殊子帧，而 1 个 ACK/NACK 复用最多也只能同时对 4 个下行子帧进行反馈。

（3）HARQ 的最大并发进程数存在差异。

由于 LTE 中 HARQ 采用"停等"机制，即在一个 HARQ 处理进程中，需等待一定时间收到 ACK/NACK 反馈后才能决定下一次进行新数据发送或重传，因此 LIE 采用并发多个进程的方式来提高资源的利用率。在 FDD-LTE 中，HARQ 的并发进程数最大为 8 个。但 TDD 受限于上、下行子帧配置，其 HARQ 进程数与上、下行子帧配置，以及数据的发送位置有关。由于 TDD 的 HARQ 进程数最大可达 15 个，因此 TDD 的 HARQ 进程需使用 4bit 进行编号，而 FDD 的 HARQ 进程只需要 3bit 即能满足编号要求。

（4）非连续接收（DRX）状态下的 HARQ 存在差异。

DRX 的目的是减少 UE 的功率消耗。在 DRX 状态下，UE 会为每一个下行 HARQ 进程开启一个 HARQ RTT 定时器，这个定时器长度为 UE 期待收到重传数据需等待的最小子帧数。当 HARQ RTT 定时器未过期时，UE 不可进入睡眠状态，以避免遗漏接收重传数据，对于 FDD-LTE，HARQ RTT 定时器始终为 8ms，而对于 TD-LTE，HARQ RTT 定时器为 $(k + 4)$ ms，其中 k 为下行数据传输与该传输的 HARQ 反馈之间的时间间隔。

2. 半持续调度过程

LTE 中存在动态调度和半持续调度（SPS）两种分组调度方式。SPS 方式下，无线资源的分配在一段较长的时间内半静态地分配给 UE，适用于如 VoIP 等数据分组小、时延要求高且数据传送具有一定周期性的业务。

TDD 的 SPS 比 FDD 复杂。首先，SPS 周期必须是上、下行时隙配置周期的整数倍，以避免上、下行冲突。另外，HARQ 重传与 SPS 之间可能产生冲突，例如上行 SPS 调度周期为 20ms，HARQ RTT 为 10ms，当发生数据重传时，则第一个数据的重传可能与第二个数据的首次传输发生冲突。针对此问题，协议中专门为 TDD 设计了双间隔 SPS 机制。双间隔 SPS 是指在半持续调度中使用两个不同的调度周期 T_1 和 T_2，其中：

$$T_1 = \text{SPS 调度周期} + \text{子帧偏置（Offset）} \tag{7 - 1}$$

$$T_2 = \text{SPS 调度周期} - \text{子帧偏置（Offset）} \tag{7 - 2}$$

双间隔 SPS 虽然可以减少冲突的可能性，但并不能杜绝冲突的发生。当依然出现冲突时，则需要使用动态调度来避免冲突。在 SPS 配置下，UE 仍会监听在 PDCCH 信道上的动态调度信息。如果数据重传和初始传输发生冲突，则可通过动态调度，首先传输重传数据，然后在接下来的空闲子帧中传输初始数据。

3. 随机接入过程

在与网络建立连接之前，UE 需要通过物理随机接入信道（PRACH）发起随机接入过程以获得网络的接入许可。PRACH 在频域上占用 72 个子载波，在时域上由循环前缀和接入前导序列两部分组成，长度分别为 T_{CP} 和 T_{SEQ}。根据这两个长度的不同取值，可将 PRACH 分为 5 种不同的格式，如表 7-1 所示。

表 7-1　随机接入前导参数

前导格式	$T_{CP}(\mu s)$	$T_{SEQ}(\mu s)$	随机接入时隙长度	适用模式
0	103.13	800	1ms	TDD 和 FDD
1	684.38	800	2ms	TDD 和 FDD
2	203.13	1600	2ms	TDD 和 FDD
3	684.38	1600	3ms	TDD 和 FDD
4	14.60	133	157μs	TDD

在表 7-1 中，前 4 种格式 TDD-LTE 和 FDD-LTE 相同，分别适用于不同的应用场景。例如格式 0 随机接入时隙在 1 个子帧中传送，支持中小覆盖范围的小区，格式 1 和 3 由于 CP 较长，适用于大的小区半径，格式 2 和 3 采用重复的前导序列，可以增加 PRACH 的链路预算。格式 4 则为 TDD-LTE 特有，其前导序列和 CP 的持续时间较短，专门用于在 UpPTS 中发起随机接入，称为短 RACH，并且只适用于 UpPTS 长度为 2 个 OFDM 符号的情况。在 TDD-LTE 中，使用短 RACH 可充分利用 UpPTS 时隙，从而避免占用正常子帧的资源，提高资源利用率。但是，短 RACH 由于序列长度较短，只适用于在半径小于 1.5 千米的小区使用。

另外，协议中规定，FDD-LTE 系统中的每个子帧中最多传送一个 PRACH 信道。但在 TDD-LTE 系统中，由于在某些上、下行配置中上行子帧较少（如 DL：UL=9：1），为避免出现随机接入资源不足，同时减少用户接入的等待时间，降低接入失败概率，则允许在接入资源不足时，在一个子帧上最多使用 6 个频分的随机接入信道。

4. 寻呼过程

LTE 中没有专门用于寻呼的物理信道，而是在 PDSCH 中传送需要的寻呼消息，TDD-LTE 和 FDD-LTE 的寻呼过程是相同的。但由于 TDD-LTE 中寻呼消息必须选择下行子帧才能发送。因此其可用于寻呼的子帧不同于 FDD-LTE，对于 FDD-LTE，子帧 0、4、5 和 9 可用于寻呼；对于 TDD-LTE，子帧 0、1、5 和 6 可用于寻呼，设计更易于实现。

经上述分析，TDD-LTE 与 FDD-LTE 之间因帧结构设计不同而使得其在信号、信道设计等方面存在差异，并导致其在关键过程实现上存在区别。从协议层面而言，这些差异主要集中在物理层，部分涉及媒体接入控制层（MAC）、无线资源控制层（RRC）和无线链路控制层（RLC）。分组数据汇聚协议层（PDCP）、非接入层（NAS）并无差异。

从以上分析还可得出，TD-LTE 的上、下行子帧配置多样，更适合非对称业务，并且 TDD-LTE 具有上、下行信道互惠性等 FDD-LTE 不具备的优势，适用于更真实的场景，资源利用率高。但是，多种不同的上、下行时隙配置也导致 HARQ、SPS 等过程复杂，实现更困难，同时造成了业务时延增加，使得 TDD-LTE 在传输时延敏感业务时不具备优势。另外，从上述比较还可看出，相比于 UMTS 时代的 TDD-LTE 和 FDD-LTE 两种制式，LTE 时代的 TDD-LTE 与 FDD-LTE 在协议实现上已逐渐融合，两者差异已大大减少，这使得 FDD-LTE 和 TDD-LTE 网络设备间的共享共存和 FDD-LTE/TDD-LTE 双模终端的设计更易于实现。

二、4G 的优势

（一）通信速度快、质量高

与移动通信系统数据传输速率做比较，第一代模拟式通信系统仅提供语音服务；第二代数字式移动通信系统传输速率最高达到 32kb/s；第三代移动通信系统的实际数据传输速率最高只有 386kb/s；第四代移动通信系统的数据传输速率最高可达到 100Mb/s。

（二）网络频谱宽、频率使用效率高

4G 通信系统在 3G 通信系统的基础上进行大幅度的改造和研究，使 4G 网络在通信宽带上比 3G 网络的蜂窝系统的宽带高出许多。4G 信道占有 100MHz 的频谱，相当于 3G 网络 WCDMA 系统的 20 倍。

（三）提供各种增值服务

4G 通信并不是从 3G 通信的基础上经过简单的升级而演变得来的，它们的核心技术根本不同，3G 移动通信系统主要是以 CDMA 为核心技术，而 4G 移动通信系统技术则以正交频分复用（OFDM）最受瞩目，利用这种技术人们可以实现如无线区域环路（WLL）、数字信号广播（DAB）等方面的无线通信增值服务。不过考虑到与 3G 通信的过渡性，第四代移动通信不仅仅只采用 OFDM 一种技术，CDMA 技术在第四代移动通信系统中与 OFDM 技术相互配合可以发挥更大的作用。

（四）通信费用更低

4G 通信不仅解决了与 3G 通信的兼容性问题，可以让更多的现有通信用户能轻易地升

级到 4G 通信，而且还引入了许多尖端的通信技术，这些技术保证了 4G 通信能提供一种灵活性非常高的系统操作方式，因此相较其他技术，4G 通信部署起来容易很多；同时在建设 4G 通信网络系统时，通信运营商们直接在 3G 通信网络的基础设施之上采用逐步引入的方法，这样就能够有效地降低费用。

第二节　4G 的网络架构

与之前的移动通信系统架构组成类似，4G 的网络架构可分成 3 部分：用户部分无线接入网部分和核心网部分。3GPP 将 4G 采用的网络系统定义为演进分组系统(EPS)，其目标是在简单的公共平台上综合所有业务。4G 系统主要分为两个部分：一是演进后的分组核心网(EPC)，采用全 IP 结构，旨在帮助运营商通过采用无线接入技术来提供先进的移动宽带服务；二是演进的 UMTS 陆地无线接入网络(E-UTRAN)。4G 系统采用扁平化的网络架构，将 3G 的 Node B 到 RNC 到核心网的三级架构升级为 eNode B 到核心网的二级架构。

关于 4G 网络架构的特点，可归纳为以下 3 点：

第一，核心网全 IP 化，并且取消了电路域(CS)，灵活支持更多基于 IMS 的多媒体业务。

第二，网络结构扁平化，无线接入网取消 RNC，降低时延，提升用户使用体验。

第三，实现控制与承载的分离，在核心网侧，控制面完全由移动性管理实体(MME)负责，用户面的相关内容则由服务网关(SGW)/分组数据网关(PGW)完成。

用户设备(UE)是 4G 网络的接入终端设备，它跟 3G 网络的组成类似，由移动设备(ME)和通用集成电路卡(UICC)构成。移动设备(ME)不仅仅指用户使用的移动手机，更泛指利用 LTE 上网的所有机械设备。UICC 卡是一种可移动的智能卡，在 4G 网络中通用集成电路卡(UICC)是一个应用的概念，它包括多种逻辑应用模块，如 SIM、USIM 和其他应用模块。SIM 卡，众所周知，它是 2G 时代用来存储信息的，包括身份识别信息以及用户信息等。USIM 卡则会提供不同于 SIM 卡的一组参数，用于 WCDMA 和 4G 网络中，这也是为什么 2G 手机卡无法在 3G/4G 网络中工作的原因。由于用户部分没有过多改变，这里不做详细讲解。

一、E-UTRAN

E-UTRAN 只包含一个网元即演进型 Node B(eNodeB)，相比 3G 网络，取消了 UTRAN

中的 RNC，减少了通信协议的层次，整个网络结构更加扁平化。RNC 的功能绝大部分交给了 eNodeB，小部分由核心网中的网元承担。4G 的基站 eNodeB 一般采用分布式基站的架构，基本功能由 BBU、RRU 和天馈系统组成，其中 BBU 为基带控制单元，RRU 为远程射频单元，两者之间通过光纤完成连接。BBU 对整个基站系统进行集中管理，完成数据、信令的处理和资源的管理与操作维护。RRU 提供射频通道，对信号进行一定的处理。天馈系统包括天线、馈线、跳线等设备，主要对射频信号进行接收和发射。

eNode B 不仅要完成 3G 网络中 Node B 对数据信息进行处理的基本功能，还需完成与无线资源有关的管理功能，例如，接入移动性的控制和管理、无线资源的合理分配与调度等；还包括用户数据包的压缩与加密，执行广播消息、寻呼消息的调度和传递，完成与移动配置有关的测量，以及测量的报告等。

二、EPC

EPC 系统是全 IP 的结构，也就是说，仅有分组域(PS)，没有电路域(CS)，控制与承载实现了分离。它不仅具有移动网络的传统能力，即用户数据的存储、移动性管理和数据转发等，而且由于全 IP 的网络结构，在用户数据速率上实现了大幅度提升。总体而言，EPC 的特点可以归纳为：全 IP 化、业务面和控制面全分离。EPC 主要由 MME、SGW、PGW 等网元组成。

（一）MME

MME 是 EPC 的核心网元，是控制面的重要网元，主要负责移动性与信令处理等，基本功能包括：寻呼消息的分配与转发，用户设备的接入控制，用户设备处于空闲状态下的移动性管理，用户设备发起业务后的建立、维护和删除承载的连接，以及切换和非接入层信令的加密与完整性保护等。

（二）SGW

SGW 是用户面的网元，主要负责数据转发和路由切换等，它可以实现用户在不同 eNodeB 之间移动时的移动性管理及数据包路由，也就是完成由于用户移动而产生的用户面切换的工作。需要指出的是，每个用户同一时刻只能存在一个 SGW。

（三）PGW

PGW 是用户面的网元，相当于移动网络与外部数据网络的边界路由器，它主要负责与外部分组数据网络建立连接，可以用于进行分组过滤、IP 地址的分配等。

除此之外，EPC 还包括归属用户服务器(HSS)和策略及计费功能(PCRF)等网元。

HSS 是一个数据库，里面存储着与签约用户的有关信息，属于 EPC 的用户信息存储与管理单元，协助完成用户的认证与鉴权工作，类似于 HLR。PCRF 主要负责策略控制决策与基于流量的计费。

三、4G 网络主要接口及协议

接口是不同网元之间进行信息交互的方式。为了使各网元之间的交互有据可依，有共同的标准和准则，这就是接口协议，接口协议的架构就成为协议栈。协议栈采用"三层两面"的通用模型。其分层结构有利于简化设计，这里分为 3 层，分别是物理层、链路层（分组数据汇聚协议层 PDCP、无线链路控制层 RLC、媒体接入层 MAC）、网络层（非接入层 NAS、无线资源控制层 RRC）。物理层的主要功能是提供可靠的比特率传输。链路层主要完成封装、透明传输等功能。网络层的主要功能是完成寻址、路由选择、资源配置等任务。"两面"是逻辑上的概念，这里分别是控制面协议和用户面协议，控制面协议负责控制信令的传输和处理，用户面协议负责业务数据的传送和处理。

（一）空中接口（Uu）

eNodeB 为用户提供 Uu，其中"U"表示用户网络接口，"u"表示通用，用户设备 UE 可以通过 Uu 空中接口完成与 eNodeB 之间的无线通信。UE 通过该接口与 eNodeB 建立信令和数据连接。Uu 可以实现用户面数据和控制面数据的交互，其中用户面上没有网络层的功能模块。

（二）X2 接口

eNodeB 之间通过 X2 接口完成通信。可以利用 X2 的控制面实现 SON（组织网络）功能；X2 用户面的接口则是基于 GTP 协议来实现 eNodeB 间数据的传输。在这里需要指出的是，X2 接口为控制面提供的是基于 IP 可靠的连接，而为用户面提供的则是基于 IP 不可靠的连接。为了实现连接，控制面使用了流控传输协议 SCTP，它为 IP 网提供可靠的信令传输，该协议为 X2 AP。用户面则使用 GPRS 用户面隧道协议 GTP-U 实现不可靠连接。

（三）引接口

eNodeB 通过 SI 接口与核心网通信，SI-MME 是与 EPC 控制面的 MME 连接的接口，该接口是 NAS 相关的信令传输的基础；SI-U 是与 EPC 用户面 SGW 连接的接口，主要负责传输用户数据信息。

第三节　4G 的关键技术

一、正交频分复用（OFDM）技术

第四代移动通信系统主要以 OFDM 为技术核心。OFDM 技术的特点是网络结构高度可扩展，具有较好的抗噪声性能和抗多信道干扰能力，可以提供比目前无线数据技术质量更高（速率高、时延小）的服务和性价比，能为 4G 无线网提供更好的方案。例如，无线区域环路（WLL），数字音频广播（DAB）等，都将采用 OFDM 技术。

（一）OFDM 技术原理

在传统的并行数据传输系统中，整个信号频段被划分为 N 个相互不重叠的频率子信道。每个子信道传输独立的调制符号，然后再将 N 个子信道进行频率复用。这种避免信道频谱重叠看起来有利于消除信道间的干扰，但是这样又不能有效利用频谱资源。OFDM 是一种能够充分利用频谱资源的多载波传输方式。从常规频分复用与 OFDM 的信道分配情况来看，OFDM 至少能够节约 1/2 的频谱资源。

OFDM 的主要目的是：将信道分为若干个正交子信道，将高速数据信号转换成并行的低速子数据流，调制到在每个子信道上进行传输。正交信号可以通过在接收端采用相关技术来分开，这样可以减少子信道之间的码间干扰（1SI）。由于每个子信道的带宽小于信道的相关带宽，因此每个子信道的带宽可以看作平坦性衰落，从而可以消除码间干扰。而且由于每个子信道的带宽仅仅是原信道带宽的一小部分，所以信道均衡变得相对容易。

在 OFDM 传播过程中，高速信息数据流通过串并变换，分配到速率相对较低的若干子信道中传输，每个子信道中的符号周期相对增加，这样可减少因无线信道多径时延扩展所产生的时间弥散性对系统造成的码间干扰。另外，由于引入保护间隔，在保护间隔大于最大多径时延扩展的情况下，可以最大限度地消除多径带来的符号间干扰。如果用循环前缀作为保护间隔，还可避免多径带来的信道间干扰（ICD）。

（二）OFDM 技术的优缺点

1. 主要优点

OFDM 系统越来越受到人们的广泛关注，其原因在于 OFDM 系统存在以下主要优点：

（1）把高速数据流通过串并转换，使得每个子载波上的数据符号持续长度相对增加，从而可以有效地减小无线信道的时间弥散所带来的 ISI，这样就降低了接收机内均衡的复杂度，有时甚至可以不采用均衡器，仅通过采用插入循环前缀的方法消除 ISI 的不利影响。

(2)OFDM 系统由于各个子载波之间存在正交性，允许与信道的频谱相互重叠，因此与常规的频分复用系统相比，OFDM 系统可以最大限度地利用频谱资源。

(3)各个子信道中这种正交调制和解调可以采用快速傅里叶变换(FFT)和快速傅里叶反变换(IFF)来实现。

(4)无线数据业务一般都存在非对称性，即下行链路中传输的数据量要远大于上行链路中传输的数据量，如 Internet 业务中的网页浏览、FTP 下载等。另外，移动终端功率一般小于 1W，在大蜂窝环境下传输速率低于 10~100kb/s；而基站发送功率可以较大，有可能提供 1Mb/s 以上的传输速率。因此无论从用户数据业务的使用需求，还是从移动通信系统自身的要求考虑，都希望物理层支持非对称高速数据传输，而 OFDM 系统可以很容易地通过使用不同数量的子信道来实现上行和下行链路中不同的传输速率。

(5)由于大线信道存在频率选择性，不可能所有的子载波都同时处于比较深的衰落情况中，因此可以通过动态比特分配和动态子信道分配的方法，充分利用信噪比较高的子信道，从而提高系统的性能。

(6)OFDM 系统可以容易与其他多种接入方法相结合使用，构成 OFDMA 系统，其中包括多载波码分多址 MC-CDMA、跳频 OFDM，以及 OFDM-TDMA 等，使得多个用户可以同时利用 OFDM 技术进行信息的传递。

(7)因为窄带干扰只能影响一小部分的子载波，因此 OFDM 系统可以在某种程度上抵抗这种窄带干扰。

2. 缺点

由于 OFDM 系统内存在多个正交子载波，而其输出信号是多个子信道的叠加，因此与单载波系统相比，OFDM 系统主要存在如下缺点：

(1)易受频率偏差的影响。由于子信道的频谱相互覆盖，这就对它们之间的正交性提出了严格的要求，然而由于无线信道存在时变性，在传输过程中会出现无线信号的频率偏移，如多普勒频移，或者由于发射机载波频率与接收机本地振荡器之间存在的频率偏差，都会使 OFDM 系统子载波之间的正交性遭到破坏，从而导致子信道间的信号相互干扰，这种对频率偏差敏感是 OFDM 系统的主要缺点之一。

(2)存在较高的峰值平均功率比。与单载波系统相比，由于多载波调制系统的输出是多个子信道信号的叠加，因此如果多个信号的相位一致，所得到的叠加信号的瞬时功率就会远远大于信号的平均功率，导致出现较大的峰值平均功率比(PAPR)。这就对发射机内放大器的线性提出了很高的要求，如果放大器的动态范围不能满足信号的变化，则会使信号产生畸变，使叠加信号的频谱发生变化，从而导致各个子信道信号之间的正交性遭到破坏，产生相互干扰，使系统性能恶化。

（三）OFDM 关键技术具体实现

OFDM 关键技术包括保护间隔和循环前缀、同步技术、信道估计和降峰均比技术。

1. 保护间隔和循环前缀

采用 OFDM 的一个主要原因是它可以有效地对抗多径时延扩展。把输入的数据流串并变换到 N 个并行的子信道中，使得每个用于调制子载波的数据符号周期可以扩大为原始数据符号周期的 N 倍，因此时延扩展与符号周期的比值也同样降低 N 倍。为了最大限度地消除符号间的干扰，还可以在每个 OFDM 符号之间插入保护间隔，而且该保护间隔长度 T_R 一般要大于无线信道的最大时延扩展，这样一个符号的多径分量就不会对下一个符号造成干扰。在这段保护间隔内，可以不插入任何信号，即它是一段空闲的传输时段。然而在这种情况下，由于多径传播的影响，会产生信道间干扰（ICI），即子载波之间的正交性遭到破坏，不同的子载波之间产生干扰。

由于每个 OFDM 符号中都包括所有的非零子载波信号，同时也会出现该 OFDM 符号的时延信号，由于在 FFT 运算时间长度内，第一子载波与带有延时的第二子载波之间的周期个数之差不再是整数，所以当接收机试图对第一子载波进行解调时，第二子载波会对此造成干扰。同样，当接收机对第二子载波进行解调时，有时会存在来自第一子载波的干扰。

为了消除由于多径所造成的 ICI，OFDM 符号需要在其保护间隔内填入循环前缀信号。这样就可以保证在 FFT 周期内 OFDM 符号的延时副本内包含的波形的周期个数也是整数。这样，时延小于保护间隔 T_g 的时延信号就不会在解调过程中产生 ICI。

通常，当保护间隔占 20% 时，功率损失也不到 1dB。但是带来的信息速率损失达 20%，而在传统的单载波系统中存在信息速率（带宽）的损失，但是插入保护间隔可以消除 ISI 和多径所造成的 ICI 的影响，因此这个代价是值得的。

2. 同步技术

同步在通信系统中占据非常重要的地位。例如，当采用同步解调或相干检测时，接收机需要提取一个与发射载波同频、同相的载波；同时还要确定符号的起始位置等。一般的通信系统中存在以下 3 个问题。

第一，发射机和接收机的载波频率不同。

第二，发射机和接收机的采样频率不同。

第三，接收机不知道符号的定时起始位置。

OFDM 符号由多个子载波信号叠加构成，各个子载波之间利用正交性来区分，因此确保这种正交性对于 OFDM 系统来说是至关重要的，所以它对载波同步的要求相对较严格。在 OFDM 系统中存在以下 3 个方面的同步要求。

第一，载波同步，即接收端的振荡频率要与发送的载波同频、同相。

第二，样值同步，即接收端和发射端的抽样频率一致。

第三，符号定时同步，即 IFFT 和 FFT 的起止时刻一致。

与单载波系统相比，OFDM 系统对同步精度的要求更高，同步偏差会在 OFDM 系统中引起 ISI 及 ICI。OFDM 系统中的同步要求如下：

（1）载波同步。

发射机与接收机之间的频率偏差导致接收信号在频域内发生偏移。如果频率偏差是子载波间隔的 n（n 为整数）倍，虽然子载波之间仍然能够保持正交，但是频率采用值已经偏移了 n 个子载波的位置，则会造成映射在 OFDM 频谱内的数据符号的误码率高达 0.5。如果载波频率偏差不是子载波间隔的整数倍，则在子载波之间量的"泄露"，导致子载波之间的正交性遭到破坏，从而在子载波之间引入干扰，使得系统的误码率性能恶化。

通常通过两个过程实现载波同步，即捕获（Acquisition）模式和跟踪（Tracing）模式。在跟踪模式中，只需要处理很小的频率波动；但是当接收机处于捕获模式时，频率偏差较大，可能是子载波间隔的若干倍。

接收机中第一阶段的任务是尽快进行粗略频率估计，解决载波的捕获问题；第二阶段的任务是锁定并且执行跟踪任务。把上述同步任务分为两个阶段的好处是：由于每一阶段内的算法只需要考虑其特定阶段内所要求执行的任务，因此可以在设计同步结构中引入较大的自由度。这也就意味着，在第一阶段（捕获阶段）内只需要考虑如何在较大的捕获范围内粗略估计载波频率，不需要考虑跟踪性能如何；而在第二阶段（跟踪阶段）内则只需要考虑如何获得较高的跟踪性能。

（2）符号定时同步。

由于在 OFDM 符号之间插入了循环前缀保护间隔，因此 OFDM 符号定时同步的起始时刻可以在保护间隔内变化，而不会造成 ICI 和 ISI。

只有当 FFT 运算窗口超出了符号边界或者落入符号的幅度滚降区间时，才会造成 ICI 和 ISI。因此，OFDM 系统对符号定时同步的要求会相对较宽松，但是在多径环境中，为了获得最佳的系统性能，需要确定最佳的符号定时。尽管符号定时的起点可以在保护间隔内任意选择，但是容易得知，任何符号定时的变化都会增加 OFDM 系统对时延扩展的敏感程度，因此系统所能容忍的时延扩展就会低于其设计值。为了尽量减小这种负面影响，需要尽量减小符号定时同步的误差。

当前提出的关于多载波系统的符号定时同步和载波同步大多采用插入导频符号的方法，这会导致带宽和功率资源的浪费，降低系统的有效性。实际上，几乎所有的多载波系统都采用插入保护间隔的方法来消除符号间串扰。为了克服导频符号浪费资源的缺点，通常利用保护间隔所携带的信息，完成符号定时同步和载波频率同步的最大似然估计算法。

3. 信道估计

加入循环前缀后的 OFDM 系统可以等效为 N 个独立的并行子信道。如果不考虑信道噪声，N 个子信道上的接收信号等于各自子信道上的发送信号与信道的频谱特性的乘积。如果通过估计方法预先获知信道的频谱特性，将各子信道上的接收信号与信道的频谱特性相除，即可实现接收信号的正确解调。

常见的信道估计方法有基于导频信道和基于导频符号(参考信号)两种，多载波系统具有时频二维结构，因此采用导频符号的辅助信道估计更灵活。导频符号辅助方法是在发送端的信号中某些固定位置插入一些已知的符号和序列，在接收端利用这些导频符号和序列按照某些算法进行信道估计。在单载波系统中，导频符号和序列只能在时间轴方向插入，在接收端提取导频符号估计信道脉冲响应。在多载波系统中，可以同时在时间轴和频率轴两个方向插入导频符号，在接收端提取导频符号估计信道传输函数。只要导频符号在时间和频率方向上的间隔相对于信道带宽足够小，就可以采用二维内插如滤波的方法来估计信道传输函数。

4. 降峰均比技术

除了对频率偏差敏感之外，OFDM 系统的一个主要缺点就是峰值功率与平均功率比[简称"峰均比"(PAPR)]过高，即与单载波系统相比，由于 OFDM 符号是由多个独立的经过调制的信号相加而成的，这样的合成信号有可能产生比较大的峰值功率，由此会带来较大的峰值平均功率比。

信号预畸变技术是最简单、最直接的降低系统内峰均比的方法。在信号被送到放大器之前，首先经过非线性处理，对有较大峰值功率的信号进行预畸变，使其不会超出放大器的动态变化范围，从而避免降低较大的 PAPR 的出现。最常用的信号预畸变技术包括限幅方法和压缩扩张方法。

(1)限幅方法。

信号经过非线性部件之前进行限幅，就可以使峰值信号低于所期望的最大电平值。尽管限幅非常简单，但是也会给 OFDM 系统带来相关的问题。首先，对 OFDM 符号幅度进行畸变，会对系统造成自身干扰，从而导致系统的 BER 性能降低。其次，OFDM 信号的非线性畸变会导致带外辐射功率值的增加，其原因在于限幅操作可以被认为是 OFDM 采样符号与矩形窗函数相乘，如果 OFDM 信号的幅值小于门限值，则该矩形窗函数的幅值为 1；而如果信号幅值需要被限幅，则该矩形窗函数的幅值应该小于 1。根据时域相乘等效于频域卷积的原理，经过限幅的 OFDM 符号频谱等于原始 OFDM 符号频谱与窗函数频谱的卷积，因此其带外频谱特性主要由两者之间频谱带宽较大的信号来决定，也就是由矩形窗函数的频谱来决定。

为了克服矩形窗函数所造成的带外辐射过大的问题，可以利用其他的非矩形窗函数。总之，选择窗函数的原则就是：其频谱特性比较好，而且不能在时域内过长，避免对更多个时域采样信号造成影响。

(2)压缩扩张方法。

除了限幅方法之外，还有一种信号预畸变方法就是对信号实施压缩扩张。在传统的扩张方法中，需要把幅度比较小的符号进行放大，而大幅度信号保持不变，一方面增加了系统的平均发射功率，另一方面使得符号的功率值更加接近功率放大器的非线性变化区域，容易造成信号的失真。因此给出一种改进的压缩扩张变换方法。在这种方法中，把大功率发射信号进行压缩，而把小功率信号进行放大，从而可以使得发射信号的平均功率相对保持不变。这样不但可以减小系统的PAPR，而且可以使小功率信号抗干扰的能力有所增强。μ 律压缩扩张方法可以用于这种方法中，在发射端对信号实施压缩扩张操作，而在接收端要实施逆操作，恢复原始数据信号。

二、MIMO 技术

（一）MIMO 原理

MIMO 技术最早是利用多天线来抑制信道衰落的。MIMO 技术是指在发射端和接收端分别设置多副发射天线和接收天线，其出发点是将多发送天线与多接收天线相结合以改善每个用户的通信质量（如差错率）或提高通信效率（如数据速率）。信道容量随着天线数量的增加而线性增大。也就是说，可以利用 MIMO 信道成倍地增大无线信道容量，在不增加带宽和天线发送功率的情况下，频谱利用率可以成倍地提高。

利用 MIMO 技术可以成倍增大信道的容量，同时可以提高信道的可靠性，降低误码率。前者是利用 MIMO 信道提供的空间复用增益，后者是利用 MIMO 信道提供的空间分集增益。目前，MIMO 技术领域另一个研究热点就是空时编码。常见的空时码有空时块码、空时格码。空时码的主要目的是利用空间和时间上的编码实现一定的空间分集和时间分集，从而降低信道误码率。

（二）MIMO 系统的核心技术

MIMO 系统在一定程度上可以利用传播中多径分量，也就是说，MIMO 可以抗多径衰落，但是对于频率选择性深衰落，MIMO 系统依然无能为力。目前，解决 MIMO 系统中的频率选择性衰落的方案一般是利用均衡技术，还有一种是利用 OFDM。大多数研究人员认为 OFDM 技术是 4G 的核心技术，4G 需要极高频谱利用率的技术，而 OFDM 提高频谱利用率的作用毕竟是有限的，在 OFDM 的基础上合理开发空间资源，也就是 MIMO-OFDM，可以提供更快的数据传输速率。

另外，OFDM 由于码率低和加入了时间保护间隔而具有极强的抗多径干扰能力。由于多径时延小于保护间隔，所以系统不受码间干扰的困扰，这就允许单频网络（SFN）可以用于宽带 OFDM 系统，依靠多天线来实现，即采用由大量低功率发射机组成的发射机阵列消除阴影效应，来实现完全覆盖。

MIMO-OFDM 系统的核心技术主要包括信道估计、空时信号处理技术、同步技术、分集技术等。

1. 信道估计

在一个传输分集的 OFDM 系统中，只有在接收端有很好的信道信息时，空时码才能进行有效的解码。估计信道参数的难度在于，每一个天线、每一个子载波都对应多个信道参数。但好在对于不同的子载波，同一空分信道的参数是相关的。根据这一相关性，可以得到参数的估计方法。MIMO-OFDM 系统信道估计方法一般有 3 种：非盲信道估计、盲信道估计和半盲信道估计。

(1) 非盲信道估计。

非盲信道估计是通过在发送端发送导频信号或训练序列，接收端根据所接收的信号估计出导频处或训练序列处的信道参数，然后根据导频或训练序列处的信道参数得到数据信号处的信道参数。当信道为时变信道时，即使是慢时变信道，也必须周期性地发射训练序列，以便及时更新信道估计。这类方法的好处是估计误差小，收敛速度快，其不足是由于发送导频或训练序列而浪费了一定的系统资源。

(2) 盲信道估计。

盲信道估计是利用信道的输出及与输入有关的统计信息，在无须知道导频或训练序列的情况下估计信道参数。其好处是传输效率高，不足是鲁棒性相对较差、收敛速度慢，而且运算量较大。

(3) 半盲信道估计。

半盲信道估计是在盲信道估计的基础上发展起来的，它利用尽量少的导频信号或训练序列来确定盲信道估计算法所需的初始值，然后利用盲信道估计算法进行跟踪、优化、获得信道参数。由于盲信道算法运算复杂度较高，目前还存在很多问题，难以实用化。而半盲信道估计算法有望在非盲算法和盲算法的基础上进行折中处理，从而降低运算复杂度。

2. 空时信号处理技术

空时信号处理是随着 MIMO 技术而诞生的新概念，与传统信号处理方式的区别在于其从时间和空间两方面同时研究信号的处理问题。从信令方案的角度看，MIMO 主要分为空时编码和空间复用两种。

(1) 空时编码。

空时编码技术在发射端对数据流进行联合编码，以降低由于信道衰落和噪声所导致的符号错误率，同时增加信号的冗余度，从而使信号在接收端获得最大的分集增益和编码增益。

(2) 空间复用。

空间复用是通过不同的天线尽可能多地在空间信道上传输相互独立的数据。MIMO 技术的空间复用就是在接收端和发射端使用多个天线，充分利用空间传播中的多径分量，在同一信道上使用多个数据通道发射信号，从而使信道容量随着天线数量的增加而线性增加。这种信道容量的增加不占用额外的带宽，也不消耗额外的发射功率，因此是增加信道和系统容量的一种非常有效的手段。

3. 同步技术

MIMO-OFDM 系统对定时和频偏比较敏感，因此时域和频率同步特别重要。MIMO-OFDM 系统同步问题包括载波同步、符号同步和帧同步。

（1）载波同步。

载波频率不同步会破坏子载波之间的正交性，不仅造成解调后输出的信号幅度衰减以及信号的相位旋转，而且更严重的是带来了子载波之间的 ICI，同时载波不同步还会影响符号定时和帧同步的性能。一般来说，MIMO-OFDM 系统的子载波之间的频率间隔很小，因而所能容忍的频偏非常有限，即使很小的频偏也会造成系统性能的急剧下降，所以载波同步对 MIMO-OFDM 系统尤为重要。

（2）符号同步。

在接收数据流中寻找 OFDM 符号的分界是符号同步的任务。MIMO-OFDM 系统的符号不存在眼图，没有所谓的最佳抽样点，它的特征是一个符号由 N 个抽样值（N 为系统的子载波数）组成，符号定时也就是要确定一个符号开始的时间。符号同步的结果用来判定各个 OFDM 符号中用来做 FFT 的样值的范围，而 FFT 的结果将用来解调符号中的各子载波。当符号同步算法定时在 OFDM 符号的第一个样值时，MIMO-OFDM 接收机的抗多径效应的性能达到最佳。理想的符号同步就是选择最佳的 FFT 窗，使子载波保持正交，并且 ISI（码间干扰）被完全消除或者降至最小。

（3）帧同步。

帧同步是在 OFDM 符号流中找出帧的开始位置，也就是我们常说的数据帧头检测，在帧头被检测到的基础上，接收机根据帧结构的定义，以不同方式处理一帧中具有不同作用的符号。

4. 分集技术

无线通信的不可靠性主要是由无线衰落信道时变和多径特性引起的，如何在不增加功率和不牺牲带宽的情况下，减小多径衰落对基站和移动台的影响就显得很重要。唯一的方法是采用抗衰落技术，而克服多径衰落的有效方法就是采用第五章介绍的各种分集技术。不同分集技术的适用场合不同，一般系统中都会考虑多种技术的结合。在 MIMO-OFDM 中，由于利用了时间、频率和空间 3 种分集技术，大大增加了系统对噪声、干扰、多径的容限。

三、软件无线电技术

软件无线电（SDR）是 20 世纪 90 年代初提出来的。以现代通信理论为基础，以数字信号处理为核心，以微电子技术为支持，其中心思想是构建一个具有开放性、标准化、模块化的通用数字硬件平台，通过实时的软件控制，实现各种无线电系统的通信功能，并使宽带模数转换器(A/D)及数模转换器(D/A)等模块尽可能地靠近射频天线的要求。这种由"A/D-DSP-D/A"硬件平台和各种功能软件模块组成的无线通信系统，通过软件改变硬件配置结构方式实现不同的通信功能，所以具有高度的灵活性、开放性的特点。

软件无线电主要由天线、射频前端、宽带 A/D-D/A 转换器、通用和专用数字信号处理器，以及各种软件组成。软件无线电的天线一般要覆盖比较宽的频段，要求每个频段的特性均匀，以满足各种业务的需求。射频前端在发射时主要完成上变频、滤波、功率放大等任务，接收时实现滤波、放大、下变频等功能。而模拟信号进行数字化后的处理任务全由 DSP 承担。为了减轻通用 DSP 的处理压力，通常把 A/D 转换器传来的数字信号经过专用数字信号处理器进行处理，降低数据流速率，并且把信号变至基带后，再将数据输送给通用 DSP 进行处理。

SDR 的核心技术主要有以下 5 种。

(一)宽带/分频段天线

软件无线电台要求能够从短波到微波相当宽的频段内进行工作，最好能研究一种新型的全向宽带天线，可以根据实际需要用软件智能地构造其工作频段和辐射特性。目前的可行性方案是采取组合式多频段天线。

(二)多载波功率放大器(MCPA)

理想的软件无线电在发射方向上把多个载波合成一路信号，通过上变频后，用一种多载波功率放大器对宽带的模拟混合信号进行低噪声放大。

(三)高速宽带 A/D-D/A 变换

A/D 的主要性能是采样速率和采样精度，理想的软件无线电台是直接在射频上进行 A/D 变换，要求必须具有足够快的采样速率。

(四)高速并行数字信号处理(DSP)

数字信号处理芯片是软件无线电所必需的最基本的器件。软件对数字信号的处理是在芯片上进行的。

(五)软件无线电的算法

软件的构造，是把对设备各种功能的物理描述建成数学模型(建模)，再用计算机语言描述的算法转换成用计算机语言编制的程序。

软件无线电中的算法具有以下特点：

(1)对信号处理的实时性。在时空上对算法的要求很高。

（2）软件无线电算法应具高度自由化(便于升级)，开放性(模块化、标准化)。

目前主要算法为数值法，但并不排斥其他算法或多种算法的结合。

第四节　4G 的业务应用

伴随着移动数据业务的迅猛发展，用户对移动互联网业务的需求越来越多，特别是用户已经习惯了"永远在线"这种保持与外界联系的感觉，进一步对移动通信网络的带宽、时延、QoS 保障等提出了更高的要求。在业务提供方式上，LTE 只提供数据业务。LTE 网络中的典型业务有以下几种。

一、移动高清多媒体业务

人类的视听能力有限，假设以"高清电视投影到视网膜，高保真音响透射到耳膜"为模型，数字化后的信息比特流速率就应该是人类视听的极限，这个数值接近 1000 Mb/s。

对于个人业务，用户对当今大多数无线网络的视听速率感到非常失望。LTE 技术能够实现质量更高、速率更快的连接，其特点决定了它有可能向个别用户提供支持视频业务的足够带宽。

在线播放高清视频需要很高的带宽，LTE 使移动用户也能在线享受高清视频，因此"移动高清多媒体业务"应该是 LTE 网络无法被替代的优势所在，它可针对移动中的大屏幕终端设备提供高清多媒体业务。

二、实时移动视频监控

由于要实时上传视频流到监控中心，视频监控对上传带宽要求很高。在 3G 高速上行链路分组接入(HSUPA)系统中，上行峰值速率为 5.76Mb/s(商用网比这还要低)，难以满足实时视频传递的要求。LTE 能很好地支持无线实时视频监控(50Mb/s 的上行带宽，LTE 可同时上传 8 路高清视频)。

三、移动 Web 2.0 应用

Web 2.0 的主要特点是与用户通过浏览器获取信息的 Web 1.0 相对应，注重用户交互作用，用户既是浏览者，也是内容的创造者。Web 2.0 是网络文化传播的新载体，标志着以个人为中心的互联网时代的到来，强调双向互动和使用者的参与。

Web 2.0 并非替代 Web 1.0，如果说 Web 1.0 时代网络的使用是下载与阅读，那么

Web 2.0 时代则是上传与分享。简单地说，就是可以互相沟通，而不是像书本那样只能读。对于网站的内容，Web 1.0 是由媒体自行上传，而 Web 2.0 则是由网友共同创造。Web 2.0 应用的一些典型案例包括大众点评网、博客网、淘宝等。对于博客来说，借助 LTE 网络和手机终端，可以实现家人朋友间的内容共享(图片/视频/音频)、紧急报告和业务、厂家促销(电影、CD、MTV 等发行)、信息的推送等。通过这种方式，可以实现多媒体内容基于多种网络的共享。

四、支持移动接入的 3D 游戏

手机网络游戏是指基于无线互联网，可供多人同时参与的手机游戏类型，目前，细分为 WAP 网络游戏与客户端网络游戏。网络延时和带宽成为当前限制多人在线游戏规模的主要因素，很多游戏要求高实时性，在游戏中每个节点都需要频繁交互。LTE 网络支持的 3D 游戏具有以下 6 个特点。

(一)游戏更具吸引力

3D 游戏需要更高带宽和更低延迟，而 LTE 的高带宽和低延迟保证了移动 3D 游戏服务质量(QoS)和体验质量(QoE)，3D 画质和流畅的背景转换，逐步具备了与专业游戏设备媲美的画面质量和响应速度。

(二)支持手机游戏社区

LTE 时代网络的发展将带来手机游戏社区的迅猛发展。

(三)有更多参与者

将来的游戏平台是需要支持好友共同参与的游戏模式，因为对手越多游戏越有趣。

(四)游戏多元化

针对互联网用户量的急剧增加，追求休闲娱乐成为主要趋势，须发展一个可以支撑游戏类型比较多的平台。

(五)互动性强

上行传输信息量大幅增加。

(六)提高推广效率

以更低成本带来更多用户。

五、支持移动接入的远程医疗系统

通过支持移动接入的远程医疗系统，可以实现生理参数(心率、血压、血糖、呼吸频率等)的实时上传、车内便携式高清视频监控及标清视频监控(上行)、医疗中心视频及数据的传送(下行)等。还可以实现上级医院医生与社区医生通过视频通信协作；上级医院医生与社区医生共享医疗图像，上级医院医生可以在图像上标注重点；提供会议接入服务，方便多科室和多地域专家加入会诊，实现资源共享，提高效率。

六、智能出租车

出租车系统作为城市公共交通系统的重要组成部分，其系统效率大大地影响整个城市公交系统的效率。传统的出租车运营面临的问题有：第一，高峰期供不应求，资源调配困难；第二，非高峰期空车率偏高，造成能源浪费，运输成本上升；第三，道路信息获取不足(包括路线规划)，运营效率低下。造成这些问题的主要原因为驾驶员、乘客、出租车运营商，以及城市路网信息源之间的信息发布和沟通不对称。

与高速移动网络结合的下一代智能出租车将LTE创新的网络技术应用于智能出租车系统，不仅可以有效地降低空车率、能耗和排污，缓解交通压力，提高城市交通运营的效率和质量，同时能够提高交通安全性，拓展公共交通新盈利领域，对构建绿色节能的公交体系和创造新的产业价值链有重大的意义。该系统可以实现网络订车系统、司机、乘客信息交互，出租车拼车服务，LTE网络视频监控和智能安防业务，丰富的LTE智能出租车车载业务。

七、车载网真终端

网真会议解决方案结合了音频、视频和互动组件，为远端的参会者创造了有如"身临其境"的会议体验。"移动网真"的应用场合有集会、培训，高清视频客服及导游，实景导航业务，户外应急指挥，领导巡视，远程诊断等。

八、高清视频即摄即传

高清视频即摄即传业务(也称移动采编播)，为传媒机构提供了独一无二的高清视频移动采编服务，相较于传统的采编播系统具有成本低廉、信号稳定、双向传输、快速反应等优势，将推动广电业务的传统运作方式发生根本变化，并将引领实况转播工作模式的深层变革。

九、移动化电子学习

该业务将课堂学习带到了教室之外。电子化学习(E-Learning)的概念带来了每时每刻的学习体验。一个学生通过双向语音设备与远程的老师交流，就同样的发言稿、视频片段和其他多媒体内容进行课堂讨论。LTE 已使这样的高速而随时的电子化学习变为现实。

十、M2M

M2M 一般被认为是机器到机器的无线数据传输，有时也包括人对机器和机器对人的数据传输。有多种技术支持 M2M 网络中终端之间的传输协议。LTE 在 M2M 的通信方面有很大优势——容易得到较高的数据速率，容易得到现有计算机 IP 网络的支持，更能在恶劣移动环境下完成任务。M2M 应用大体包括以下 10 类：

(1)远程测量。

(2)公共交通服务。

(3)销售与支付。

(4)远程信息处理/车内应用。

(5)安全监督。

(6)维修维护。

(7)工业应用。

(8)家庭应用。

(9)通过遥测、电话、电视等手段求诊的医学应用。

(10)针对车队、舰船的快速管理等。

第五节　4G 的无线网络规划与优化

在 4G 时代，移动通信技术的发展演进和通信设备厂家间的激烈竞争，使得移动通信网存在多制式、多厂商、多层网络并存的现象。同时，随着移动通信的快速发展，用户规模和需求不断增长，为了满足用户的业务需求，人们不断进行网络建设，从而导致网络规模越来越大，网络节点数已以十万计。另外，运营企业要求 LTE 网络规划优化朝着高效率和低成本方向发展，并且由于 LTE 系统性能对系统内外干扰高度敏感，使得 LTE 网络规划和优化变得十分复杂。

一、无线网络规划与优化流程

无线网络规划与优化工作的总体流程如下。

（一）网络规划资料收集与调查分析

为了使所设计的网络尽可能满足运营商要求，适应当地通信环境及用户发展需求，必须进行网络设计前的调查分析工作。调查分析工作要求做到尽可能详细，充分了解运营商需求，了解当地通信业务发展情况，以及地形、地物、地貌和经济发展等信息。调研工作包括以下6个部分：

（1）了解运营商对将要建设的网络的无线覆盖、服务质量和系统容量等要求。

（2）了解服务区内地形、地物和地貌特征，调查经济发展水平、人均收入和消费习惯。

（3）调查服务区内话务需求分布情况。

（4）了解服务区内运营商现有网络设备性能及运营情况。

（5）了解运营商通信业务发展计划和可用频率资源，并对规划期内的用户发展做出合理预测。

（6）收集服务区的街道图、地形高度图，如有必要，可购买电子地图。

（二）勘察、选址和传播模型校正

基站的勘察、选址工作由运营商与网络规划工程师共同完成，网络规划工程师提出选址建议，由运营商与业主协商房屋或地皮租用事宜，委托设计院进行工程可行性勘察，并完成机房、铁塔设计。网络规划工程师通过勘察、选址工作，了解每个站点周围电波传播环境和用户密度分布情况，并得到站点的具体经纬度。

为了更准确地了解无线规划区内电波传播特性，规划工程师可将几类具有代表性的地形、地物、地貌特征区域内指定频段的测试数据或现有网络测试数据(已建网络)整理以后，输入网络规划软件，以校正传播模型，供下一步规划计算中使用。

（三）网络容量规划

根据对规划区内的调研工作，综合所收集到的信息，结合运营商的具体要求，在对规划区内用户发展的正确预测基础上，根据营运商确定的服务等级，确定整个区域内重要部分的话务分布和布站策略、站点数目和投资规模等，充分考虑当地高层建筑、楼房和高塔的分布，基本确定站点分布及数目。对于站点的位置及覆盖半径，必须考虑到话务需求量，传播环境，上、下行信号平衡等对基站覆盖半径的限制，以及建站的综合成本等诸方面的因素。对网络进行初步容量规划，得出以下信息：

（1）满足规划区内话务需求所需的基站数。

（2）每个基站的站型及配置。

（3）每个扇区提供的业务信道数、话务量及用户数。

（4）每个基站提供的业务信道数、话务量及用户数。

（5）整个网络提供的业务信道数，话务量及用户数。

此步骤的规划是初步规划，通过无线覆盖规划和分析，可能要增加或减少一些基站，经过反复的过程，最终确定基站数目和站点位置。

（四）无线覆盖设计及覆盖预测

无线覆盖规划最终目标是在满足网络容量及服务质量的前提下，以最少的造价对指定的服务区提供所要求的无线覆盖。无线覆盖规划工作有以下几个部分：

（1）初步确定工程参数如基站发射功率、天线选型（如增益、方向图等）、天线挂高、馈线损耗等，进行上、下行信号功率平衡分析、计算。通过功率平衡计算得出最大允许路径损耗，初步估算出规划区内在典型传播环境中不同高度基站的覆盖半径。

（2）对数字化地图、基站名称、站点位置，以及工程参数网络规划软件进行覆盖预测分析，并反复调整有关工程参数、站点位置，必要时应增加或减少一些基站，直至满足运营商提出的无线覆盖要求为止。

（五）频率规划及干扰分析

频率规划决定了系统最大用户容量，也是减少系统干扰的主要手段。网络规划工程师运用规划软件进行频率规划，并通过同频、邻频干扰预测分析，反复调整相关工程参数和频点，直至达到所要求的同、邻频干扰指标。

（六）无线资源参数设计

合理地设置基站子系统的无线资源参数，保证整个网络的运行质量。从无线资源参数所实现的功能来分，需要设置的参数有以下4类：

（1）网络识别参数。

（2）系统控制参数。

（3）小区选择参数。

（4）网络功能参数。

无线资源参数通过操作维护台子系统配置。网络规划工程师根据运营商的具体情况和要求，并结合一般开局的经验来设置，其中有些参数要在网络优化阶段根据网络运行情况做适当调整。无线网络规划工作由于技术性强，涉及的因素复杂且众多，所以它需要专业的网络规划软件来完成。规划工程师利用网络规划软件对网络进行系统的分析、预测及优化，从而初步得出最优的站点分布、基站高度、站型配置、频率规划和其他网络参数。网络规划软件在整个网络规划过程中起着至关重要的作用，在很大程度上决定了网络规划与优化的质量。

二、LTE 无线网络规划要点

一个精品的网络需要符合覆盖连续、容量合理、成本最优 3 个基本条件，因此在进行 LTE 网络建设时，应重点考虑以下 4 个方面。

（一）重点关注站高和下倾角

1. 打造合理的蜂窝结构

由于受频谱资源的限制，LTE 网络多采用同频组网方式。在同频组网时，需要严格控制网络结构，尽量保持完整的蜂窝结构，以减小系统间的同频干扰，提升系统性能。

2. 严格控制下倾角

通过下倾角的调整，减小不同小区间覆盖重叠区面积，使天线上 3dB 的重叠区域宽带仅满足最高速要求的切换带设置，减小系统间的同频干扰，从而实现干扰和移动性能之间的最佳平衡。

3. 合理规划基站高度

基站高度规划应特别注意避免越区覆盖。在城区，建议站高控制在 30~40 米，郊区建议控制在 50 米以内。如果对现网高站进行搬迁调整，可以通过在周边新选址或选用多个替换站点等方式保证高站调整后的覆盖质量。

（二）充分利用原有 2G、3G 站点

根据 3G 站址优于 2G、现网站优于规划站的原则，需要在 LTE 网络建设中选择合适的站址，在保证覆盖质量的同时降低成本，加快网络建设速度。

（1）在网络覆盖需求的满足上，需要充分考虑基站的有效覆盖范围，使系统满足覆盖目标的要求，充分保证重要区域和用户密集区的覆盖。在进行站点选择时，应进行需求预测，将基站设置在真正有话务和数据业务需求的地区。

（2）在站点选址上，基站站址在目标覆盖区内应尽可能平均分布，尽量符合蜂窝网络结构的要求，一般要求基站站址分布与标准蜂窝结构的偏差小于站间距的 1/4。

（3）注重多系统共址的要求。合理利用原有站点，减少投资；与异系统共址时，需要考虑异系统间的干扰隔离，采取措施，保证天面资源（如铁塔、抱杆、室外走线架等）上有足够的隔离空间，以满足多系统共存的要求。

（4）满足无线环境要求。天线高度在覆盖范围内应基本保持一致，不宜过高，且天线主瓣方向无明显阻挡，同时在选择站址时还应注意两个方面：一是新建基站应建在交通方便、市电可用、环境安全的地方，避免在大功率无线电发射台、雷达站或其他干扰源附近

建站；二是在山区、密集的湖泊区、丘陵城市及有高层玻璃幕墙建筑的环境中选址时要注意信号反射及衍射的影响。

（三）2G、3G、4G天线独立调整

在LTE天馈系统建设时，有两种主要的建设方案可选。

(1)独立天馈系统建设方案。能够灵活设置天线方位角、下倾角，但此方案受限于天面安装位置，网络建设成本较高。

(2)与2G、3G系统共天馈系统建设方案。可以节省天线安装位置，降低网络建设成本，其缺点主要是天线方位角和机械下倾角调整将会同时影响2G、3G、4G网络，射频优化难度增加。

目前，由于移动通信的技术演进、基站选点难度的增加，现网多数站点存在多运营商、多制式网络系统共存的现象，造成天面资源紧张，因此LTE天馈建设时多采用与2G、3G共天线建设方案。

（四）重视特殊场景的精细规划

在LTE网络的建设中，要根据不同覆盖场景的特征和要求进行有针对性的网络精细化规划。

在高铁覆盖情况下，LTE网络规划可以采用公网方式兼顾周边区域覆盖或以专网方式进行高铁覆盖。同时，局部采用异频组网的方式减小网间干扰，提升网络性能，降低规划优化复杂度。另外，也可以采用多RRU共小区的方案，扩大单小区的覆盖距离，从而减少小区间的频繁切换，提升网络质量。

在实现地面景区覆盖时，需在保障覆盖的基础上考虑容量的需求，在宏站的基础上考虑微站的需求。而在水面景区覆盖时，应多考虑目标优化，平衡水面与周边区域覆盖，提升现有站点的覆盖效果。

三、LTE无线网络优化要点

（一）优化网络覆盖

对LTE无线网络的规划而言，优化网络覆盖，提升网络整体性能是首要任务，因此，在网络覆盖优化中应尽量做到以下6点：

(1)选择合适的天线。机械下倾角超过8°的天线，需要降低站高或更换更大电下倾天线。

(2)美化天线可调。美化天线罩要有足够空间，保证天线可调。

(3)天线主波瓣方向无明显阻挡。视距无阻挡物，保证信号传播路径可靠。

（4）打造合理下倾角。严格控制干扰，天线下倾角要满足保障切换性能和小区间干扰最小的要求。

（5）天线方位角应合理。天线方位角控制在 90°以上。

（6）做簇优化。连片建设保证覆盖优化调整，奠定网络性能基础。

（二）继承现有网络

充分继承 3G 参数，简化 LTE 参数优化，将有利于提升 LTE 网络优化的效率。在 LTE 与 2G、3G 站点比例接近 1∶1 时，可以充分利用 3G 的参数优化结果，进行 LTE 网络的参数设置和优化。一方面，可利用 3G 网络确定 MCC、MNC 相对不变的参数；另一方面，LTE 中的 TA 可以与 3G 中的 LA 对应。通常 LTE 的 TA 区域不能出现跨 LA 区域的现象，否则语音业务 CSFB 的建立时长会变长，影响用户感知，原因在于当用户从 LTE 通过 CSFB 回 3G 或 2G 网络时，如果用户所在的位置区（LA）不同于联合注册时的 LA，UE 会发起 LAU 流程，导致 CSFB 的流程和时长变长。

1. PCI 规划原则

在实际 LTE 网络 PCI 规划时，可以参考 3G 中扰码：PSC/PN 的规划。一般情况下，LTE 网络的 PCI（外设部件相互连接标准）规划原则有以下 3 条：

（1）不冲突原则。

在 LTE 组网中，多采用同频组网方式，因此需要保证同频的相邻小区之间的 PCI 不同。

（2）不混淆原则。

保证某个小区与同频的相邻小区的 PCI 不相等，并尽量选择干扰最优的 PCI，即 PCI 的模 3 和模 6 不相等。

（3）最优化原则。

保证相同 PCI 的小区具有足够的复用距离，并在同频相邻小区之间选择干扰最小的 PCI。

2. LTE 初始规划中邻区规划原则

邻区规划是无线网络规划中重要的一环，其好坏直接影响网络性能。因此，在 LTE 初始规划中邻区规划应遵循以下 3 条原则：

（1）邻近原则。

既要考虑空间位置上的相邻关系，也要考虑位置上不相邻但在无线意义上的相邻关系，地理位置上直接相邻的小区一般要作为邻区；对于市郊和郊县的基站，虽然站间距很大，但一定要把位置上相邻的作为邻区，保证及时切换，避免掉话。

（2）互易性原则。

邻区一般要求互为邻区，即 A 把 B 作为邻区，B 也要把 A 作为邻区。但在一些特殊场合，可能要求配置单向邻区。

（3）邻区适当原则。

对于密集城区和普通城区，由于站间距比较近，邻区应该多配置。目前对于同频、异频和异系统邻区最大配置数量有限，所以在配置邻区时，需注意邻区的个数，把确实存在邻区关系的配进来，而不相干的一定要去掉，以避免占用邻区名额。实际网络中，既要配置必要的邻区，又要避免设置过多的邻区。

（三）发挥 SON 作用

充分发挥 SON 在网络优化中的作用，将有助于提升 LTE 网络的优化质量。SON 的功能是在 LTE 网络标准化阶段由移动运营商提出的。它主要是通过增强无线网元，实现无线网络的自主功能。SON 的关键优势在于可以提升操作维护效率，减少操作维护人力，提升网络容量和性能，实现可靠性和节能。

ANR 自动邻区关系，是 SON 功能的关键技术之一，可以实现邻区关系的自配置和自优化。邻区关系的配置是日常网络规划和网络优化的重点工作，也是影响整个网络性能的关键指标。正确、完整的邻区关系非常重要，邻区关系做得太少，会造成大量掉话；邻区关系做得过多，则会导致测量报告的精确性降低。各小区的实际覆盖范围与天线高度、四周环境等都有相当密切的关系，这就很容易漏定义或错定义相邻小区，造成切换成功率低，使小区之间存在漏覆盖或盲区，导致切换失败而掉话。因此，准确的邻区关系配置是保证移动网络性能的基本要求。

PCI 冲突混淆检测和 SON 的配合将进一步提升 LTE 网络优化工作。当检测到 PCI 冲突/混淆时，通过 SON server 自动重新分配 PCI，并通过网管下发给 eNodeB。一般情况下，PCI 冲突/混淆检测有以下 4 种方式：

（1）基于 X2 交互内容的 PCI 冲突/混淆检测。

（2）基于已知邻区空口 CGI 测量的 PCI 混淆检测。

（3）基于 ANR 过程发现的 PCI 混淆检测。

（4）基于邻区配置的 PCI 冲突/混淆检测。

移动鲁棒性优化（MRO）原理的利用将有效减少优化工作量，并提高网络质量和性能。在覆盖已经达标的网络中，导致切换成功率低的主要原因是，切换门限参数设置不合理（切换门限配置过低或者过高）。由于切换过早导致的故障，需要提高切换门限；由于切换过晚导致的故障，需要降低切换门限。采用基于 MRO 的技术，基站能够自动检测是切换过早还是过晚，从而自动优化调整基于邻区的门限参数，避免海量的人工优化工作。

▶ 第八章

第五代移动通信技术

第一节 5G 需求与愿景

移动通信已经很大程度地改变了人们的生活，但人们对更高性能移动通信的追求从未停止。为了应对未来爆炸性的移动数据流量增长、海量的设备连接、不断涌现的各类新业务和应用场景，第五代移动通信(5G)系统应运而生。

一、5G 总体愿景

5G 移动通信技术，已经成为移动通信领域的全球性研究热点。随着科学技术的深入发展，5G 移动通信系统的关键支撑技术得以明确，在未来几年，该技术会进入实质性的发展阶段，即标准化的研究与制定阶段。同时，5G 移动通信系统的容量也会大大增加，其途径主要是进一步提高频谱效率，变革网络结构，开发并利用新的频谱资源等。

20 世纪 80 年代，第一代移动通信诞生，"大哥大"出现在人们的视野中。从此，移动通信对人们日常工作和生活的影响与日俱增。移动通信发展回顾如下：1G，"大哥大"是高高在上的身份象征；2G，手机通话和短信成为人们日常沟通的一种重要方式；3G，人们开始用手机上网、看新闻、发彩信；4G，手机上网已经成为基本功能，拍照分享、在线观看视频等已经成了手机上网能做的再熟悉不过的事情。人们的沟通方式、了解世界的方式，已经因移动通信而改变。想要知道更多，想要更自由地获取更多信息的好奇心，不断驱动着人们追求更高性能的移动通信。可以预见，未来的移动数据流量将爆炸式地增长、设备连接数将海量增加、各类新业务和应用场景将不断涌现。这些新的趋势，对于现有网络来说是不可完成的任务，5G 移动通信系统应运而生。

5G 作为面向以后的移动通信系统，将深入社会的各个领域，作为基础设施为未来社会的各个领域提供全方位的服务。5G 将提供光纤般的接入速度，"零"时延的使用体验，使信息突破时空限制，为用户即时呈现各种信息；5G 将提供千亿设备的连接能力、极佳的交互体验，实现人与万物的智能互联；5G 将提供超高流量密度、超高移动性支持，让用户随时随地获得一致的性能体验；同时，超百倍的能效提升和超百倍的比特成本降低，也将保证产业的可持续发展。超高速率、超低时延、超高移动性、超强连接能力、超高流量密度，加上能效和成本超百倍改善，5G 最终将实现"信息随心至，万物触手及"的美好愿景。

二、驱动力和市场趋势

移动互联网和物联网的迅猛增长，将为 5G 提供广阔的前景。移动互联网将推动人类社会信息交互方式的进一步升级，为用户提供增强现实、虚拟现实、超高清（3D）视频、移动云等更加身临其境的极致业务体验。各种新业务不仅带来超千倍的流量增加，更对移动网络的性能提出了挑战，必将推动移动通信技术和产业的新一轮变革。

5G 不是单纯的通信系统，而是以用户为中心的全方位信息生态系统。其目标是为用户提供极佳的信息交互体验，实现人与万物的智能互联。数据流量和终端数量的爆发性增加，催促新的移动通信系统形成，移动互联网与物联网成为 5G 的两大驱动力。

物联网则是将人与人的通信进一步延伸到人与物、物与物智能互联，使移动通信技术渗透至更加广阔的行业和领域。在移动医疗、车联网、智能家居、工业控制、环境监测等场景，将可能出现数以千亿的物联网设备，缔造出规模空前的新兴产业，并与移动互联网发生化学反应，实现真正的"万物互联"。

三、5G 技术场景及典型业务

3GPP 定义了 5G 三大场景：eMBB、mMTC 和 URLLC。eMBB 场景是 5G 应用的其中一个场景，对应的是全球无缝覆盖和 3D/超高清视频等大容量、大流量移动宽带业务，用于解决无缝连接，主要应用在铁路、乡村郊区等，大容量、大流量移动业务用于支持在线视频、VR、AR 等新兴技术。Massive MTC，主要应用于智慧城市/社区/家庭等大规模物联网业务，而 URLLC 对应的是无人驾驶、工业自动化等需要低时延、高可靠连接的业务，主要应用于车联网、工业控制、电子医疗等。

四、5G 的能力指标

基于新的业务和用户需求及应用场景，4G 技术已不能够满足要求，而且差距很大，特别是在用户体验、接入速率、连接数目、流量密度、时延方面。

5G 将以可持续发展的方式，满足未来超千倍的移动数据增长需求，为用户提供光纤般的接入速率，"零"时延的使用体验，提供具备千亿设备的连接能力，超高流量密度、超高连接数密度和超高移动性等多场景的一致服务，实现业务及用户感知的智能优化，同时为网络提升超百倍的能效，大幅降低比特成本。

第二节　5G 网络架构

未来的 5G 网络与 4G 相比，网络架构将朝着更加扁平化的方向发展，控制和转发进一步分离，网络可以根据业务的需求灵活动态地进行组网，从而使网络的整体效率得到进一步提升，主要表现在以下几个方面：网络性能更优质；网络功能更灵活；网络运营更智能；网络生态更友好。

一、5G 网络架构设计

5G 网络架构主要设计理念如下：

(1)业务下沉与业务数据本地化处理。

(2)用户与业务内容的智能感知。

(3)支持多网融合与多连接传输。

(4)基于软化和虚拟化技术的平台型网络。

(5)基于 IT 的网络节点支持灵活的网络拓扑与功能分布。

(6)网络自治与自优化。

二、NFV 与 SDN

(一)NFV 技术

网络功能虚拟化(NFV)，简单理解就是把电信设备从目前的专用平台迁移到通用的 COTS 服务器上，以改变当前电信网络过度依赖专有设备的问题。在 NFV 的方法中，各种网元变成了独立的应用，可以灵活部署在基于标准的服务器、存储、交换机构建的统一平台上，从而实现软硬件解耦，每个应用可以通过快速增加/减少虚拟资源来达到快速缩容/扩容的目的。

NFV 定义了一个通用平台，支持各种网络的虚拟化。NFV 技术主导的软硬件解耦、硬件资源虚拟化、调度和管理平台化的特点，正好符合 5G 网络架构的技术特征，其在 5G 移动网络构建中可带来如下收益：

(1)硬件设施 IT 化，降低设备成本。

(2)硬件资源通用化，降低 TCO 成本。

（3）功能软件化，业务部署灵活。

（4）业务组件化，促进网络能力开放和增值业务创新。

（5）部署自动化，缩短业务的开通周期。

（二）SDN 技术

软件定义网络（SDN）的核心技术 OpenFlow 通过将网络设备控制面与转发面分离开来，从而实现网络流量的灵活控制，为核心网络及应用的创新提供良好的平台。

SDN 控制与转发相分离的特性，为 5G 网络架构带来了极大的好处，具体作用如下。

1. 网关设备的 SDN 化

网关设备的 SDN 化可以给网络带来很多有益的变化，具体如下：

（1）提升转发性能。

（2）提升网络可靠性。

（3）促进网络扁平化部署。

（4）提升业务创新能力。

2. 业务链的灵活编排

在移动网络中，GW 和业务网络之间存在一些业务增值服务器，如协议优化、流量清洗、缓存（Cache）、业务加速等。这些增值服务器通过静态配置的方式串在网络中，想要对其进行增减和调整前后位置都很麻烦，不够灵活，而且因为拓扑架构的静态化，很多业务流无论是否用到相关增值服务，都会从这些增值服务器上通过，这也增加了这些增值服务器的负担。引入基于 SDN 的业务链编排技术，可以有效解决这个难题。

通过 SDN 控制器，可以灵活动态地配置业务流所走的路径，通过 OpenFlow 接口下发到各个转发点。在进行流量调度时，首先对流量进行分类，根据分类结果决定业务流的路径。转发点依据定义好的路径转发给下一个服务节点。以后的服务节点也只需要根据路径信息决定下一个服务节点，不需要重新对业务流进行分类。采用动态业务链可以使运营商更灵活快速地部署新业务，为运营商提供了开发新业务的灵活模式。

3. 网络服务自动化编排

NFV 网络架构中，通过网络编排器实现虚拟网元的生命周期管理，通过网络编排器创建完虚拟网元后，一个个独立的虚拟网元还无法组成一个可以对外服务的网络，一般需要将若干个相关的虚拟网元按照一定的逻辑组织起来才能对外提供完整的服务。

（三）NFV 和 SDN 的关系

NFV 和 SDN 是两个互相独立的概念，但两者在应用时又可以互相补充。

NFV 突出的是软硬件互相分离，通过虚拟化技术实现硬件资源的最大化共享以及业务组件的按需部署和调度，主要是为了降低网络建设成本和运维成本，降低运营商 TCO 成本。SDN 突出的是网络的控制与转发分离，通过集中的控制面产生路由策略并指导转发面进行路由转发，从而使网络拓扑和业务路由调度能够更动态、更灵活。此外，SDN 控制器提供的开放的北向接口，使第三方软件也可以很方便地进行网络流量的灵活调度，更利于业务创新。

将两者相结合，采用 SDN 实现电信网络的业务控制逻辑与报文转发相分离，采用 NFV 虚拟化技术和架构来构建电信网络中的一个个业务控制组件，使电信网络不但可以按照不同客户需求进行自适应定制，根据不同网络状态进行自适应调整，还可以根据不同用户和业务特征进行自适应增值。

（四）基于 NFV 和 SDN 的 5G 网络架构展望

展望 5G 网络总体架构，按照功能定位的不同，大致可以分为软件定义的网络转发域、虚拟化的网络控制功能域、跨域协调管理 3 类域。

第三节　5G 无线传输技术

一、MIMO 增强技术

（一）Massive MIMO

Massive MIMO 和 3D MIMO 是下一代无线通信 MIMO 演进中的最主要的两种候选技术，前者的主要特征是天线数目大量增加，后者的主要特征是在垂直维度和水平维度均具备很好的波束赋形的能力。虽然 Massive MIMO 和 3D MIMO 的研究侧重点不一样，但在实际场景中往往会结合使用，存在一定的耦合性，3D MIMO 可算作 Massive MIMO 的一种，因为随着天线数目的增多，3D 化是必然的。因此，Massive MIMO 和 3D MIMO 可以作为一种技术来看待，在 3GPP 中称为全维度 MIMO（FD-MIMO）。

相比传统的 2D MIMO，一方面，3D MIMO 可以在水平和垂直维度灵活调整波束方向，形成更窄、更精确的指向性波束，从而极大地提升终端接收信号能量，增强小区覆盖；另一方面，3D MIMO 可充分利用垂直和水平维度的天线自由度，同时同频服务更多的用户，极大地提升系统容量，还可通过多个小区垂直维度波束方向的协调，起到减小区间干扰的目的。

当发射端天线数量很多时，系统容量与接收天线数量呈线性关系；而当接收端天线数量很多时，系统容量与发射天线数量的对数呈线性关系。大规模 MIMO 不仅能够增加系统容量，还能够增加单个时频资源上可以复用的用户数目，以支持更多的用户数据传输。

在天线数目很多的情况下，仅仅使用简单的线性预编码技术就可以获得接近容量的性能，天线数量越多，速率越快。而且随着天线数目的增多，传统的多用户预编码方法 ZFBF 会出现一个下滑的现象，而对于简单的匹配滤波器方法 MRT，则不会出现，主要是因为随着天线数目的增多，用户信道接近正交，并不需要特别的多用户处理。

依据大数定理，当天线数量趋近无穷时，匹配滤波器方法已经是优化方法了。不相关的干扰和噪声也都被消除，发射功率理论上可以任意小，即利用大规模 MIMO，消除了信道的波动，同时也消除了不相关的干扰和噪声。而且复用在相同时频资源上的用户，其信道具备良好的正交特性。

在基站端部署大规模 MIMO，满足速率要求的条件下，UE 的发射功率可以任意小，天线数目越多，用户所需的发射功率越小。

大规模 MIMO 除了能够极大地降低发射功率外，还能够将能量更加精确地送达目的地。随着天线规模的增大，可以精确到一个点，具备更高的能效。同时场强域能够定位到一个点，就可以极大地降低对其他区域的干扰，能够有效消除干扰。

（二）网络 MIMO

单小区 MIMO 技术经过长期的发展，其巨大的性能潜力已经被理论和实际证实，可作为高速传输的主要手段。当信噪比较低时，发射端和接收端配置多根天线可以提高分集增益，通过将多路发射信号进行合并可以提高用户的接收信噪比。而当信噪比较高时，MIMO 技术可以提供更高的复用增益，多路数据并行传输，使系统传输速率得到成倍的提高。由此可见，MIMO 技术提供高频谱效率的条件除了天线数目外，更重要的是用户必须具备较高的信噪比。

而在蜂窝系统中，特别是全频带复用的蜂窝系统中，用户不仅要面对不同数据流间的干扰、多用户间的干扰和噪声，还要面对邻小区的 MIMO 干扰。已知和未知 ICI 信息时，收发天线数目越多，性能反而越差。很显然，空分复用与系统高负载要求严重冲突。

特别是对于小区边缘用户来说更是如此，为了提高小区边缘用户的性能，降低干扰对系统的不利影响，需要对干扰进行有效的管理和抑制。为此 R11 中新增了传输模式 CoMP，即多点协作传输技术。

3GPP 中定义了 4 种 CoMP 应用场景——同构网络中的站内（intra-site）和站间（inter-site）CoMP、HetNet 中的低功率 RRH、宏小区内的低功率 RRH。

1. 同构网络中的站内 CoMP

主要指的是 e-NodeB 内的协作传输。

2. 同构网络中的站间 CoMP

主要指的是利用 BBU 组成 BBU 池，形成一个集中控制单元。

3. HetNet 中的低功率 RRH

RRH 的小区 ID 与宏小区不同。

4. 宏小区内的低功率 RRH

RRH 的小区 ID 与宏小区相同。

二、新型多址技术

面对 5G 通信中提出的更高频谱效率、更大容量、更多连接以及更低时延的总体需求，5G 多址的资源利用必须更为有效，传统的 TDMA/FDMA、CDMA、OFDMA 等正交多址技术已经无法适应未来 5G 爆发式增长的容量和连接数需求。因此，在近两年的国内外 5G 研究中，资源非独占的用户多址接入方式广受关注。在这种多址接入方式下，没有任何一个资源维度下的用户是具有独占性的，因此在接收端必须进行多个用户信号的联合检测。得益于芯片工艺和数据处理能力的提升，接收端的多用户联合检测已成为可实施的方案。

除了放松正交性限制，引入资源非正交共享的特点外，为了更好地服务从 eMBB 到物联网等不同类型的业务，5G 的新型多址技术还要具备以下以下 3 种能力。

第一，抑制由非正交性引入的用户间干扰，有效提升上下行系统吞吐量和连接数。

第二，简化系统的调度，为移动用户提供更好的服务体验。

第三，支持低开销、低时延的免调度接入和传输方式，以及以用户为中心的协作网络传输。

为了满足以上需求，5G 新型多址的设计将从物理层最基本的调制映射等模块出发，引入功率域和码率的混合非正交编码叠加，同时在接收端引入多用户联合检测来实现非正交数据层的译码。

（一）PDMA

PDMA 以多用户信息论为基础，在发送端利用图样分割技术对用户信号进行合理的分割，在接收端进行相应的串行干扰消除，可以接近多址接入信道（MAC）的容量界限。用户的图样设计可以在空域、码域、功率域独立进行，也可以联合进行。图样分割技术通过在发送端利用用户特征图样进行相应的优化，加大不同用户间的区分度，从而改善接收到 SIC 干扰消除的性能。

功率域 PDMA，主要依靠功率分配、时频资源与功率联合分配、多用户分组实现用户区分。

码域 PDMA，通过不同码字区分用户。码字相互重叠，且码字设计需要特别优化。与 CDMA 不同的是，码字不需要对齐。

空域 PDMA，主要应用多用户编码方法实现用户区分。

（二）SCMA

1. 稀疏码多址接入（SCMA）基本概念

稀疏码多址接入（SCMA）是在 5G 新需求推动下产生的一种能够显著提升频谱效率、

极大提升同时接入系统用户数的先进的非正交多址接入技术。这种结构具有很大的灵活性，可以通过码本设计和映射实现不同维度的资源叠加使用。

SCMA 发送端调制映射可以看到，基于 SCMA 的多址接入方式具有码域叠加、稀疏扩展、多维调制的特点。

2. SCMA 码本设计

基于 SCMA 的接入系统，其发送端实现起来十分简单，只需基于预先设计并存储好的 SCMA 码本进行编码比特到 SCMA 码字的映射，而决定这种系统性能的核心之一，就是 SCMA 码本设计。SCMA 码本设计是一个多维空间的优化问题，即多维调制和稀疏扩频的联合优化问题。在实际设计中，为了降低优化设计复杂度，可以分步或迭代进行稀疏扩频矩阵的设计和多维调制的优化。这里所说的 SCMA 码本，其实是一个码本集合，它包含 J 个码本，每个码本对应一个数据层，其维度为 M 行 M 列，M 为此码本对应的有效调制阶数。

低密度扩频矩阵本质定义了数据流与资源单元之间的稀疏映射关系。设矩阵共 M 行 M 列，每一行表示一个校验节点，每一列表示一个变量节点，元素为 1 的位置表示对应变量节点所代表的数据流会在对应校验节点所代表的资源单元上发送非零的调制符号。低密度扩频矩阵设计要综合考虑接入层数、扩频因子以及每个码字中非零元素的个数等因素。类似 LDPC 编码的校验矩阵设计，扩频矩阵的选择并不唯一，其结构会影响检测算法的复杂度和性能，这就使得可以根据检测算法有针对性地设计矩阵结构。低密度扩频序列(LDS)是 SCMA 的一种实现特例。它采用 LTE 系统中的 QAM 调制，并在非零位置上简单重复 QAM 符号。这种设计方法虽然简单，但频谱效率损失严重。因此，SCMA 稀疏码本的设计在扩频矩阵设计之上引入多维调制概念，联合优化符号调制与稀疏扩频，相比简单进行 LDS 获得额外的编码增益和成形增益，从而获得更好的链路和系统性能。

多维调制星座的设计可采用信号空间分集(Signal Space Diversity)技术，在码字的非零元素间引入相关性。一种简化的设计方法是先找到具有较好性能的多维调制母星座，然后对母星座进行逐层的功率和相位优化运算来获得各数据层星座设计。母星座的设计通常遵循以下基本准则，如最大化任意两个星座点间的欧式距离，最小积距离准则，以及最小化星座的最小相邻点数等准则。

此外，为降低多用户联合检测接收机的计算复杂度，限制发送端发送信号 PAPR 等问题，可以进一步对稀疏码本进行优化，以期获得性能和特定目标的折中。图 8-1 展示了一种采用降阶投影后得到的压缩多维星座点设计，即在保持每一复数维星座传递信息仍为 2bit(00，01，10，11)的前提下，在每一维度上搜索的实际星座点数变成了 3(第一维度上 01 与 10 在零点重合，第二维度上 00 与 11 在零点重合)，从而有效减小多数据流联合星座解调时的搜索空间。同时，只要在投影时保证任何一个星座点不会同时在两维上重叠，就仍然能够在接收端解调恢复出原始信息比特，这是传统单维调制所不具备的优势。4 点码本映射到 3 点所减少的复杂度并不算多，但随着调制阶数的升高，有效降低投影后星座点会极大降低复杂度。此外，图8-1所示的多维星座码本设计的另一个非常值得一提的地方在于，虽然这个码本的每个码字有2个非零元素，但由于这种低阶投影的特殊设计，在映射到频域资源后，每个码字仅在一个频域资源粒子上传输非零符号(如11仅在第一个非零位置有能量，而01仅在第二个非零位置有能量)。这一特性带来的好处是，当使用的子载波数量等于SCMA码字扩展长度的时候，这样的码本可以实现零峰均比传输，非常适合未来物联网中传输数据量很小且造价十分便宜的终端设备使用。

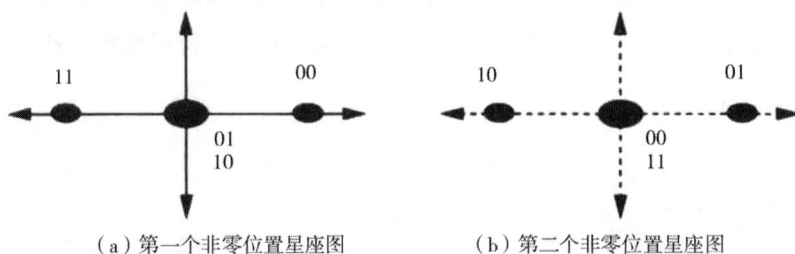

（a）第一个非零位置星座图　　　　（b）第二个非零位置星座图

图8-1　SCMA低阶投影多维调制星座设计示意

3. SCMA 低复杂度接收机设计

与正交接入相比，过载的非正交接入由于容纳了更多数据流而提升了系统整体吞吐率，但也因此增加了接收端的检测复杂度。然而，对于SCMA来说，过载带来的接收检测复杂度是可以承受的，并能在可控的复杂度内实现近似最大似然译码的检测性能。SCMA译码端多用户联合检测的复杂度主要通过以下两个因素来控制：一是利用SCMA码字的稀疏性，采用在因子图上进行消息传递算法(MPA)，在获得近似最大似然检测性能的同时有效限制复杂度；二是在SCMA多维码字设计时，采用降阶投影的星座点缩减技术，使得实际需要解调的星座点数远小于有效星座点数，从而大大减少算法搜索空间。具体来说，多层叠加后的星座点搜索空间为每一层可能星座点数的乘积，因此MPA的复杂度与星座点数 M 及每个物理资源(功能节点)上叠加的符号层数直接相关。控制码字的稀疏扩频矩阵设计可以控制的大小，而低阶投影星座设计则直接减小 M 共同作用可进一步降低译码复杂度。

此外，为进一步提升译码性能，消除多数据层之间的干扰，还可以将MPA译码与Turbo信道译码(或其他信道译码)相结合。具体而言，可以将Turbo译码输出的软信息返回给MPA作为联合检测的先验信息，重复多数据流(用户)联合检测和信道译码的过程，以进一步提升接收机性能，这一过程被称为Turbo-MPA外迭代过程。当叠加的SCMA层数较多、层间干扰较大时，Turbo-MPA可以带来可观的链路性能增益。

4. SCMA 应用场景

SCMA被应用于包括海量连接、增强吞吐量传输、多用户复用传输、基站协作传输等未来5G通信的各种场景。

(三)多用户共享接入(MUSA)

多用户共享接入(MUSA)技术是完全基于更为先进的非正交多用户信息理论的。MUSA上行通过创新设计的复数域多元码,以及基于串行干扰消除(SIC)的先进多用户检测,让系统在相同的时频资源上支持数倍用户数量的高可靠接入;并且可以简化接入流程中的资源调度过程,因而可大大简化海量接入的系统实现,缩短海量接入的时间,降低终端的能耗。MUSA下行则通过创新的增强叠加编码及叠加符号扩展技术,提供比主流正交多址更高容量的下行传输,同样能大大简化终端的实现过程,降低终端能耗。

三、双工技术

(一)灵活双工

一方面,上行和下行业务总量的爆发式增长导致半双工方式已经在某些场景下不能满足需求;另一方面,随着上下行业务不对称性的增加,以及上下行业务比例随着时间的不断变化,传统LTE系统中FDD的固定成对频谱使用和TDD的固定上下行时隙配比已经不能够有效支撑业务动态不对称特性。灵活双工充分考虑了业务总量增长和上下行业务不对称特性,有机地将TDD、FDD和全双工融合,根据上下行业务变化情况动态分配上下行资源,有效提高系统资源利用率,可用于低功率节点的微基站,也可以应用于低功率的中继节点。

灵活双工可以通过时域和频域的方案实现。在FDD时域方案中,每个小区可根据业务量需求将上行频带配置成不同的上下行时隙配比。在频域方案中,可以将上行频带配置为灵活频带以适应上下行非对称的业务需求。同样地,在TDD系统中,每个小区可以根据上下行业务量需求来决定用于上下行传输的时隙数目,实现方式与FDD中上行频段采用时隙方案类似。

灵活双工主要包括FDD演进、动态TDD、灵活回传,以及增强型D2D。

在传统的宏、微FDD组网下,上下行频率资源固定,不能改变。利用灵活双工,宏小区的上行空白帧可以用于微小区传输下行资源。即使宏小区没有空白帧,只要干扰允许,微小区也可以在上行资源上传输下行数据。

灵活双工的另一个特点是有利于进行干扰分析。在基站和终端部署了干扰消除接收机的条件下,可以大幅提升系统容量。在动态TDD中,利用干扰消除可以提升系统性能。利用灵活双工,可进一步增强无线回传技术的性能。

(二)全双工

提升FDD、TDD的频谱效率,消除频谱资源使用管理方式的差异性是未来移动通信技术发展的目标之一。基于自干扰抑制技术,从理论上说,全双工可以提升一倍的频谱效率。

1. 自干扰抑制技术

全双工的核心问题是本地设备的自干扰如何在接收机中进行有效抑制。目前的抑制方法主要是在空域、射频域、数字域联合干扰抑制。空域自干扰抑制通过天线位置优化、波束零陷、高隔离度实现干扰隔离；射频自干扰抑制通过在接收端重构发射干扰信号实现干扰信号对消；数字自干扰抑制对残余干扰做进一步的重构以进行消除。

2. 组网技术

全双工改变了收发控制的自由度，改变了传统的网络频谱使用模式，将会带来多址方式、资源管理的革新，同时也需要与之匹配的网络架构。

(1)全双工蜂窝系统。

基站处于全双工模式下，假定全双工天线发射端和接收端处的自干扰可以完全消除，基于随机几何分布的多小区场景分析，在比较理想的条件下，依然会造成较大的干扰，因此需要一种优化的多小区资源分配方案。

(2)分布式全双工系统。

通过优化系统调度挖掘系统性能提升的潜力。在子载波分配时，考虑上下行双工问题，并考虑资源分配时的公平性问题。

(3)全双工协作通信。

收发端处于半双工模式，中继节点处于全双工模式，即单向全双工中继。此模式下，中继可以节约时频资源，只需一半资源即可实现中继转发功能。中继的工作模式可以是译码转发、直接放大转发等模式。收发端和中继均工作于全双工模式下。

四、多载波技术

(一)OFDM 改进

围绕新的业务需求，业界提出了多种新型多载波技术，主要包括 F-OFDM、UFMC、FBMC、GFDM 等。这些技术主要是使用滤波技术，降低频谱泄漏，提高频谱效率。

1. F-OFDM

F-OFDM 能为不同业务提供不同的子载波带宽和 CP 配置，以满足不同业务的时频资源需求。通过优化滤波器的设计，可以把不同带宽子载波之间的保护频带最低做到一个子载波带宽。F-OFDM 使用了时域冲击响应较长的滤波器，子带内部采用了与 OFDM 一致的信号处理方法，可以很好地兼容 OFDM。同时，根据不同的业务特征需求，灵活地配置子载波带宽。

2. UFMC

与 F-OFDM 不同，UFMC 使用冲击响应较短的滤波器，且放弃了 OFDM 中的循环前缀方案。UFMC 采用子带滤波，而非子载波滤波和全频段滤波，因而更加灵活。子带滤波的滤波器长度也更短，保护带宽需求更小，具有比 OFDM 更高的效率。UFMC 子载波间正交，但是非常适合接收端子载波失去正交性的情况。

UFMC-IDMA 收发机结构由于放弃了 CP 的设计，可以利用额外的符号开销来设计子带滤波器，而且这些子带滤波器的长度要短于 FBMC 系统的子载波级滤波器，这一特性更加适合短时突发业务。

UFMC 能够极大地降低带外辐射。与传统 OFDM 相比，其带外辐射要明显低得多。UFMC 还具有灵活的单载波支持能力，并且支持单载波和多载波的混合结构，其基本思想是包含滤波的信号调制。基于业务特征，可用的子带时隙可专用于不同的传输类型。例如，对于能效要求高的通信，如 MTC 设备，可以使用单载波信号格式，因为其具有较低的 PAPR 和较高的放大器效率。UFMC 具有的调制结构，嵌入滤波器功能通过动态替换滤波器即可实现。此外，单载波还可以通过 DFT 预编码方式来实现，如同 LTE 中的 SC-OFDM 一样。

3. FBMC

FBMC 是基于子载波的滤波，其在数字域非正交，且不需要 CP，系统开销更低。由于采用子载波滤波的方式，频域响应需要非常紧凑，这样才能使滤波器时域的长度较长，具有较长的斜坡上升和下降电平区域。

FBMC 具有灵活的多用户异步接收机制，部分频谱能够利用 FBMC 的优势，在不需要提前获得 FFT 时间对齐信息的条件下进行，高效地频域解调。一个异步大小为 KN 的 FFT 处理 $\frac{N}{2}$ 个样本点来产生 KN 个数据点，这些数据被存储在内存单元中，FFT 窗口的位置没有与用户接收到的多载波符号对齐。在进行 FBMC 特征滤波前会进行每一个子载波单抽头均衡，然后进行因子 K 的下采样处理和 OQAM 反转变换处理。

4. GFDM

GFDM 调制方案通过灵活的分块结构和子载波滤波，以及一系列可配置参数，能够满足不同场景的需求，即通过不同的配置满足不同的差错速率性能要求。

脉冲整形滤波器的选择强烈影响着 GFDM 信号的频谱特性和符号差错率。为了利用脉冲整形降低带外辐射，以下两种技术需要配合 GFDM 使用，不同方法的带外辐射抑制能力不同。

（1）插入保护符号（GS）。

当使用无符号间干扰的发送滤波器和长度为 rK 的 CP 时，将第 0 个和第 $M-r$ 个子符号设置为固定值（如 0）时，可以降低带外辐射，此 GFDM 称为 GS-GFDM。

（2）聚拢块边界。

由于插入 CP 会导致发送数据量减少，通过在发送端乘以一个窗口函数可以提供一个平滑的带外衰减，此 GFDM 称为 W-GFDM。但是此方法也会导致噪声放大，可以通过均方根块窗口进行消除，需要发送端和接收端进行匹配滤波处理。

（二）超奈奎斯特技术（FTN）

FTN 是通过将样点符号间隔设置得比无符号间串扰的抽样间隔小一些，在时域、频域或者两者的混合上使得传输调制覆盖更加紧密，这样相同时间内可以传输更多的样点，进而提升频谱效率。但是 FTN 人为引入了符号间串扰，所以对信道的时延扩展和多普勒频移更为敏感。接收机检测需要将这些因素考虑在内，可能会被限制在时延扩展低的场景，或者在低速移动的场景中。同时 FTN 对于全覆盖、高速移动的支持不如 OFDM 技术，而且 FTN 接收机比较复杂。FTN 是一种纯粹的物理层技术。

FTN 作为一种在不增加带宽、不降低 BER 性能的条件下，理论上潜在可以提升一倍速率的技术，其主要的限制在于干扰，主要依赖于所使用的调制方式。

如果将 FTN 应用在 5G 中，那么需要解决的问题有：移动性和时延扩展对 FTN 的影响；与传统的 MCS 的比较；与 MIMO 技术的结合；在多载波中应用的峰均比。

FTN 可能会作为 OFDM/OQAM 等调制方式的补充，基于不同的信道条件可选择开启或者关闭。在 OFDM/OQAM/FTN 发送链路中，FTN 合并到 OFDM/OQAM 调制方案中。接收端使用 MMSE IC-LE 方案迭代抑制 FTN 和信道带来的干扰。干扰消除分为两步，一是 ICI 消除，二是 ISI 消除。

五、多 RAT 资源协调

5G 网络必然是一个异构网络，程度只会越来越高。作为一个 5G 设备，不仅需要支持新的 5G 标准，还需要支持 3G、不同版本的 LTE（包括 LTE-U）、不同类型的 Wi-Fi，甚至连 D2D 也要支持。这些使得 BS/UE 使用哪个标准、哪个频段成为一个复杂的网络问题，需要多个无线接入网资源的共同协作，从而提高整个系统的效率。

六、调制编码技术

5G 中调制编码技术的方向主要有两个：一是降低能耗，二是进一步改进调制编码技术。技术的发展具有两面性：一方面要提升执行效率、降低能耗；另一方面需要考虑新的调制编码方案。新的调制编码技术主要包含链路级调制编码、链路自适应、网络编码。

未来在 5G 系统中，车联网导致的信道快变、业务数据突发导致的干扰突发、频繁的小区切换导致的大量双链接、先进接收机的大量使用等情况将大量出现，外环链路自适应 OLLA 将无法锁定目标 QoS，从而导致信道质量指示信息（CQI）出现失配的严重问题。例如，OLLA 根据统计首传分组的 ACK 或者 NACK 的数量来实现外环链路自适应，这种方法是半静态的（需要几十到几百毫秒），在上述场景下无法有效工作。这里提出的软 HARQ 技术可以帮助终端快速锁定目标的 BLER，从而有效解决传统链路自适应技术中 CQI 的不准确和不快速问题，有效地提高系统的吞吐量。

软 HARQ 本质上是 CSI 反馈的一种实现方式。在传统 HARQ 中，数据分组被正确接收时，接收侧反馈 ACK，否则接收侧反馈 NACK，因此发送侧无法从中获得更多的链路信息。在软 HARQ 中，通过增加少量的 ACK/NACK 反馈比特，接收侧反馈 ACK/NACK 时还可以附带其他信息，包括后验 CSI、当前 SINR 与目标 SINR 差异、接收码块的差错图样、误码块率等级、功率等级信息、调度信息或者干扰资源信息等更丰富的链路信息，帮助发送侧更好地实现 HARQ 重传。总之，软 HARQ 在有限的信令开销和实现复杂度下实现了链路自适应。同时，相对于传统的 CSI 反馈，软 HARQ 可以更快、更及时地反馈信道状态信息。

直联(D2D)通信是 5G 的一个主要应用场景，可以明显提高每比特能量效率，为运营商提供新的商业机会。研究了单播 D2D 的链路自适应机制，分析了传统的混合自动重传(HARQ)和信道状态信息(CSI)反馈的必要性，建议在 D2D 中使用软 HARQ 确认信息作为反馈信息。与传统的硬 HARQ 确认信息和 CSI 反馈的链路自适应相比，这个机制具有明显的优势，可以简化单播 D2D 的链路自适应地实现复杂度和减少反馈开销，且具有与传统方案相当的性能，却不需要传统的测量导频和信道状态信息的反馈。

大规模机器型通信(MTC)是 5G 的一个主要应用场景，以满足未来的物联网需求。在这种场景下，大量的 MTC 终端将出现在现有网络中，不同的 MTC 终端将有不同的需求，传统的硬 HARQ 确认信息和 CSI 反馈的链路自适应将无法满足各种各样的业务需求和终端类型，而软 HARQ 技术可以解决这些问题。软 HARQ 技术定义基于需求的软 HARQ 信息的含义，而软 HARQ 的含义可以基于上述需求的 KPI 来重新定义。这种重新定义可以是半静态的，也可以是动态调整的。

具体来说，如果超可靠通信的 MTC 终端使用了软 HARQ 技术，终端可以给基站提供调度参考指示信息，这个调度参考指示信息需要保证预测的目标 BLER 足够低，或者发送端在接收到盲检测的 ACK 确认信息后才终止该通信进程。如果时延敏感的 MTC 终端使用了软 HARQ 技术，终端同样可以给基站提供调度参考指示信息，这个调度参考指示信息需要保证首传和第一次重传的预测目标 BLER 足够低，而且该信息可以从相对首传资源比较大的资源候选集合中指示一个资源。如果时延不敏感的 MTC 终端使用了软 HARQ 技术，终端同样可以给基站提供调度参考指示信息，这个调度参考指示信息可以从相对首传的资源比较小的资源候选集合中指示一个资源。另外，MTC 终端还可以根据信道的大尺度衰落和首传资源大小做出资源候选集合的合适选择，这种选择同样可以是静态的、半静态的或者动态的。

七、超密集组网：现实场景效果待验

超密集异构组网技术可以促使终端在部分区域内捕获更多的频谱，使其距离各个发射节点更近，从而提升业务的功率效率、频谱效率，提高系统容量，并天然地保证业务在各种接入技术和各覆盖层次间的负荷分担。但在超密集部署场景中，由于各个发射节点间距离较小，网络间的干扰将不可避免，主要的干扰类型包括同频干扰、共享频谱资源干扰、不同覆盖层次间的干扰、邻区终端干扰等。在现实场景中，如何有效地进行节点协作、干扰消除、干扰协调成为需要重点解决的问题。现今，通信行业内已经提出了一系列的方案，如虚拟层技术、小区动态分簇等，但均没有经过实际验证，效果有待检验。

超密集部署网络发射节点，将使小区边界数量剧增，加上小区边界不规则，将导致更加频繁、更加多样的切换，原有的4G分布式切换算法会使小区间的交互控制信令负荷随着小区密度的增加以二次方的趋势增长，从而极大地增加网络控制信令负荷。在超密集部署场景下的切换算法是必须解决的问题。

超密集部署的发射节点状态的随机变化，使网络拓扑和干扰类型也随机动态变化，加上多样化的用户业务需求保障，同时为了降低网络的部署成本、运营维护的复杂度和成本，提高网络质量，超密集组网技术必须配合更智能的、能统一实现多种无线接入制式的、能进行覆盖层次的自配置、自优化、自愈合的网络自组织技术。就当前的研究成果来看，用于超密集部署场景的SON技术（具有自配置、自优化、自愈合功能）是业内缺乏共识和亟待解决的关键技术点。

（一）超密集网络

随着小区分裂技术的发展，低功率传输节点（TP）被灵活、稀疏地部署在宏小区覆盖区域之内，形成了由宏小区和小小区组成的多层异构网络（HetNet）。HetNet不仅可以在保证覆盖的同时，提高小区分裂的灵活性及系统容量，分担宏小区的业务压力，还可以扩大宏小区的覆盖范围。在4G系统研究的末期，为了进一步增加系统容量，3GPP提出了小小区增强技术，对高密度部署小小区时出现的问题展开了初步的研究。

超密集网络（UDN）正是在这一背景下提出的，它可以看作小小区增强技术的进一步演进。在UDN中，TP密度将进一步提高，TP的覆盖范围进一步缩小，每个TP可能只服务一个或很少的几个用户。超密集部署拉近了TP与终端的距离，使它们的发射功率大大降低，且变得非常接近，上、下行链路的差别也因此越来越小。除了节点数量的增加外，传输节点种类的密集化也是5G网络发展的一个趋势。因此，广义的超密集网络可能由工作在不同频带（2GHz，毫米波），使用不同类型频谱资源（授权、非授权频谱），或者采用不同无线传输技术（Wi-Fi、LTE、WCDMA）的传输节点组成。此外，随着设备直通（D2D）技术的发展，甚至终端本身也可以作为传输节点。

超密集网络还包括终端侧的密集化。机器类通信（MTC）的引入、移动用户数量的持续增加，以及可穿戴设备的流行，都将极大地增加终端设备的数量和种类，导致更大的信令开销及更复杂的干扰环境。

5G UDN的研究是场景驱动的，要求仿真建模尽可能反映客观物理现实。计算机处理能力的提升使得这一研究方法成为可能。另外，现实生活中的场景数量巨大，很多场景相似度很高，待解决的问题及使用的关键技术类似。因此，为了提高研究效率，需要根据研究的需要，对本质上相似的场景进行抽象、概括。根据业务特点、干扰情况及传播环境归纳以下几类典型的 UDN 场景：密集住宅区、办公室、购物中心、火车站、机场、集会、体育场、公寓、地铁等。

（二）UDN 虚拟化技术

随着网络密集化程度的不断提高，干扰及移动性问题变得越来越严重，传统的、以小区为中心的架构已经不能满足人们的需求。为此，5G 提出了以用户为中心的小区虚拟化技术。其核心思想是"以用户为中心"分配资源，使服务区内不同位置的用户都能根据其业务 QoE 的需求获得高速率、低时延的通信服务，同时又可保证用户在运动过程中始终具有稳定的服务体验，彻底解决边缘效应问题，最终达到"一致的用户体验"的目标。

1. 虚拟化整体架构

5G 的虚拟化网络架构可能在多层实现。除了业界已经熟知的核心网的虚拟化（H0 层）外，宏基站和小基站也能够通过虚拟化技术在基站层组成基站云（H1 层），用户设备也可以通过虚拟化技术在终端层组成终端云。此外，在基站层和终端层之间，还可能存在由中继站和用户设备通过虚拟化技术混合组成的中继云（H1′/H2 层）。

2. 小区虚拟化

5G 通过平滑小区虚拟化技术形成平滑的、以用户为中心的虚拟小区（SVC），用于解决超密集网络中的移动性及干扰问题，为用户提供一致的服务体验。

SVC 基于混合控制机制进行工作。用户周围的多个传输节点形成一个虚拟小区，用"以用户为中心"的方式提供服务。虚拟小区中的一个传输节点被选为主控传输节点（MTP）负责管理虚拟小区的工作过程，以及虚拟小区内其他传输节点的行为。不同虚拟小区的主控传输节点之间交互各自虚拟小区的信息（比如，资源分配信息），通过协商的方式实现虚拟小区之间的协作，解决冲突，保证不同虚拟小区的和谐共存。由于虚拟小区内各个传输节点之间，以及相邻虚拟小区与主控传输节点之间的距离比较近，因此 SVC 可以实现快速控制或协作。另外，如果使用无线自回程技术传输节点之间的信令（SoTA），虚拟小区之内的控制信令，以及虚拟小区之间的协作信令的时延可以进一步降低。

3. 终端虚拟化

终端虚拟化可以在邻近用户的设备间，或者同一用户的多个设备（笔记本电脑、平板电脑、手机和穿戴式设备）间实现。多个设备可以在终端层组成一个虚拟的用户组或终端组，从基站层联合接收或者传输数据。根据不同设备间的通信条件，终端间的协作可以有多种实现方式。

八、组网关键技术：网络切片已获验证

随着软件定义网络（SDN）和网络功能虚拟化（NFV）等技术的逐步成熟，5G 组网技术

已能实现控制功能和转发功能的分离，以及网元功能和物理实体的解耦，从而实现网络资源的智慧感知和实时调配，以及网络连接和网络功能的按需提供与适配。另外，通信行业普遍担心的网络切片技术，也由其发起者——爱立信在第一阶段测试中通过原型机进行了实验室验证，测试中实现了基于爱立信提出的切片管理三层架构(业务管理层、切片管理层、共享基础设施/资源层)的完整的网络切片生命周期管理全过程，其中包含基于切片Blueprint的构建和激活，运行状态监控、更新、迁移、共享、扩容、缩容，以及删除切片等。目前，爱立信还验证了 3GPP 标准中主流的切片选择方案，以及根据不同的业务需求，切片在多数据中心的灵活部署等场景。

SDN 和 NFV 的组合虽然功能强大，但仍然不能解决所有问题。由于现实中存在多种传统网络，5G 的新型网络架构将不得不考虑这些问题：如何解决异构网络之间的兼容性、如何规范编程接口、如何发现灵活有效地控制策略、如何实现不同架构网络的协议适配、如何统一南北向接口的数据规范、如何进行数据采集处理等。

5G 是移动宽带网和物联网的有机组合，因此，机器间的通信技术、车联网、情景感知技术、C-RAN 和 D-RAN 组网技术等领域也是其组成部分。就当前的研究成果来看，这些领域中仍然存在大量问题需要进一步研究，并需最终拿出可以在实际场景中部署的商用解决方案。

5G 与 4G 一样，都是一个长期演进的多种技术的组合，现有的研究成果已经让人们体验到超高速率、零时延、超大连接、信息融合等部分 5G 的特性，但这并不是 5G 的全部，随着研究的不断深入，5G 将为人们的日常生产生活提供更加便利的通信条件。

▶ 第九章

新一代移动通信的关键技术

～～～～～～～～～～～～～～～～～～～～～～～～～～～～～

随着人与人之间通信市场的饱和，移动通信产业开始把注意力转向如何为其他行业提供更加有效的通信工具和能力，开始构想"万物互联"的美好愿景。面向物与物的无线通信，与传统的人与人的通信方式有着较大的区别，在设备成本、体积、功耗、连接数量、覆盖能力上，都提出了更高的要求，特别是面向远程医疗、工业控制和智能电网等应用，更是对传输的时延和可靠性提出了更加苛刻的要求。新的需求呼唤和驱动着新一代移动通信系统的诞生。

第一节　绿色通信技术

一、绿色通信概述

在节能减排的背景下，新一代的通信理念——"绿色通信"的概念诞生了。无线通信由于便捷性和有效性而得到广泛应用，因此成为目前通信的主要方式，绿色通信更是成为人们关注的焦点。与传统无线通信中不管能耗增加和气候问题而一味追求更高、更快的数据传输能力不同，绿色通信不仅要提高数据传输率，还需要解决降低能耗和保护环境两方面共有的问题，其具体体现主要包括设备制造商研发低能耗、低辐射的绿色产品，以及制订绿色解决方案，通信运营企业建设绿色通信网络，降低网络建设及维护成本等。另外，随着 5G 全球化时代的到来，当前国内的通信企业纷纷把绿色通信作为 5G 时代通信技术应用的指向。

　　绿色通信的目标是在降低 ICT 产业的运营成本、减少碳排放量的基础上，进一步提高用户服务质量（QoS），优化系统的容量。换句话说，绿色通信不同于传统的无线通信中按照用户流量峰值分配所需能耗的方式，而是从用户的流量需求出发，根据用户的流量变化来动态调整其所需的能耗，以尽可能降低能耗中不必要的浪费，从而达到提高通信系统能效的目的。

　　随着对蜂窝网络能耗研究的深入，研究人员发现蜂窝网络中的大部分能耗在基站，如何降低基站的能耗（"绿色基站"）成为研究的集中点。目前，基站节能的措施主要分为以下两方面：一是提高基站无线信号发射效率，这主要靠对物理层的局部部件进行改进，如采用先进的射频技术、线性功放，以及高功效的信号处理方法；二是在网络层对基站以及蜂窝网络进行有效的全局规划、设计和管理，如扩大基站的覆盖范围、优化布设位置、关闭闲置基站等。此外，还有采用新能源以及新型冷却技术。而流量的变化特性，是从网络层研究基站节能的前提。由于实际蜂窝网络中流量随时间和空间呈现不均匀分布，而传统的基站资源分配多基于流量峰值水平，从而导致各个小区能效出现异质性。正是这种异质性提供了节能的空间。

二、5G 绿色通信网络的挑战

　　目前的蜂窝网络结构已经无法经济而生态地满足日益增长的大数据流量要求。探索新的 5G 无线网络技术来达到未来吉比特的无线吞吐量要求势在必行。而 Massive MIMO 和毫米波技术的运用无疑会使小区覆盖面积显著减少。因此，small cell 网络成为 5G 网络的新兴技术。然而，随着基站的密集部署，小区面积减小，如何用高能效的方式转发相关的回程流量成为一个不容忽视的挑战。为了解决这个问题，需要从系统和结构的层面来思考如何在保证用户服务质量（QoS）的情况下提供数据服务。

（一）5G 集中式回程网络

　　例如，宏基站位于 Macro cell 的中心，假设 small cell 基站均匀分布在 Macro cell 内，所有的 small cell 基站均有相同的覆盖面积并配置相同的传输功率。small cell 的回程流量通过毫米波方式传输，然后在 Macro cell 基站聚合并通过光纤链路回传到核心网络。在回传过程中，涉及两个逻辑接口，S1 和 X2。S1 接口反馈宏基站网关的用户数据，X2 接口主要用于小区基站间的信息交换。

（二）5G 回程网络能效

1. 回程网络流量模型

　　5G 网络回程流量由不同部分组成，用户面数据占总流量的绝大部分。还有传输协议冗余和进行切换时转发到其他基站的流量，以及网络信令、管理和同步信息，这些占回程流量的小部分，通常可以忽略。

基于不同场景，所有的回程流量聚合到 Macro cell 者特定的 small cell。考虑到 small cell 与 Macro cell 或者 small cell 与特定 small cell 基站之间的回程链路，设定用户数据流量只与每个小区的带宽和平均频谱效率相关。不失一般性，假设所有的 small cell 有相同的带宽和平均频谱效率。在这种情况下，small cell 的回程吞吐量，即为带宽与平均频谱效率的乘积。

（1）集中式回程流量模型。

集中式回程场景中的回程流量包括上行流量和下行流量。其中一个 small cell 上行吞吐量为 $TH_{\text{small-up}}^{\text{centra}} = 0.04 \cdot B_{\text{sc}}^{\text{centra}} S_{\text{sc}}^{\text{centra}}$；$B_{\text{sc}}^{\text{centra}}$ 为 small cell 带宽；$S_{\text{Sc}}^{\text{centra}}$ 为 small cell 小区的平均频谱效率。一个 small cell 下行链路的吞吐量通过 S1 接口传输可以表示为 $TH_{\text{small-down}}^{\text{centra}} = (1 + 0.1 + 0.04) \cdot B_{\text{sc}}^{\text{centra}} S_{\text{sc}}^{\text{centra}}$。同样，一个 Macro cell 小区的上行链路吞吐量 $TH_{\text{macro-up}}^{\text{centra}} = 0.04 \cdot B_{\text{mc}}^{\text{centra}} S_{\text{mc}}^{\text{centra}}$，$B_{\text{mc}}^{\text{centra}}$ 为 Macro cell 带宽，$B_{\text{mc}}^{\text{centra}}$ 为一个 Macro cell 小区的平均频谱效率。其下行吞吐量也是通过 S1 接口传输 $TH_{\text{macro-down}}^{\text{centra}} = (1 + 0.1 + 0.04) \cdot B_{\text{mc}}^{\text{centra}} S_{\text{mc}}^{\text{centra}}$，设定每个 small cell 小区的回程流量是平衡的，每个 Macro cell 内包含 N 个 small cell。因此，对于集中式回程，总的上行链路吞吐量为 $TH_{\text{sum-up}}^{\text{centra}} = N \cdot TH_{\text{small-up}}^{\text{centra}} + TH_{\text{macro-up}}^{\text{centra}}$，总的下行链路吞吐量为 $TH_{\text{sum-down}}^{\text{cenra}} = N \cdot TH_{\text{small-down}}^{\text{contra}} + TH_{\text{macro-down}}^{\text{centra}}$。最后，总的回程吞吐量为上行加上下行，可计算为 $TH_{\text{sum}}^{\text{centra}} = TH_{\text{sum-up}}^{\text{centra}} + TH_{\text{sum-down}}^{\text{centa}}$。

（2）分布式回程流量模型。

在分布式回程方案中，邻近的 small cell 协作转发回程流量到特定的 small cell 基站。因此，协作基站间不仅仅交换信道状态信息，还需要共享用户数据信息。不失一般性，邻近的协作小区形成一个协作簇，簇里 small cell 的个数为 K。不包括特定小区时，协作簇的频谱效率为 $S_{\text{mc}}^{\text{Comp}} = (K - 1) S_{\text{mc}}^{\text{dist}}$，$S_{\text{mc}}^{\text{dist}}$ 为协作簇内一个 small cell 的频谱效率，考虑到协作冗余，一个协作 small cell 的上行链路回程吞吐量为 $TH_{\text{small-up}}^{\text{dist}} = 1.14 \cdot B_{\text{sc}}^{\text{dist}} S_{\text{sc}}^{\text{dist}}$，$B_{\text{sc}}^{\text{dist}}$ 为 small cell 的带宽。其下行回程吞吐量为 $TH_{\text{small-down}}^{\text{dist}} = 1.14 \cdot B_{\text{sc}}^{\text{dist}} (S_{\text{sc}}^{\text{dist}} + S_{\text{mc}}^{\text{Comp}})$。因此，分布式回程方案中，协作簇的回程吞吐量为 $TH_{\text{sum}}^{\text{dist}} = K \cdot (TH_{\text{small-up}}^{\text{dist}} + TH_{\text{small-down}}^{\text{dist}})$。

2. 回程网络能效建模

对于集中式回程场景，一个 Macrocell 内部署 N 个 small cell，因此，系统能耗为

$$E_{\text{system}}^{\text{centra}} = E_{\text{EM}}^{\text{macro}} + E_{\text{OP}}^{\text{macro}} + N(E_{\text{EM}}^{\text{small}} + E_{\text{OP}}^{\text{small}})$$
$$= E_{\text{EMinit}}^{\text{macro}} + E_{\text{EMmaint}}^{\text{macro}} + P_{\text{OP}}^{\text{macro}} \cdot T_{\text{lifetime}}^{\text{macro}} +$$
$$N(E_{\text{EMaInit}}^{\text{small}} + E_{\text{EMmaint}}^{\text{small}} + P_{\text{OP}}^{\text{small}} \cdot T_{\text{lifetime}}^{\text{small}})$$

考虑到无线回程吞吐量，集中式回程方案的能效为 $\eta^{\text{centra}} = \dfrac{TH_{\text{sum}}^{\text{centra}}}{E_{\text{systrem}}^{\text{centra}}}$。

对于分布式回程场景，一个协作簇包含 K 个 small cell 基站，系统能耗为

$$E_{system}^{dist} = K(E_{EM}^{sall} + E_{OP}^{small})$$

$$= K(E_{EMinit}^{small} + E_{EMmaint}^{small} + P_{OP}^{small} \cdot T_{lifetime}^{small})$$

考虑到无线回程吞吐量，集中式回程方案的能效为 $\eta_{dist} = \dfrac{TH_{sum}^{dist}}{E_{system}^{distem}}$。

3. 回程网络能效分析

为了分析两种回程方案的能效，一些默认参数选择如下：

small cell 的半径为 50m，Macro cell 的半径为 500m，Macro cell 和 small cell 的带宽均为 100Mbps，Macro cell 的平均频谱效率是 5bit/s/Hz，对于城市环境路径损耗因子指数 β 是 3.2。在 Macro cell 中，宏基站的运行功耗参数为 $a = 21.45$，$b = 354.44$，而 small cell 的运行功耗参数为 $a = 7.84$，$b = 71.5$。small cell 的生命周期为 5 年。

4. 未来的挑战

由于 massive MIMO 和毫米波通信技术在 5G 移动通信系统中的应用，5G 网络中小区覆盖范围越来越小。随着小区部署致密化，满足用户容量需求的同时，也给回程网络和流量带来了一系列挑战。首先就是对于致密部署的场景如何设计一个新的回程网络结构和协议。小区的致密部署产生大量的回程流量，不仅带来网络堵塞也可能使回程网络崩溃。分布式网络控制模型将是一种可能的解决方案，然而，随之而来的问题是，现存的网络协议是否支持分布式无线链路的大量回程流量。

对于高速用户，如何克服由于小区致密化带来的频繁切换是一个问题。小区协作貌似是个不错的选择。但是对于如何组织动态协作小区组，以及由于协作小区基站之间的数据共享带来的冗余也有待研究。

即使大量的无线回程可以在满足特定 QoS 的前提下回传到核心网络，如何高能效地实现也是需要考虑的。一些文献指出，致密部署低功率基站可以减少能耗，然而，通过分析得知不同结构的回程网络有不同的能效模型。例如在集中式场景中，当小区部署密度达到一定阈值时，回程网络能效趋向饱和。一些可能的解决方案就是光纤和无线混合回程，以及 small cell 基站关断模式，small cell 基站自适应功率控制等，这些都是节省能耗的可行方案。

第二节　云计算技术

一、云计算体系架构

云计算中包含 5 类重要的用户角色：云用户、云提供商、云载体、云审计和云代理，其中每个角色都是一个实体，既可以是个人也可以是机构，参与云计算的事务处理或任务执行。不同的用户在云计算中扮演不同的角色，它们是云计算的主体和推动力量。

（一）云用户

云用户为云服务的使用者，它们与云提供商保持业务联系，使用云提供商提供的各种云服务，可以是个人也可以是机构，如政府、教育机构或企业客户等，它们租用而不是购买云服务提供商提供的各种服务，并为之付费。

云用户是云服务的最终消费者，也是云服务的主要受益者。云服务为云用户提供以下服务：浏览云提供商的服务目录；请求适当的服务；云提供商建立服务合同；使用服务。

在云计算中，云用户和云服务提供商按照约定的服务等级协议进行通信。这里，服务等级协议（SLA）是指在一定开销下为保障服务的性能和可靠性，服务提供商与用户间定义的一种双方认可的协议。云用户使用 SLA 来描述自己所需的云服务的各种技术性能需求，如服务质量、安全、性能失效的补救措施等，云提供商使用 SLA 来提出一些云用户必须遵守的限制或履行的义务等。

云用户可以根据价格及提供的服务自由地选择云提供商。服务需求不同，云用户的活动和使用场景就不同。

由于云计算环境提供 3 类服务，即软件即服务（SaaS）、平台即服务（PaaS）和基础设施即服务（IaaS）。相应地，根据用户使用的服务类型，可以将云用户分为 3 类，即 SaaS 用户、PaaS 用户和 IaaS 用户。

1. 软件即服务（SaaS）

SaaS 用户通过网络使用云提供商提供的 SaaS 应用，它们可以是直接使用软件的终端用户，可以是向其内部成员提供软件应用访问的机构，也可以是软件的管理者，为终端用户配置应用。SaaS 提供商按一定的标准进行计费，且计费方式多样，如可以按照终端用户的个数、用户使用软件的时间、用户实际消耗的网络带宽计费，也可以按用户存储的数据量或者存储数据的时间计费。

2. 平台即服务（PaaS）

PaaS 用户可以使用云服务提供商提供的工具和可执行资源部署、测试、开发和管理托管在云环境中的应用。PaaS 用户可以是设计和开发各种软件的应用开发者，可以是运行和测试基于云环境的应用测试者，可以是在云环境中发布应用的部署者，也可以是在云平台中配置、监控应用性能的管理者。PaaS 提供商按照不同的形式进行计费，如根据 PaaS 应用的计算量、数据存储所占用的空间、网络资源消耗大小及平台的使用时间来计费等。

3. 基础设施即服务（IaaS）

IaaS 用户可以直接访问虚拟计算机，通过网络访问存储资源、网络基础设施及其他底层计算资源，并在这些资源上部署和运行任意软件。IaaS 用户可以是系统开发者、系统管理员，以及负责创建、安装、管理和监控 IT 基础设施运营的 IT 管理人员。IaaS 用户具有访问这些计算资源的能力，IaaS 提供商根据其使用的各种计算资源的数量及时间来进行计费，如虚拟计算机的 CPU 小时数、存储空间的大小、消耗的网络带宽、使用的 IP 地址个数等。

（二）云提供商

云服务的提供者，负责提供其他机构或个人感兴趣的服务，可以是个人、机构或者其他实体。云提供商获取和管理提供云服务需要的各种基础设施，运行提供云服务需要的云软件，并为云用户交付云服务。云提供者的主要活动包括 5 个方面：服务的部署、服务的组织、云服务的管理、安全和隐私。

1. SaaS 环境云提供商

在云基础设施上部署、配置、维护和更新各种软件应用，确保能按照约定的服务级别为云用户提供云服务。SaaS 提供商承担维护、控制应用和基础设施的大部分责任，SaaS 用户不需要安装任何软件，它们对软件拥有有限的管理控制权限。

2. PaaS 环境云服务提供商

负责管理平台的基础设施，运行平台的云软件，如运行软件执行堆栈、数据库及其他中间件组件等。PaaS 提供商通常也为 PaaS 用户提供集成开发环境（IDE），软件开发工具包（SDK），管理工具的开发、布署和管理等。PaaS 用户具有控制应用程序的权限，也可能具有对托管环境进行各种设置的权限，但无权或者受限访问平台之下的底层基础设施，如网络、服务、操作系统和存储等。

3. IaaS 环境提供商

IaaS 提供商需要位于服务之下的各种物理计算资源，包括服务器、网络、存储和托管基础设施等。IaaS 提供商通过运行云软件使 IaaS 用户能通过服务接口、计算资源抽象如虚拟机、虚拟网络接口等访问 IaaS 服务。反过来，IaaS 用户使用这些计算资源，如虚拟计算机来满足自己的基础计算需求。与 SaaS，PaaS 用户相比，IaaS 用户能够从更底层访问更多的计算资源，因此对应用堆栈中的软件组件具有更多的控制权，包括操作系统和网络。另外，云 IaaS 提供商具有对物理硬件和云软件的控制权，使其能配置这些基础服务，如物理服务器、网络设备、存储设备、主机操作系统和虚拟机管理程序等。

（三）云载体

云载体作为中介机构负责提供云用户和云提供商之间云服务的连接和传输，负责将云提供商的云服务连接和传输到云用户。云载体为云用户提供通过网络、电信和其他设备访问云服务的能力，如云用户可以通过网络设备如计算机、笔记本、移动电话、移动网络设备等访问云服务。

云服务一般是通过网络、电信或者传输代理来提供的，这里的传输代理是指提供高容量硬盘等物理传输介质的商业组织。为了确保能够按照与用户协商的服务等级协议（SLA）为用户提供高质量的云服务，云提供商将和云载体建立相应的服务等级协议，例如，在必要的时候要求云载体为云提供商和云用户之间建立专用的、安全的连接服务。

（四）云审计

云环境中的审计是指通过审查客观证据验证服务是否符合标准。云审计者是可独立评估云服务，信息系统操作、性能和安全的机构，能够从安全控制、隐私及性能等多个方面对云服务提供商提供的云服务进行评估。

例如，云审计负责对云服务提供商提供的云服务的实现和安全进行独立的评估，因此云审计需要同时与云提供者和云消费者进行交互。

（五）云代理

云环境中的代理机构，负责管理云服务的使用、性能和分发的实体，也负责在云提供者和云用户之间进行协商。此时。云用户不再需要直接向云提供商请求服务，而可以向云代理请求服务。

云代理提供的云服务包括服务中介、服务集成、服务增值3类。

云代理通过改善云服务的一些特定能力或者以为云用户提供增值服务的形式提升云服务，如改善云服务的访问方式、身份管理方式、绩效报告、增强的安全性等，即服务中介。

云代理根据用户需求，将多个云服务组合或者集成为一个或多个新的云服务。为了确保云用户的数据能够安全地在多个云提供商之间移动，云代理会提供相应的数据集成功能，该服务为服务集成。

类似于服务集成，只是在服务增值过程中，服务的集成方式不是固定的。服务增值意味着一个云代理能够灵活地从多个云代理机构或者云提供商处选择各种不同的云服务，即服务增值。

二、虚拟化

虚拟化是云计算的关键技术，云计算的应用必定要用到虚拟化的技术。虚拟化是实现动态的基础，只有在虚拟化的环境中，云才能实现动态。

虚拟化技术实现了物理资源的逻辑抽象和统一表示。通过虚拟化技术可以提高资源的利用率，并能够根据用户业务需求的变化，快速、灵活地进行资源部署。

（一）虚拟化的分类

虚拟化技术已经成为一个庞大的技术家族，其形式多种多样，实现的应用也已形成体系。但其分类，从不同的角度有不同的方法。

（二）虚拟化技术的发展热点和趋势

1. 从整体上看

目前，通过服务器虚拟化实现资源整合是虚拟化技术得到应用的主要驱动力。现阶段，服务器虚拟化的部署远比桌面虚拟化或者存储虚拟化多。但从整体来看，桌面虚拟化和应用虚拟化在虚拟化技术的下一步发展中处于优先地位，仅次于服务器虚拟化。未来，桌面平台虚拟化将得到大量部署。

2. 从服务器虚拟化技术本身看

随着硬件辅助虚拟化技术的日趋成熟，以及各个虚拟化厂商对自身软件虚拟化产品的持续优化，不同的服务器虚拟化技术在性能上的差异日益减小。未来，虚拟化技术的发展热点将主要集中在安全、存储、管理上。

3. 从当前来看

虚拟化技术的应用主要在虚拟化的性能、虚拟化环境的部署、虚拟机的零宕机、虚拟机长距离迁移、虚拟机软件与存储等设备的兼容性等问题上实现突破。

三、大规模分布式数据存储与管理

（一）云存储技术类型

经常看到人们谈论云存储，但是没看过实际的图，人们很难想象云存储到底是什么模样，云存储的简易结构是存储节点负责存放文件，控制节点则服务于文件索引，并负责监控存储节点间容量及负载的均衡，这两个部分合起来便组成一个云存储。存储节点与控制节点都是单纯的服务器，只是存储节点的硬盘多一些，存储节点服务器不需要具备 RAID 的功能，只要能安装 Linux 或其他高级操作系统即可，控制节点为了保护数据，需要有简单的 RAID level 01 的功能。

（二）分布式文件系统（DFS）

DFS 最大的特点是以透明的方式在计算机的网络节点上进行远程文件的存取，本地所拥有的物理资源不一定存储在本地。DFS 能够直接屏蔽用户对物理设备的直接操作，用户只需做就可以，而无须关心怎么做。

1. GFS

搜索引擎需要处理的数据很多，可以用海量来形容，所以 Google 的两位创始人 Larry Page 和 Sergey Brin，在创业初期设计了一套名为"BigFiles"的文件系统，而 GFS 这套分布式文件系统则是 BigFiles 的延续。GFS 主要是由谷歌开发的、非开源的一个可扩展的分布式文件系统，用于大型的、分布式的、对大量数据进行访问的应用。通常被认为是一种面向不可信任服务器节点而设计的文件系统。GFS 运行于廉价的普通硬件上，具备高度容错的特点，可以给大量用户提供总体性能较高的服务。

采用 GFS 分布式文件系统工作的网络无惧主机瘫痪这种现象的发生。因此，GFS 拥有替补可以直接替换坏掉的主机进行数据的重建。Google 每天有大量的硬盘损坏，但是由于有 GFS，这些硬盘的损坏不会影响整体性能。

2. HDFS

HDFS 被设计为部署在大量廉价硬件上的，适用于大数据集应用程序的分布式文件系统，具有高容错、高吞吐率等优点。

（1）HDFS 的架构。

HDFS 的结构包含以下部分。

①Namenode。从逻辑上讲，管理节点 Namenode 与 GFS 的 Master 有类似之处，都存放着文件系统的元数据，并周期性地与数据节点联系，管理文件系统和客户端对文件的访问更新状态，事实上，数据并不存在于此。

Namenode 在启动时会自动进入安全模式。安全模式是 Namenode 的一种状态，在这个模式下，文件系统不允许有任何修改，当数据块最小百分比数满足配置的最小副本数条件时，会自动退出安全模式。

②Datanode。数据节点 Datanode 才是实际数据的存放之地，用户直接对 Datanode 进行数据访问。每个 Datanode 均是一台普通的计算机，在使用上与单机上的文件系统非常类似，一样可以建目录，创建、复制、删除文件，查看文件内容等。但 Namenode 底层实现上是把文件切割成 Block，然后这些 Block 分散地存储于不同的 Datanode 上，每个 Block 还可以复制数份存储于不同的 Datanode 上，因此具有高容错的特性。

（2）HDFS 的工作流程。

HDFS 在读写数据时，采用客户端直接从数据节点存储数据的方式，避免了单独访问名字节点造成的性能瓶颈。

①读文件流程。正常情况下，客户端读取 HDFS 文件系统中的文件时，首先通过本地代码库获取 HDFS 文件系统的一个实例，该文件系统实例通过 RPC 远程调用访问名字空间所在的节点 Namenode，获取文件数据块的位置信息。Namenode 返回每个数据块（包括副本）所在的 Datanode 地址。客户端连接主数据块所在的 Datanode 读取数据。

一旦 Client 与 Namenode 之间的通信出现异常情况，Client 会连接 Namenode 副本中存储的 Datanode 地址进行数据的读取。

在 HDFS 文件系统中，客户端直接连接 Datanode 读取数据，这使 HDFS 可以同时响应多个客户端的并发请求，因为数据流被均匀分布在所有 Datanode 上，Namenode 只负责数据块位置信息查询。

②写文件流程。HDFS 写文件操作相对复杂，涉及客户端写入操作和数据块流水线复制两部分。

写入操作首先由 Namenode 为该文件创建一个新的记录，该记录为文件分配存储节点包括文件的分块存储信息，在写入时系统会对文件进行分块，文件写入的客户端获得存储位置的信息后直接与指定的 Datanode 进行数据通信，将文件块按 Namenode 分配的位置写入指定的 Datanode，数据块在写入时不再通过 Namenode。因此，Namenode 不会成为数据通信的瓶颈。

当文件关闭时，客户端把本地剩余数据传完，并通知 Namenode，后者将文件创建操作提交到持久存储。Datanode 对文件数据块的存储采用流水线复制技术，假定复制因子=2，即每个数据块有两个副本，客户端首先向第一个 Datanode（主 Datanode）传输数据，主 Datanode 以小部分（如 4KB）接收数据，写入本地存储，同时将该数据传输给第二个 Datanode（从 Datanode），从 Datanode 接收数据，写入本地存储。如果存在更多的副本，那么从 Datanode 将会把数据传送给下一个 Datanode 节点，从而实现边收边传的流水线复制。

（三）HBase

HBase 是一个开源的非关系（NoSQL）的可伸缩性分布式数据库，用在廉价 PC Server 上搭建起大规模结构化存储集群。它是以 Google 的 BigTable 为原型，采用的文件存储系统为 HDFS，处理数据的框架模式为 MapReduce，采用 ZooKeeper 来作为协同服务的一种数据库系统。这种存储数据库系统可靠性高，性能非常优越，数据存储具有伸缩性，不仅采用列存储的方式，还具备实时读写的特性，故应用非常广。

（四）非结构化分布式数据库系统

随着现代计算机技术的发展，计算能力和存储能力对计算机数据库性能的提升有着越来越重要的影响。

传统的集群数据库的解决方案大体可以分为以下两类。

1. Share-Everything（Share-Something）

数据库节点之间共享资源，如磁盘、缓存等。当节点数量增加时，节点之间的通信将成为瓶颈；而且节点数量越多，节点对数据的访问控制就越复杂，处理各个节点对数据的访问控制也对事务处理产生了很大的困扰。

2. Share-Nothing

所有的数据库服务器之间任何信息都是屏蔽的，无法共享。在数据库中，当任一节点在接到查询任务时，任务将会被分解并被分散到其他所有的节点上，每个节点单独处理并反馈结果。但由于每个节点容纳的数据和规模并不相同，因此如何保证一个查询能够被均衡地分配到集群中成为一个关键问题。同时，节点在运算时可能从其他节点获取数据，这同样也延长了数据处理时间。

数据库发生数据更新时，无法共享的数据库之间就需要更多的精力来保证各个节点之间的数据具有一致性，定位到数据所在节点的速度不仅要快，还要准确。

而在云计算环境中，已经超过半数应用实际上只需类似于 SQL 语句就能够完成查询或数据更新操作，无须支持完整的 SQL 语义。在这样的背景下，进一步简化的各种 NoSQL 数据库成为云计算中的结构化数据存储的重要技术。

NoSQL 数据库存在并且发展有三大基础，分别为 CAP、BASE 和最终一致性。

CAP 分别指 Consistency 一致性、Availability 可用性(指的是快速获取数据)和 Tolerance of network Partition 分区容忍性(分布式)。这个理论已经被证明了正确性，且需要注意的是，一个分布式系统至多能满足三者中的两个特性，无法同时满足三个。

ACID 分别指 Atomicity 原子性，Consistency 一致性，Isolation 隔离性和 Durability 持久性。传统的关系数据库是以 ACID 模型为基本出发点的，ACID 可以保证传统的关系数据库中的数据的一致性。但是大规模的分布式系统对 ACID 模型是排斥的，无法进行兼容。

由于 CAP 理论的存在，为了提高云计算环境下的大型分布式系统的性能，可以采取 BASE 模型。BASE 模型牺牲高一致性，获得可用性或可靠性。BASE 包括 Basically Available(基本可用)、Soft State(软状态/柔性事务)、Eventually Consistent(最终一致)三个方面的属性。BASE 模型的三种特性不要求数据的状态与时间始终同步一致，只要最终数据是一致的就可以。BASE 思想主要强调基本的可用性，如果你需要高可用性，也就是纯粹的高性能，那么就要牺牲一致性或容错性。

Google 的 BigTable 是一个典型的分布式结构化数据存储系统。在表中，数据是以"列族"为单位组织的，列族用一个单一的键值作为索引，通过这个键值，数据和对数据的操作都可以被分布到多个节点上进行。

在开源社区中，Apache HBase 使用了和 BigTable 类似的结构，基于 Hadoop 平台提供 BigTable 的数据模型，而 Cassandra 则采用了亚马逊 Dynamo 的基于 DHT 的完全分布式结构，实现了更好的可扩展性。

四、MapReduce

(一)MapReduce 系统架构

如何处理并行计算？如何为每个计算任务分发数据？如何保证在出现软件或硬件故障时仍然能保证计算任务顺利进行？所有这些问题综合在一起，需要处理大量的代码，这使原本简单的运算变得困难。

在传统的并行编程模型中，这些问题的有效解决都需要程序员显式地使用有关技术。对于程序员来说，这是一项具有极大挑战性的任务，这也在一定程度上制约了并行程序的普及。显然，对 Google 这样需要分析处理大数据的公司来说，传统的并行编程模型已经不能有效地解决上述复杂的问题。在这一环境下，并行编程模型 MapReduce 应运而生。

MapReduce 系统主要由客户端(Client)、主节点(Master)，以及工作节点(Worker)3 个

模块组成。

Client 就是先对程序员编写的 mapreduce 程序进行配置，然后提交给 Master。Master 与 Worker 保持通信，将 Client 提交的 mapreduce 程序主动分解为两部分（Map 任务和 Reduce 任务），Worker 在分配的逻辑片段上执行 Map 任务和 Reduce 任务。

（二）MapReduce 执行流程

Google 公司的 MapReduce 编程模型的实现可抽象为 Master（主控程序）、Worker（工作机）、User Program（用户程序）3 个角色。Master 是 MapReduce 编程模型的中央控制器，负责负载均衡、数据划分、任务调度、容错处理等功能。Worker 负责从 Master 接收任务，进行数据处理和计算，并负责数据传输通信。User Program 是系统的用户，需要提供 Map 和 Reduce 函数的具体实现。

一切都是从 User Program 开始的，User Program 链接了 MapReduce 库。当用户程序调用 MapReduce 函数时，将会引起一系列动作。

五、云计算安全

（一）云计算安全问题分析及应对策略

1. 云计算安全问题

当务之急是解决云计算安全问题应针对威胁，建立一个综合性的云计算安全框架，并积极开展其中各个云安全的关键技术研究。

2. 云计算安全问题的应对策略

（1）4A 体系建设。

与传统的信息系统相比，大规模云计算平台的应用系统繁多，用户数量庞大，身份认证要求高，用户的授权管理更加复杂等，在这种条件下无法满足云应用环境下用户管理控制的安全需求。因此，云应用平台的用户管理控制必须与 4A 解决方案相结合，通过对现有的 4A 体系结构进行改进和加强，实现对云用户的集中管理、统一认证、集中授权和综合审计，使得云应用系统的用户管理更加安全、便捷。

4A 统一安全管理平台是解决用户接入风险和用户行为威胁的必需方式。4A 体系架构包括 4A 管理平台和一些外部组件，这些外部组件一般都是对 4A 中某一个功能的实现，如认证组件、审计组件等。

4A 统一安全管理平台支持单点登录。用户完成 4A 平台的认证后，在访问其具有访问权限的所有目标设备时，均不需要再输入账号口令，4A 平台自动代为登录。用户通过 4A 平台登录云应用系统时 4A 平台的工作流程：对用户实施统一账号管理、统一身份认证、统一授权管理和统一安全审计。

（2）身份认证。

云应用系统拥有海量用户，因此基于多种安全凭证的身份认证方式和基于单点登录的联合身份认证技术成为云计算身份认证的主要选择。

（3）安全审计。

云计算安全审计系统主要是 System Agent。System Agent 嵌入用户主机中，负责收集并审计用户主机系统及应用的行为信息，并对单个事件的行为进行客户端审计分析。

（二）云数据安全

一般来说，云数据的安全生命周期可分为 6 个阶段。在云数据生命周期的每个阶段，数据安全面临着不同方面和不同程度的安全威胁。

1. 数据完整性的保障技术

在云存储环境中，为了合理利用存储空间，都是将大数据文件拆分为多个块，以块的方式分别存储到多个存储节点上。数据完整性保障技术的目标是尽可能地保障数据不会因为软件或硬件故障受到非法破坏，或者说即使部分被破坏也能做数据恢复。数据完整性保障相关的技术主要分为两种类型，一种是纠删码技术，另一种是秘密共享技术。

2. 数据完整性的检索和校验技术

（1）密文检索。密文检索技术是指当数据以加密形式存储在存储设备中时，如何在确保数据安全的前提下，检索到想要的明文数据。密文检索技术按照数据类型的不同，主要分为 3 类：非结构化数据的密文检索、结构化数据的密文检索和半结构化数据的密文检索。

①非结构化数据的密文检索。非结构化数据的密文检索最早的解决方案发布于 21 世纪初，主要为基于关键字的密文文本型数据的检索技术。美国加州大学结合电子邮件应用场景，提出了一种基于对称加密算法的关键字查询方案，通过顺序扫描的线性查询方法，实现了单关键字密文检索。

②结构化数据的密文检索。结构化数据是经过严格的人为处理后的数据，一般以二维表的形式存在，如关系数据库中的表、元组等。在基于加密的关系型数据的诸多检索技术中，DAS 模型的提出是一项比较有代表性的突破，该模型也是云计算模式发展的雏形，为云计算服务方式的提出奠定了理论基础。DAS 模型为数据库用户带来了诸多便利，但用户同样面临着数据隐私泄露的风险，消除该风险最有效的方法是将数据先加密后外包，但加密后的数据打乱了原有的顺序，失去了检索的可能性，为解决该问题，提出了基于 DAS 模型对加密数据进行安全高效的 SQL。

③半结构化数据的密文检索。半结构化数据主要来自 Web 数据、包络 HTML 文件、XML 文件、电子邮件等，其特点是数据的结构不规则或不完整，表现为数据不遵循固定模式、结构隐含、模式信息量大、模式变化快等特点。在诸多基于 XML 数据的密文检索方案中，比较有代表性的方案是哥伦比亚大学提出的一种对加密的 XML 数据库高效安全

地进行查询的方案。该方案基于 DAS 模型，满足结构化数据密文检索的特征。

（2）数据检验技术。

目前，校验数据完整性方法按安全模型的不同可以划分为两类，即可取回性证明（POR）和数据持有性证明（PDP）。

POR 是将伪随机抽样和冗余编码（如纠错码）结合，通过挑战—应答协议向用户证明其文件是完好无损的，意味着用户能够以足够大的概率从服务器取回文件。不同的 POR 方案中挑战—应答协议的设计有所不同。POR 的形式化模型就是在验证者之前先对文件进行纠错编码，然后生成一系列随机的用于校验的数据块，这些数据块使用带密钥的哈希函数生成，称为"岗哨"，将这些岗哨随机插入文件的各位置中，然后将处理后的文件加密，并上传给云存储服务提供商。该方案的优点是用于存放岗哨的额外存储开销较小，挑战和应答的计算开销较小，但由于插入的岗哨数目有限且只能被挑战一次，方案只能支持有限次数的挑战，待所有岗哨都"用尽"就需要更新。

PDP 方案可检测到存储数据是否完整，最早是由约翰·霍普金斯大学提出的。这个方案主要分为两个部分：首先是用户对要存储的文件生成用于产生校验标签的加解密公私密钥对，然后使用这对密钥对文件各分块进行处理，生成同态校验标签（HVT）校验标签后一并发送给云存储服务商，由服务商存储，用户删除本地文件、HVT 集合，只保留公私密钥对；需要校验的时候，由用户向云存储服务商发送校验数据请求，云服务商接收到请求后，根据校验请求的参数来计算用户指定校验的文件块的 HVT 标签及相关参数，并发送给用户，用户就可以使用自己保存的公私密钥对实现对服务商返回数据，最终根据验证结果判断其存储的数据是否具有完整性。

（3）数据完整性事故追踪与问责技术。

云计算包括 3 种服务模式，即 IaaS、PaaS 和 SaaS。在这 3 种服务模式下，安全责任分工如下。

从 SaaS 到 PaaS 再到 IaaS，云用户自己需要承担的安全管理的职责越来越多，云服务提供商索要承担的安全责任越来越少。但是云服务也可能会面临各类安全风险，如滥用或恶意使用云计算资源、恶意的内部人员作案、共享技术漏洞、数据损坏或泄露，以及在应用过程中形成的其他不明风险等，这些风险既可能来自云服务的供应商，也可能来自用户；由于服务契约是具有法律意义的文书，因此契约双方都有义务承担各自对于违反契约规则的行为所造成的后果。在这样情况下，使云存储安全的一个核心目标，可问责性应运而生，这对于用户与服务商双方来说都具有重要的意义。

（4）数据访问控制。

在云计算环境下，数据的控制权与数据的管理权是分离的，因此实现数据的访问控制只有两条途径，一条是依托云存储服务商来提供数据访问的控制功能，即由云存储服务商来实现对不同用户的身份认证、访问控制策略的执行等功能，由云服务商来实现具体的访问控制；另一条则是采用加密的手段通过对存储数据进行加密，针对具有访问某范围数据权限的用户分发相应的密钥来实现访问控制。第二条途径显然比第一条途径更具有实际意义，因为用户对于云存储服务商的信任度是有限的，所以目前对于云存储中的数据访问控制的研究主要集中在通过加密的手段来实现。

第三节　大数据技术

大数据是一个让所有人充满期待的科技新时代。在这个时代中，社会管理效率的提升，社会生产率的提升，社会生活模式的提升，都在很大程度上依赖从大数据中所获取的巨大价值。而得到这样巨大的价值，却不需要耗费金银铜等原材料，不需要耗费水电煤等能源，不需要厂房工地，不需要大量劳动力，特别重要的是不会污染空气和水质。正因为这样，在不久的将来，数据将会像土地、石油和资本一样，成为经济运行中的根本性资源，而数据科学家被一致认为是下一个10年最热门的职业。

"大数据时代"来得如此神速，确实有点出人意料。大数据的获取、存储、搜索、共享、分析、挖掘，乃至可视化展示，都成为当前重要的热门研究课题。一个新的词汇——"大数据"，不仅悄然诞生，而且在全世界迅速流行；一个新的时代，被命名为"大数据时代"的新社会，已经展露其娇媚的容颜；一场"大数据革命"，正在以异乎寻常的狂热，席卷至全球的各个角落。有人甚至描绘了一幅更加动人心魄的画面来突出大数据的无穷魅力："每时每刻都有惊喜的海量数据出现在人们眼前，这是怎样的一幅风景？在后台居高临下地看着这一切，会不会就是上帝俯视人间万物的感觉？"

所有的一切，预示着一个全新的科技时代——大数据时代即将来到我们的面前，它必将带来荡涤旧物、开创新界的巨大能量，人类社会在它的覆盖下，也将呈现全新的面貌。所有这一切，令人们充满期待。

一、大数据的相关技术

大数据技术，就是从各种类型的数据中快速获取有价值信息的技术。大数据领域已经涌现出了大量新的技术，它们成为大数据采集、存储、处理和呈现的有力武器。大数据处理相关的技术一般包括大数据采集、大数据准备、大数据存储、大数据分析与挖掘，以及大数据展示与可视化等。

（一）大数据采集

大数据采集是指通过 RFID 射频数据、传感器数据、视频摄像头的实时数据、来自历史视频的非实时数据，以及社交网络交互数据及移动互联网数据等方式获得的各种类型的结构化、半结构化(或称弱结构化)及非结构化的海量数据。大数据采集是大数据知识服务体系的根本。大数据采集一般分为大数据智能感知层和基础支撑层。大数据智能感知层主要包括数据传感体系、网络通信体系、传感适配体系、智能识别体系及软硬件资源接入系统，实现对结构化、半结构化和非结构化的海量数据的智能化识别、定位、跟踪、接入、传输、信号转换、监控、初步处理和管理等，需要着重攻克针对大数据源的智能识别、感知、适配、传输、接入等技术。基础支撑层提供大数据服务平台所需的虚拟服务器，结构化、半结构化及非结构化数据的数据库，以及物联网络资源等基础支撑环境，需要重点攻克分布式虚拟存储技术，大数据获取、存储、组织、分析和决策操作的可视化接口技术，大数据的网络传输与压缩技术，大数据隐私保护技术等。大数据采集方法主要包括系统日志采集、网络数据采集、数据库采集和其他数据采集 4 种。

(二)大数据准备

大数据准备主要是完成对数据的抽取、转换和加载等操作。因获取的数据可能具有多种结构和类型，数据抽取过程可以帮助用户将这些复杂的数据转化为单一的或者便于处理的结构，以达到快速分析处理的目的。目前主要的 ETL 工具是 Flume 和 Kettle。Flume 是 Cloudera 提供的一个高可用、高可靠、分布式的海量日志采集、聚合和传输系统；Kettle 是一款国外开源的 ETL 工具，由纯 Java 编写，可以在 Windows、Linux 和 UNIX 上运行，数据抽取高效且稳定。

(三)大数据存储

大数据对存储管理技术的挑战主要在于扩展性。首先是容量上的扩展，要求底层存储架构和文件系统以低成本方式及时、按需扩展存储空间。其次是数据格式可扩展，满足各种非结构化数据的管理需求。传统的关系型数据库管理系统(RDBMS)为了满足强一致性的要求，影响了并发性能的发挥，而采用结构化数据表的存储方式，对非结构化数据进行管理时又缺乏灵活性。目前，主要的大数据组织存储工具包括：HDFS，它是一个分布式文件系统，是 Hadoop 体系中数据存储管理的基础；NoSQL，泛指非关系型的数据库，可以处理超大量的数据；NewSQL，是对各种新的可扩展/高性能数据库的简称，这类数据库不仅具有 NoSQL 对海量数据的存储管理能力，还保持了传统数据库支持 ACID 和 SQL 等特性；HBase，是一个针对结构化数据的可伸缩、高可靠、高性能、分布式和面向列的动态模式数据库；OceanBase，是一个支持海量数据的高性能分布式数据库系统，实现了在数千亿条记录、数百 TB 数据上的跨行跨表事务。此外，还有 MongoDB 等组织存储技术。

(四)大数据分析与挖掘

大数据时代数据分析与挖掘主要包括并行数据挖掘、搜索引擎技术、推荐引擎技术和社交网络分析等。

1. 并行数据挖掘

挖掘过程包括预处理、模式提取、验证和部署 4 个步骤，对于数据和业务目标的充分理解是做好数据挖掘的前提，需要借助 MapReduce 计算架构和 HDFS 存储系统完成算法的并行化和数据的分布式处理。

2. 搜索引擎技术

可以帮助用户在海量数据中迅速定位到需要的信息，只有理解了文档和用户的真实意图，做好内容匹配和重要性排序，才能提供优秀的搜索服务，需要借助 MapReduce 计算架构和 HDFS 存储系统完成文档的存储和倒排索引的生成。

3. 推荐引擎技术

帮助用户在海量信息中自动获得个性化的服务或内容，它是搜索时代向发现时代过渡的关键动因，冷启动、稀疏性和扩展性问题是推荐系统需要直接面对的永恒话题，推荐效果不仅取决于所采用的模型和算法，还与产品形态、服务方式等非技术因素息息相关。

4. 社交网络分析

从对象之间的关系出发，用新思路分析新问题，提供了对交互式数据的挖掘方法和工具，是群体智慧和众包思想的集中体现，也是实现社会化过滤、营销、推荐和搜索的关键环节。

（五）大数据展示与可视化

大数据可视化技术可以提供更为清晰且直观的数据表现形式，将错综复杂的数据和数据之间的关系，通过图片、映射关系或表格，以简单、友好、易用的图形化、智能化的形式呈现给用户，供其分析和使用。可视化是人们理解复杂现象，诠释复杂数据的重要手段和途径，可通过数据访问接口或商业智能门户实现，以直观的方式表达出来。可视化与可视化分析通过交互可视界面来进行分析、推理和决策，可从海量、动态、不确定甚至相互冲突的数据中整合信息，获取对复杂情景的更深层理解，供人们检验已有预测、探索未知信息，同时提供快速、可检验、易理解的评估和更有效的交流手段。目前，Datawatch、MATLAB、SPSS、SAS、Stata 等都有数据可视化功能，其中 Datawatch 是数据可视化方面最流行的软件之一。完整的可视化分析系统的一个基本要素是具有处理大量多变量时间序列数据的能力。Datawatch Designer 可以提供一系列专业化的数据可视化方案，包括地平线图、堆栈图以及线形图等，让历史数据分析更简单、更高效。该软件能够连接传统的列导向和行导向的关系型数据库，从而支持对大型数据集进行快速、有效的多维分析。Datawatch 提供了卓越的时间序列分析能力，是全球投资银行、对冲基金、自营交易公司，以及交易用户必不可少的法宝。

二、大数据技术的应用

大数据技术能够将隐藏于海量数据中的信息和知识挖掘出来，为人类的社会经济活动提供依据，从而提高各个领域的运行效率，大大提高整个社会经济的集约化程度。在我国，大数据将重点应用于商业智能、政府决策、公共服务三大领域。例如，智慧城市，商业智能技术，政府决策技术，电信数据信息处理与挖掘技术，电网数据信息处理与挖掘技术，气象信息分析技术，环境监测技术，警务云应用系统（道路监控、视频监控、网络监控、智能交通、反电信诈骗、指挥调度等公安信息系统），大规模基因序列分析比对技术，Web 信息挖掘技术，多媒体数据并行化处理技术，影视制作渲染技术，其他各种行业的云计算和海量数据处理应用技术等。

参考文献

[1]杨燕玲. 5G移动通信技术[M].北京：北京邮电大学出版社，2021.

[2]朱伏生，吕其恒，徐巍. 面向新工科5G移动通信十三五规划教材5G移动通信技术[M].北京：中国铁道出版社，2021.

[3]申时凯，佘玉梅. 5G移动通信及其关键技术[M].北京：中国原子能出版社，2021.

[4]张阳，郭宝，刘毅. 新一代信息技术丛书5G移动通信无线网络优化技术与实践[M].北京：机械工业出版社，2021.

[5]周彬. 移动通信技术[M].西安：西安电子科技大学出版社，2021.

[6]许书君. 移动通信技术及应用[M].2版.西安：西安电子科学技术大学出版社，2021.

[7]王新蕾，左官芳. 移动通信与光纤通信实践教程[M].镇江：江苏大学出版社，2021.

[8]许高山. 现代移动通信技术[M].北京：中国铁道出版社，2020.

[9]李晓芹. LTE现代移动通信技术[M].西安：西安电子科技大学出版社，2020.

[10]王巍. 4G移动通信技术基础[M].石家庄：河北科学技术出版社，2020.

[11]王汉杰. 专用移动通信工程技术[M].北京：清华大学出版社，2020.

[12]杨昉，刘思聪，高镇. 5G移动通信空口新技术[M].北京：电子工业出版社，2020.

[13]粟欣. 第五代移动通信创新技术指南[M].北京：人民邮电出版社，2020.

[14]马红兵，聂昌，冯毅. 5G新技术丛书移动通信频谱技术与5G频率部署[M].北京：电子工业出版社，2020.

[15]陈鹏. 5G移动通信网络[M].北京：机械工业出版社，2020.

[16]吕其恒，舒雪姣，徐志斌. 数据通信技术[M].北京：中国铁道出版社，2020.

[17]江志军，张爽，徐巍. WLAN无线通信技术[M].北京：中国铁道出版社，2020.

[18]尹学锋，颜卉. 5G通信导论[M].武汉：华中科学技术大学出版社，2020.

[19]牛少彰，童小海，韩藤跃. 移动互联网安全[M].北京：机械工业出版社，2020.

[20]张功国，李彬，赵静娟. 现代5G移动通信技术[M].北京：北京理工大学出版社，2019.

[21]胡国华. 移动通信技术原理与实践[M].武汉：华中科技大学出版社，2019.

[22]付秀花. 现代移动通信原理与技术[M].北京：国防工业出版社，2019.

[23]黄湘宁，杨平，陈景发. 第三代移动通信技术[M].北京：人民邮电出版社，2019.

[24]刘毅. 5G 移动通信网络技术详解[M].北京：机械工业出版社，2019.

[25]董国芳，邢传玺. 移动通信[M].沈阳：东北大学出版社，2019.

[26]啜钢. 移动通信原理与系统[M].4 版. 北京：北京邮电大学出版社，2019.

[27]印润远，王传东，李斌. 移动互联网技术实用教程[M].北京：中国铁道出版社，2019.

[28]Hailing Wang. Multi-Feature Metric Guided Mesh Simplification，advances in intelligent systems and computing，2014，250：535-542.

[29]Wang Jian，Wang Hai-ling，Zhou Bo，et al.. An Efficient Mesh Simplification Method in 3D Graphic Model Rendering. The IEEE International Conference on Computer Science and Software Engineering，Shanghai，2013：1-6.

[30]邵汝峰，及志伟. 现代通信概论[M].北京：中国铁道出版社，2019.

[31]李宏升. 现代通信理论与技术研究[M].天津：天津科学技术出版社，2019.

[32]王海玲. 多特征融合的网格模型简化方法[J].计算机应用，2013，33(11)：180-184.

[33]Hailing Wang，Guisheng Yin，Jian Wang，et al. Hybrid Error Metric Algorithm for Mesh Simplification，Journal of Computational Information Systems，2012，8(23)：10019-10026.

[34]吕其恒，刘义. 光通信原理及应用实践[M].北京：中国铁道出版社，2019.

[35]孙海英，魏崇毓. 移动通信网络及技术[M].2 版. 西安：西安电子科技大学出版社，2018.

[36]王海玲，印桂生，张菁. 分形算法调和的海浪模拟方法研究[J].哈尔滨工程大学学报，2011，31(11)：1489-1494 .

[37]宋铁成，宋晓勤. 移动通信技术[M].北京：人民邮电出版社，2018.

[38]王海玲，印桂生，张菁，等. 基于拓扑层次图的碰撞检测算法[J].计算机应用，2011，31(2)：347-350.

[39]王海玲，印桂生，张菁，等. 种改进曲面熵的动态水面模拟方法[J].计算机工程，2011，37(6)：24-27.

[40]刘良华，代才莉. 移动通信技术[M].北京：科学出版社，2018.

[41]侯春雨. 移动通信技术与应用[M].北京：中国民航出版社，2018.

[42]Guisheng Yin，Hailing Wang＊，Jing Zhang，Jian Wang. A Fast Real-Time Rendering Method of 3D Terrain. The IEEE International Conference on Computer Science and Software Engineering，Changsha，2009：1－4. Hailing Wang＊，Guisheng Yin，Jing Zhang，et al. An Efficient Mesh Simplification Algorithm. International Conference on Internet Computing for Science and Engineering，Hrbin，2009：60-63.

[43]曾翎，陈小东. 移动通信技术和网络维护[M].成都：电子科技大学出版社，2018.

[44]许书君. 移动通信技术及应用[M].西安：西安电子科技大学出版社，2018.

[45]朱明程，王霄峻. 4G LTE 移动通信技术系列教程网络规划与优化技术[M].北京：人民邮电出版社，2018.

[46]汪娟. 移动通信核心网关键技术研究[M].北京：中国纺织出版社，2018.

[47]张传福，赵立英，张宇，等. 5G 移动通信系统及关键技术[M].北京：电子工业出版社，2018.

[48]李媛. 移动通信工程[M].北京：北京邮电大学出版社，2018.

[49]陈敏. 5G 移动缓存与大数据 5G 移动缓存、通信与计算的融合[M].武汉：华中科技大学出版社，2018.